非常容易

Python + Office

市场营销办公自动化

快学习教育　编著

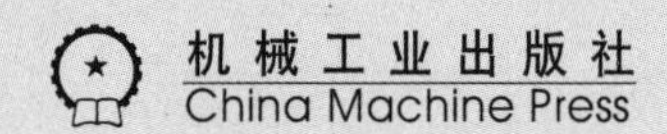

图书在版编目（CIP）数据

非常容易：Python+ Office 市场营销办公自动化 / 快学习教育编著 . — 北京：机械工业出版社，2022.1
ISBN 978-7-111-39539-3

Ⅰ. ①非… Ⅱ. ①快… Ⅲ. ①软件工具－程序设计 Ⅳ. ① TP311.561

中国版本图书馆 CIP 数据核字（2022）第 021241 号

本书是一本案例驱动型的 Python 编程指南，将语法知识和编程思路融入大量的典型案例，带领读者一步步学会将 Python 打造成市场营销办公自动化的利器。

全书共 12 章，结构上可划分为 5 个部分。第 1 部分为第 1 章，主要讲解 Python 编程环境的搭建方法和 Python 的基础语法知识。第 2 部分包括第 2 ~ 5 章，主要讲解如何利用 Python 从网页上爬取市场营销所需的数据。第 3 部分为第 6 章，主要讲解如何利用 Python 提高营销相关文档的制作效率。第 4 部分包括第 7 ~ 11 章，主要讲解如何利用 Python 进行市场营销数据的处理、分析与可视化。第 5 部分为第 12 章，主要讲解如何利用 Python 快速剪辑营销推广视频。

本书案例典型实用，讲解浅显易懂，适合具备一定的 Office 软件操作基础又想进一步提高工作效率的市场营销人员阅读，也可供从事其他职业的办公人员和 Python 编程初学者参考。

非常容易：Python + Office 市场营销办公自动化

出版发行：机械工业出版社（北京市西城区百万庄大街 22 号 邮政编码：100037）
责任编辑：刘立卿　　责任校对：庄　瑜
印　　刷：涿州市京南印刷厂　　版　　次：2022 年 4 月第 1 版第 1 次印刷
开　　本：170mm × 242mm 1/16　　印　　张：18.5
书　　号：ISBN 978-7-111-39539-3　　定　　价：79.80 元

客服电话：(010)88361066 88379833 68326294　　投稿热线：(010)88379604
华章网站：www.hzbook.com　　读者信箱：hzjsj@hzbook.com

前言 Preface

本书是一本案例驱动型的 Python 编程指南，将语法知识和编程思路融入大量的典型案例，带领读者一步步学会将 Python 打造成市场营销办公自动化的利器。

全书共 12 章，结构上可划分为 5 个部分。

第 1 部分为第 1 章，主要讲解 Python 编程环境的搭建方法和 Python 的基础语法知识，为后面的案例应用打下基础。

第 2 部分包括第 2～5 章，主要讲解如何利用 Python 编写爬虫程序，从网页上爬取市场营销所需的热点、客户资料、产品信息等数据。

第 3 部分为第 6 章，主要讲解如何利用 Python 提高营销相关文档的制作效率，如产品信息表、产品销售明细表、产品出库清单、采购合同等。

第 4 部分包括第 7～11 章，主要讲解如何利用 Python 进行市场营销数据的处理、分析与可视化，包括销量数据分析、用户行为分析、营销策略分析、库存和回款分析、产品竞争力分析等。

第 5 部分为第 12 章，主要讲解如何利用 Python 快速剪辑营销推广视频。

本书的内容编排由浅入深、循序渐进，所有代码都配有详尽、易懂的注释，让读者能够更加轻松地入门和进阶。配套学习资源包含案例的素材和代码文件，便于读者边学边练，在实际动手操作中加深印象。加入本书的 QQ 群还能获得线上答疑服务，让读者的学习无后顾之忧。

本书适合具备一定的 Office 软件操作基础又想进一步提高工作效率的市场营销人员阅读，也可供从事其他职业的办公人员和 Python 编程初学者参考。

由于编者水平有限，本书难免有不足之处，恳请广大读者批评指正。读者除了可扫描封面前勒口上的二维码关注微信公众号获取学习资源，也可加入 QQ 群 824705864 与我们交流。

编者

2022 年 1 月

导读

Introduction

◎什么是 Python？

Python 是一门高级编程语言，具有语法简洁易懂、扩展性强等优点。近年来，Python 不仅受到专业程序员的青睐，而且在办公自动化领域大显身手，各行各业的职场人士纷纷加入学习 Python 的行列。

◎为什么市场营销人员要学习 Python？

当今的市场需求瞬息万变，企业单纯依靠经验进行营销决策已经无法跟上时代发展的步伐。市场营销必须朝着数字化和智能化的方向演进，即通过分析相关数据，洞悉消费者心理，把握市场规律，从而精准定位商机，迅速制定有针对性的营销策略，抢占竞争的制高点。

可以说，在大数据时代，市场营销的工作方式发生了巨大变革。为了适应新的工作方式，市场营销人员亟须掌握两项技能：第一项是数据的获取、处理、分析与可视化，这也是实现数字化营销的重中之重；第二项是办公自动化，这可以尽量减少在繁杂的事务性工作上耗费的时间，从而将更多精力投入到核心的营销工作中去。

Python 恰好能帮助市场营销人员提升上述技能。首先，Python 的语法简洁易懂，没有专业编程基础的人通过适当学习也能轻松入门。其次，Python 是数据获取、处理、分析与可视化的热门工具语言，拥有类型丰富、功能强大的相关扩展工具包，这些工具包可以大大降低编写代码的难度。最后，Python 能够和 Word、Excel 等常用办公软件联动，人们只需编写简单的程序就能自动化、批量化地完成大量的烦琐操作。

下面就跟随本书踏上 Python 学习之路吧！

如何获取学习资源

扫码关注微信公众号

在手机微信的“发现”页面点击“扫一扫”功能，进入“扫一扫”界面。将手机摄像头对准封面前勒口中的二维码，扫描识别后进入“详细资料”页面，点击“关注公众号”按钮，关注我们的微信公众号。

获取资源下载地址和提取码

点击公众号主页面左下角的小键盘图标，进入输入状态。在输入框中输入“市场营销”，点击“发送”按钮，即可获取本书学习资源的下载地址和提取码，如右图所示。

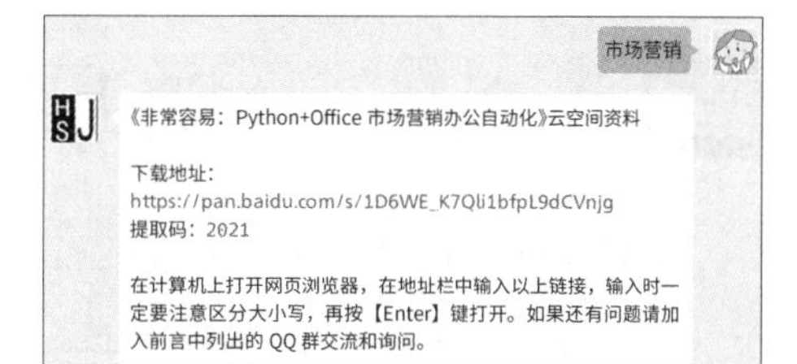

打开资源下载页面

在计算机的网页浏览器地址栏中输入前面获取的下载地址（输入时注意区分大小写），如右图所示，按【Enter】键即可打开资源下载页面。

四 输入提取码并下载文件

在下载页面的“请输入提取码”文本框中输入前面获取的提取码（输入时注意区分大小写），再单击“提取文件”按钮。在新页面中单击打开资源文件夹，在要下载的文件名后单击“下载”按钮，即可将其下载到计算机中。如果页面中提示需要登录百度账号或安装百度网盘客户端，则按提示操作（百度网盘注册为免费用户即可）。下载的资料如果为压缩包，可使用 7-Zip、WinRAR 等软件解压。

提示：书中的爬虫案例涉及的网站如果改版，则对应的代码可能会失效，我们会及时更新学习资源中的代码，读者重新下载即可。我们还会在勘误文档中对最新代码进行讲解，并校正书中的疏漏，解答部分读者反馈的问题。勘误文档的获取方法同上。

目 录

Contents

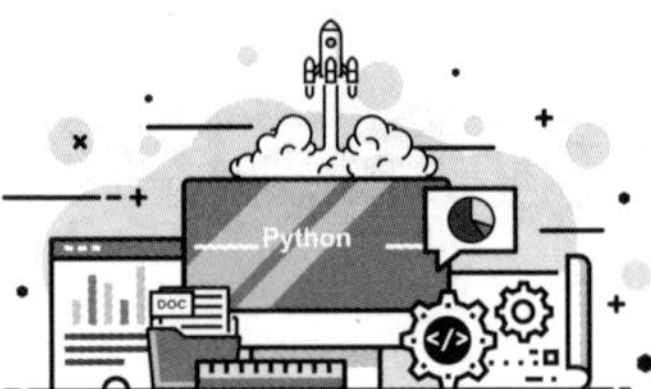

第3章 获取市场热点

第4章 收集客户资料

第5章 采集产品数据

第6章 营销常用文档制作

第7章 销售数据分析

第8章 用户行为分析

第9章 营销策略分析

第10章 产品库存和回款分析

第11章 产品竞争力分析

第12章 营销推广视频制作

第 1 章

Python 快速上手

本章将讲解 Python 编程环境的搭建方法和 Python 的基础语法知识，带领初学者迈入 Python 编程的大门。

1.1 Python 编程环境的搭建

要想编写和运行 Python 代码，需要先在计算机中搭建 Python 的编程环境，即安装 Python 解释器和代码编辑器。本书推荐安装 Anaconda 作为 Python 解释器，安装 PyCharm 作为代码编辑器。下面就来学习 Anaconda 和 PyCharm 的安装与配置方法。

1.1.1 安装与配置 Anaconda

Anaconda 是 Python 的一个发行版本，安装好 Anaconda 就相当于安装好了 Python 解释器，并且它还集成了很多常用的第三方模块，如 NumPy、pandas 等，免去了手动安装的麻烦。

步骤01 Anaconda 支持的操作系统有 Windows、macOS、Linux，其安装包根据适配的操作系统类型分为不同版本，因此，在下载安装包之前先要查看当前操作系统的类型。以 Windows 10 为例，右击屏幕左下角的“开始”按钮，在弹出的快捷菜单中执行“系统”命令，在打开的“关于”界面中即可看到当前操作系统的类型，如这里为 64 位的 Windows，如下图所示。在一些旧版本的 Windows 中，还可以打开控制面板，进入“系统和安全 > 系统”界面查看当前操作系统的类型。

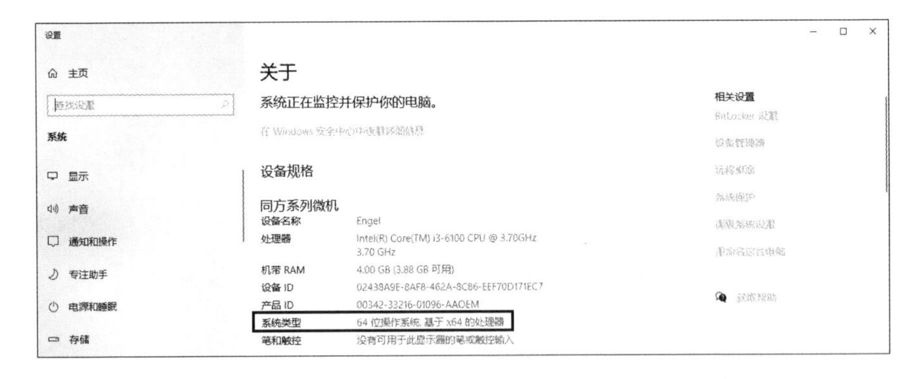

步骤02 ❶用浏览器打开网址 https://www.anaconda.com/products/individual，进入 Anaconda 个人版的官方下载页面。滚动鼠标滚轮，向下滚动页面，找到“Anaconda Installers”栏目，然后根据上一步获得的操作系统类型选择合适的安装包，❷这里单击“Windows”下方的“64-Bit Graphical Installer”链接，

如下图所示，即可开始下载 Anaconda 安装包。

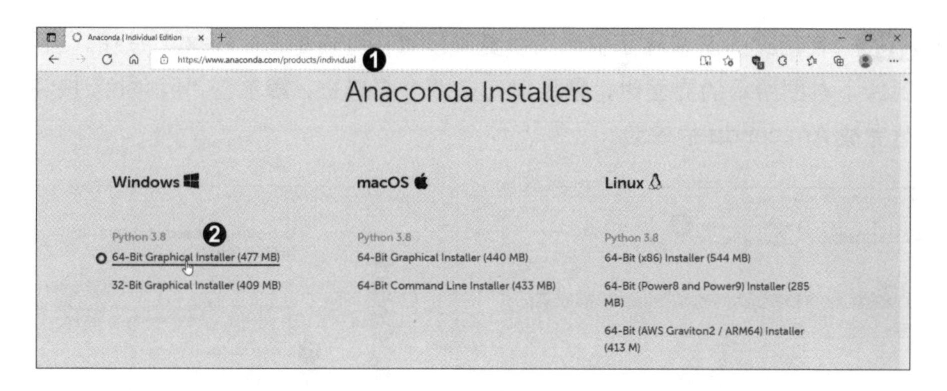

如果操作系统是 32 位的 Windows，那么选择 32 位版本的安装包下载。同理，如果操作系统是 macOS 或 Linux，选择相应版本的安装包下载即可。如果官网下载速度较慢，可以到清华大学开源软件镜像站下载安装包，网址为 https://mirrors.tuna.tsinghua.edu.cn/anaconda/archive/。

步骤03 双击下载好的安装包，在打开的安装界面中无须更改任何设置，直接进入下一步。这一步要选择安装路径，如下左图所示。建议初学者使用默认的安装路径，不要做更改，直接单击“Next”按钮，否则在后期使用中容易出问题。如果一定要更改安装路径，可单击“Browse”按钮，在打开的对话框中选择新的安装路径，并且注意安装路径中不要包含中文字符。

步骤04 这一步要设置安装选项。❶一定要勾选“Advanced Options”选项组下的第一个复选框，其作用相当于自动配置好环境变量，❷单击“Install”按钮，如下右图所示。

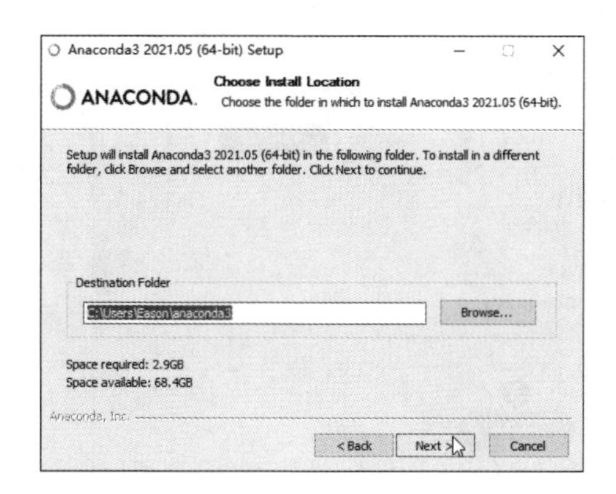

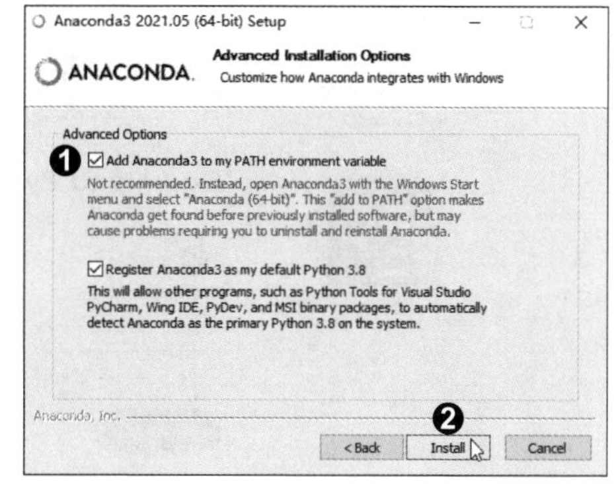

步骤05 ❶等待一段时间，如果安装界面中出现“Installation Complete”的提

示文字，说明 Anaconda 安装成功，❷直接单击“Next”按钮，如下左图所示。

步骤06 在后续的安装界面中也无须更改设置，直接单击“Next”按钮。当跳转到如下右图所示的界面时，❶取消勾选两个复选框，❷单击“Finish”按钮，即可完成 Anaconda 的安装。

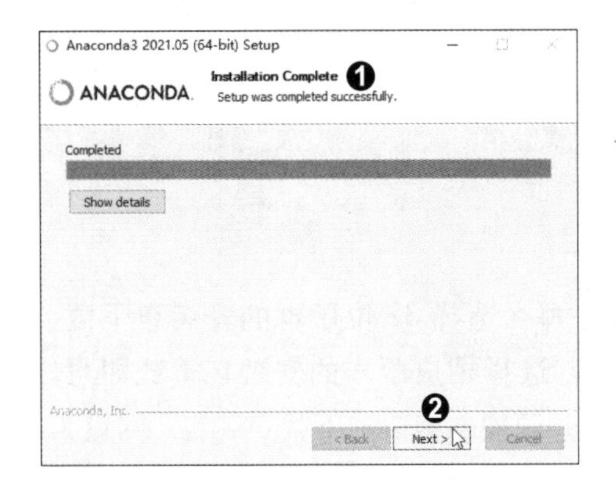

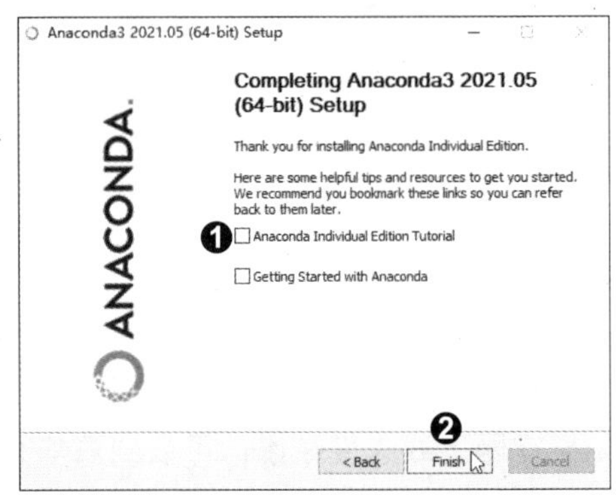

1.1.2 安装与配置 PyCharm

Anaconda 自带两款代码编辑器——Jupyter Notebook 和 Spyder，但是本书建议安装 PyCharm 这款代码编辑器。PyCharm 的界面更美观，功能也很强大，能够帮助我们方便地编写、调试和运行 Python 代码。

步骤01 ❶用浏览器打开网址 https://www.jetbrains.com/pycharm/download/，进入 PyCharm 的官方下载页面，❷ PyCharm 支持的操作系统有 Windows、macOS 和 Linux，这里选择 Windows，❸然后单击免费的 Community 版（社区版）下的“Download”按钮，如下图所示。

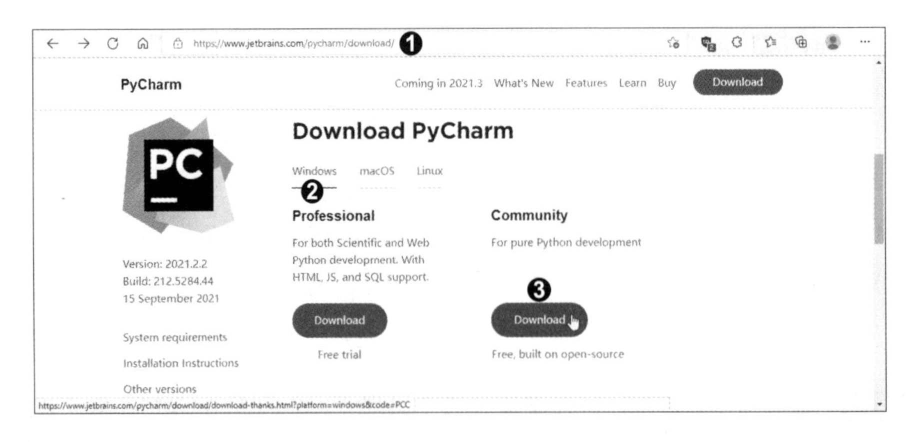

PyCharm 分为收费的 Professional 版（专业版）和免费的 Community 版（社区版）。对于本书的学习来说，下载后者即可。此外，PyCharm 从 2019.1 版开始不再支持 32 位操作系统。使用 32 位操作系统的读者可单击下载页面左侧的“Other versions”链接，然后下载 2018.3.7 版。

步骤02 双击下载好的 PyCharm 安装包，单击“Next”按钮，进入选择安装路径的界面，❶建议使用默认路径，❷单击“Next”按钮，如下左图所示。

步骤03 进入设置安装选项的界面。❶勾选“PyCharm Community Edition”复选框，用于创建程序的桌面快捷方式。❷然后勾选“.py”复选框，用于关联扩展名为“.py”的 Python 文件。❸最后单击“Next”按钮，如下右图所示。

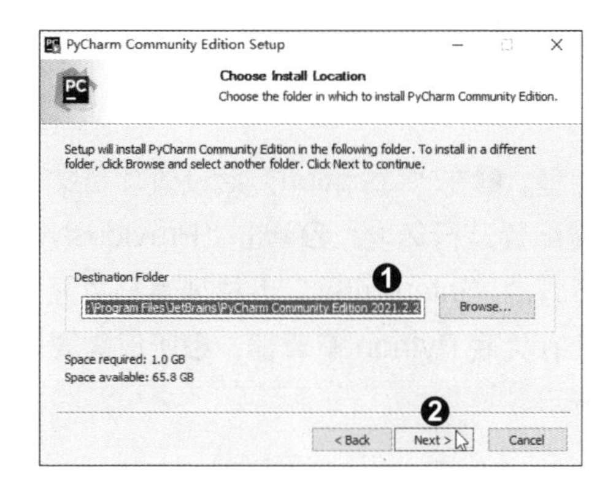

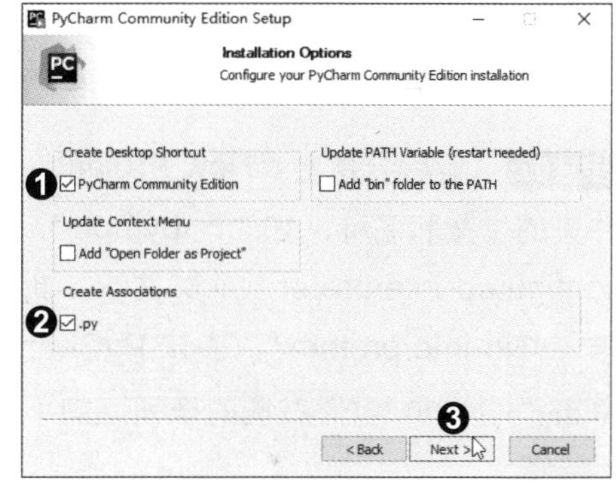

步骤04 在新的安装界面中单击“Install”按钮，如下左图所示。随后可看到 PyCharm 的安装进度。

步骤05 ❶安装完成后勾选“Run PyCharm Community Edition”复选框，❷单击“Finish”按钮，如下右图所示。

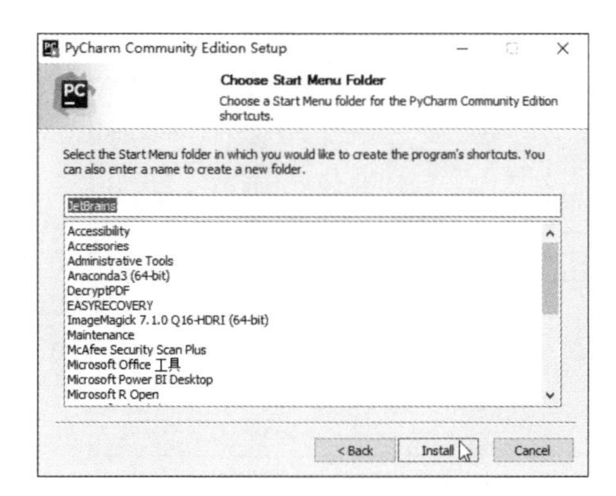

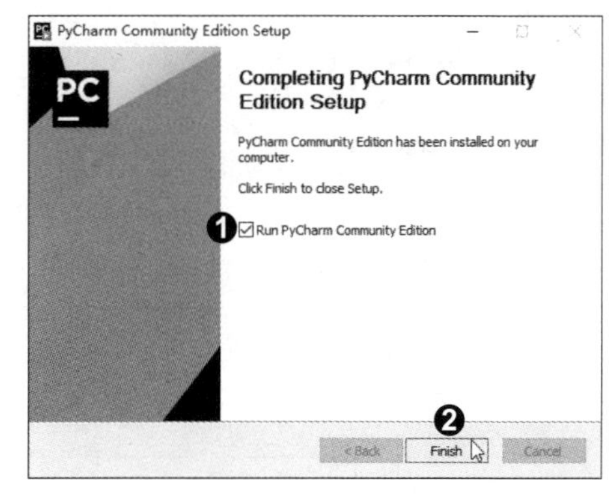

步骤06 在弹出的对话框中同意用户协议并单击“Continue”按钮，进入PyCharm 的欢迎界面。在界面中单击“New Project”按钮来新建项目，如下图所示。

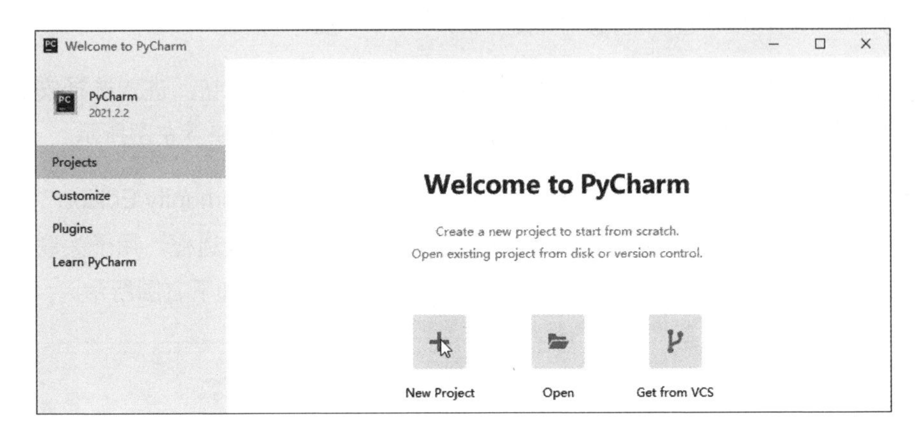

步骤07 随后会弹出“New Project”对话框。❶在“Location”后设置项目文件夹的位置和名称，如“F:\python”。接着配置运行环境，❷单击“Previously configured interpreter”单选按钮，此时下方的“Interpreter”下拉列表框中显示“<No interpreter>”，表示 PyCharm 没有关联 Python 解释器，❸所以需要单击“Interpreter”右侧的按钮，如下图所示。

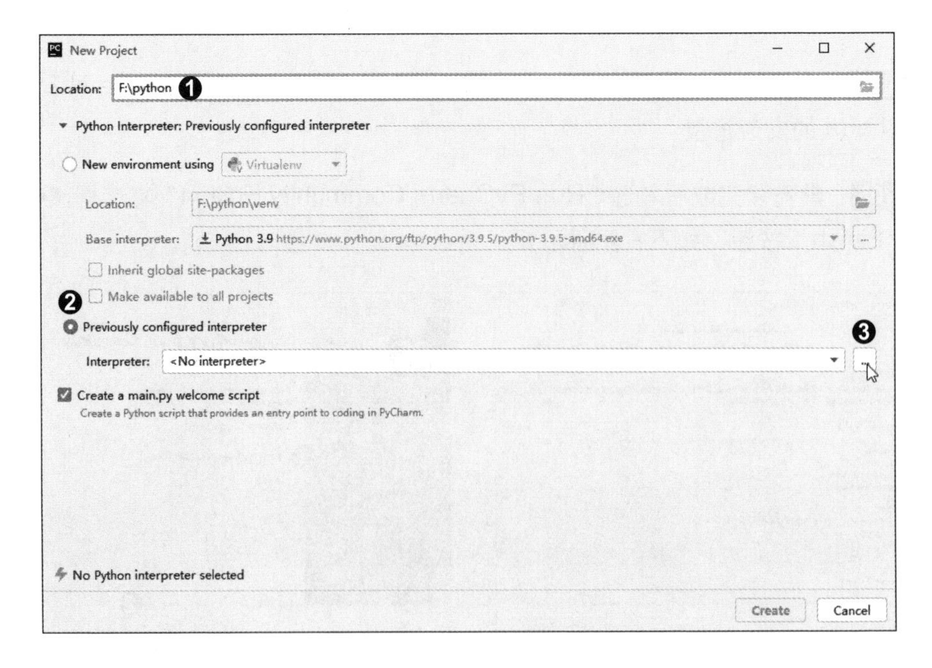

步骤08 ❶在打开的对话框中单击“System Interpreter”选项，❷此时右侧的“Interpreter”下拉列表框中会自动配置一个 Python 解释器，也就是之前安装的 Anaconda，❸最后单击“OK”按钮，如下图所示。

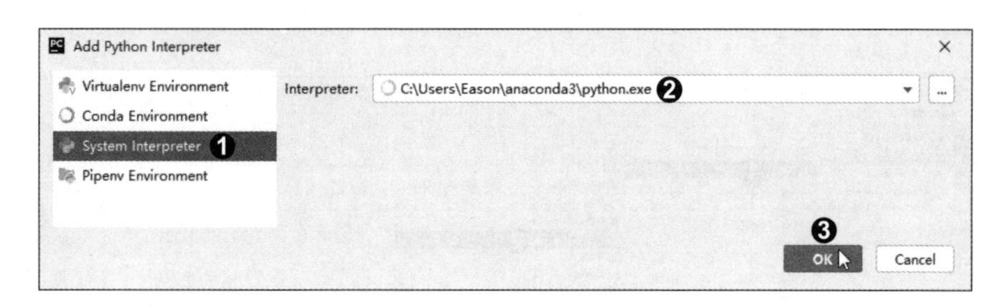

步骤09 返回“New Project”对话框，❶可看到“Interpreter”下拉列表框中显示了上一步设置的 Python 解释器，❷单击“Create”按钮，如下图所示。

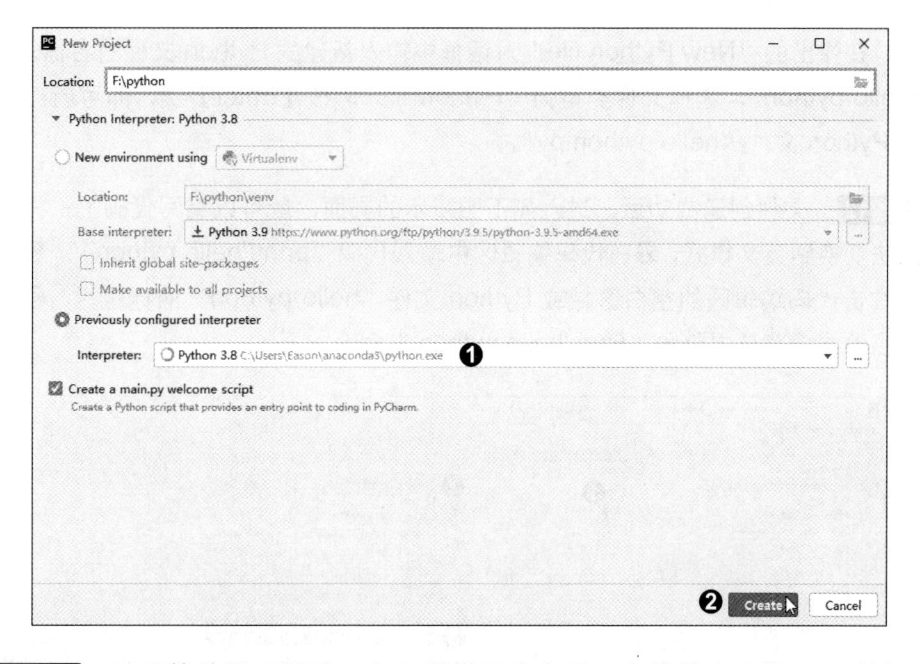

步骤10 随后等待界面跳转，在出现提示信息后，直接单击“Close”按钮，等待窗口底部的 Index 缓冲完毕，这个缓冲过程其实是在配置 Python 的运行环境，如下图所示。一定要等待缓冲完毕，才能开始编程。

Scanning files to index...　Show all (2)　1:1　CRLF　UTF-8　4 spaces　Python 3.8

步骤11 完成配置后就可以开始编程了。在新建项目时，PyCharm 会默认

为项目创建一个欢迎文件“main.py”，其中包含一些样例代码。这里不使用这个文件，而是自己创建文件。❶在窗口左侧右击步骤 07 中设置的项目文件夹“python”，❷在弹出的快捷菜单中执行“New>Python File”命令，如下图所示。

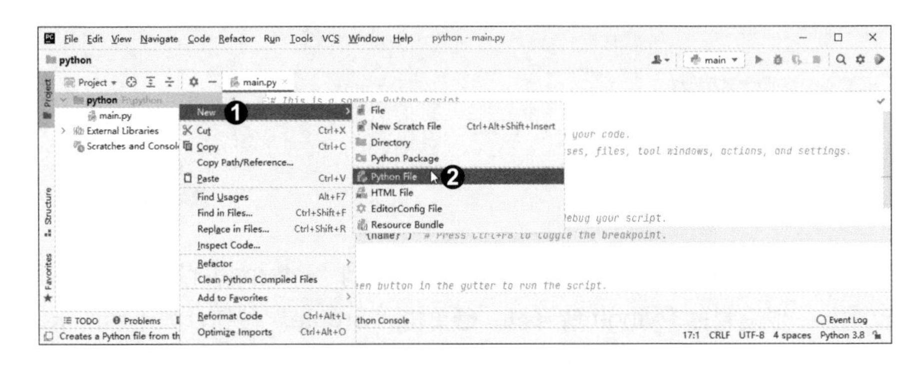

在弹出的“New Python file”对话框中输入新建的 Python 文件的名称，如“hello python”，选择文件类型为“Python file”，按【Enter】键，即可新建一个 Python 文件“hello python.py”。

步骤12 文件创建成功后，进入如下图所示的界面，就可以编写代码了。将输入法切换到英文模式，❶在代码编辑区中输入代码“print('hello python')”，❷然后右击代码编辑区的空白区域或 Python 文件“hello python”的标题栏，❸在弹出的快捷菜单中单击“Run 'hello python'”命令。

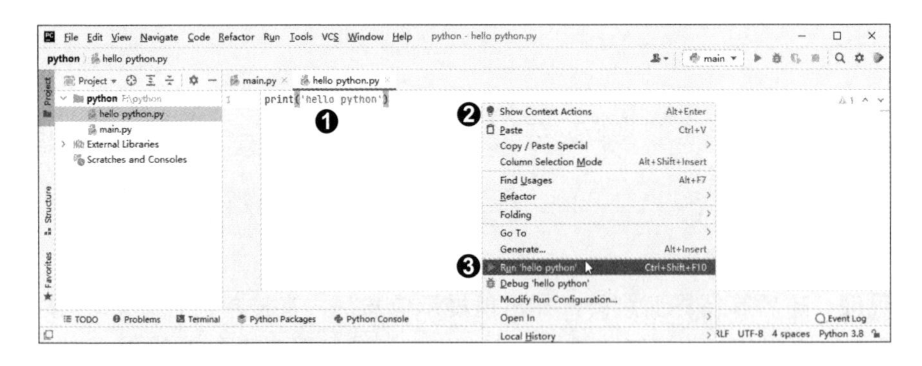

如果右击后弹出的快捷菜单中没有“Run 'hello python'”命令，则说明步骤 10 中的 Python 运行环境配置还没有完成，需等待 Index 缓冲完毕再右击。

这行代码用到的 print() 函数是 Python 的一个内置函数，其功能是在屏幕上输出信息。在后面的案例中，会经常使用该函数来输出代码的运行结果。

步骤13　成功运行代码后，在界面下方的运行结果输出区可看到打印输出的字符串“hello python”，如下图所示。

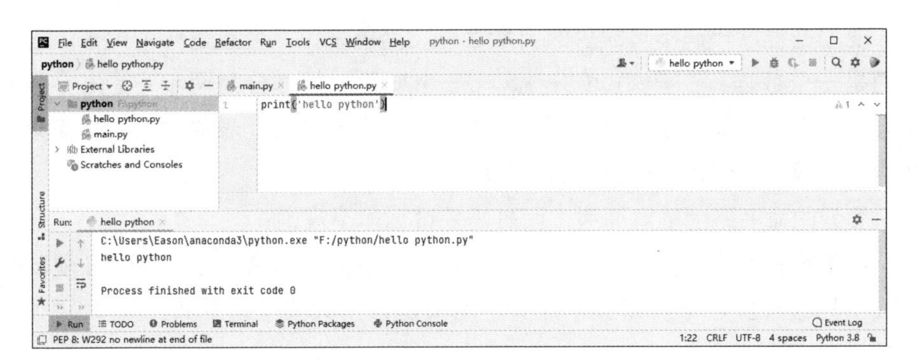

步骤14　如果想要设置代码的字体、字号和行距，❶单击菜单栏中的“File”，❷在展开的菜单中单击“Settings”命令，如下图所示。

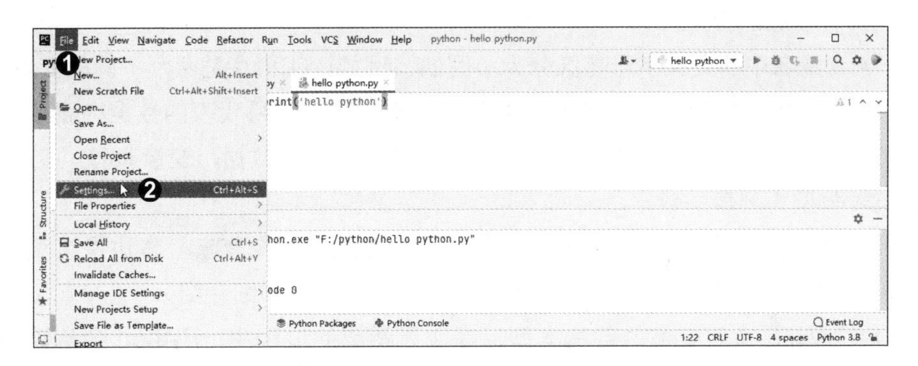

步骤15　❶在弹出的对话框中展开“Editor”选项组，❷单击“Font”选项，❸在右侧界面的“Font”下拉列表框中设置字体，在“Size”和“Line height”文本框中更改数值大小，即可调整代码的字体、字号和行距，如下图所示。完成设置后单击“OK”按钮即可。

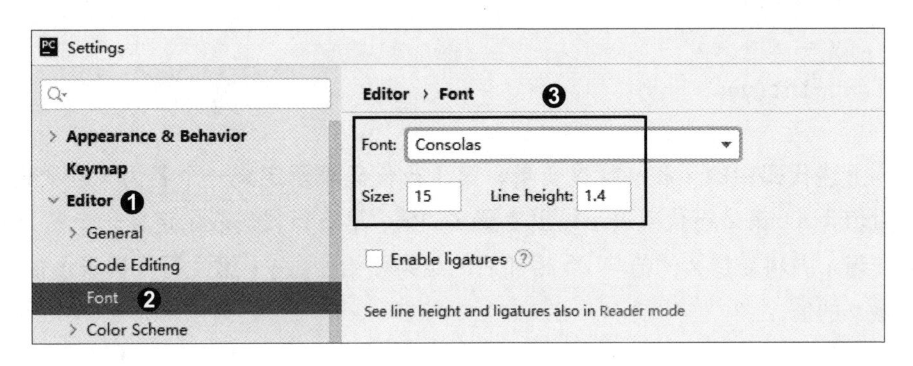

1.2 变量

变量是程序代码不可缺少的要素之一。简单来说，变量是一个代号，它代表的是一个数据。在 Python 中，定义一个变量的操作分为两步：首先要为变量起一个名字，即变量的命名；然后要为变量指定其所代表的数据，即变量的赋值。这两个步骤在同一行代码中完成。

变量的命名不能随意而为，而是需要遵循如下规则：

- 变量名可以由任意数量的字母、数字、下划线组合而成，但是必须以字母或下划线开头，不能以数字开头。本书建议用英文字母开头，如 a、b、c、a_1、b_1 等。
- 不要用 Python 的保留字或内置函数来命名变量。例如，不要用 import 或 print 作为变量名，因为前者是 Python 的保留字，后者是 Python 的内置函数，它们都有特殊的含义。
- 变量名中的英文字母是区分大小写的。例如，D 和 d 是两个不同的变量。
- 变量名最好有一定的意义，能够直观地描述变量所代表的数据内容或数据类型。例如，变量 name 可以用于代表内容是姓名的数据，变量 list1 可以用于代表类型为列表的数据。

变量的赋值用等号“=”来完成，“=”的左边是一个变量，右边是该变量所代表的数据。Python 有多种数据类型（将在 1.3 节详细介绍），但在定义变量时并不需要指明变量的数据类型，在变量赋值的过程中，Python 会自动根据所赋的值的类型来确定变量的数据类型。

定义变量的演示代码如下：

```
1  x = 1
2  print(x)
3  y = x + 25
4  print(y)
```

上述代码中的 x 和 y 就是变量。第 1 行代码表示定义一个名为 x 的变量，并赋值为 1；第 2 行代码表示输出变量 x 的值；第 3 行代码表示定义一个名为 y 的变量，并将变量 x 的值与 25 相加后的结果赋给变量 y；第 4 行代码表示输出变量 y 的值。

代码的运行结果如下：

```
1
26
```

1.3　数据类型

Python 中有 6 种基本数据类型：数字、字符串、列表、字典、元组和集合。本节将对这几种数据类型进行讲解。

1.3.1　数字

Python 中的数字分为整型和浮点型两种。

整型数字（用 int 表示）与数学中的整数一样，都是指不带小数点的数字，包括正整数、负整数和 0。下述代码中的数字都是整型数字：

```
a = 10
b = -80
c = 8500
d = 0
```

使用 print() 函数可以直接输出整数，演示代码如下：

```
print(10)
```

运行结果如下：

```
10
```

浮点型数字（用 float 表示）是指带有小数点的数字。下述代码中的数字都是浮点型数字：

```
a = 10.5
```

```
2  pi = 3.14159
3  c = -0.55
```

浮点型数字也可以用 print() 函数直接输出，演示代码如下：

```
1  print(10.5)
```

运行结果如下：

```
1  10.5
```

1.3.2 字符串

顾名思义，字符串（用 str 表示）就是由一个个字符连接起来的组合。组成字符串的字符可以是数字、字母、符号（包括空格）、汉字等。字符串的内容需置于一对引号内，引号可以是单引号、双引号或三引号，但必须是英文引号。

定义字符串的演示代码如下：

```
1  print(520)
2  print('520')
```

运行结果如下：

```
1  520
2  520
```

输出的两个 520 看起来没有任何差别，但是前一个 520 是整型数字，可以参与加减乘除等算术运算，后一个 520 是字符串，不能参与加减乘除等算术运算，否则会报错。

下面分别讲解用 3 种形式的引号定义字符串的方法。

1. 用单引号定义字符串

用单引号定义字符串的演示代码如下：

```
1   print('明天更美好')
```

运行结果如下：

```
1   明天更美好
```

2. 用双引号定义字符串

用双引号定义字符串和用单引号定义字符串的效果相同，演示代码如下：

```
1   print("明天更美好")
```

运行结果如下：

```
1   明天更美好
```

需要注意的是，定义字符串时使用的引号形式必须统一，不能混用，即一对引号必须都是单引号或双引号，不能一个是单引号，另一个是双引号。

有时一行代码中会同时出现单引号和双引号，就要注意区分哪些引号是用于定义字符串的，哪些引号是字符串的内容。演示代码如下：

```
1   print("Let's go")
```

运行结果如下：

```
1   Let's go
```

上述代码中的双引号是定义字符串的引号，不会被 print() 函数输出，而单引号则是字符串的内容，会被 print() 函数输出。

3. 用三引号定义字符串

三引号就是 3 个连续的单引号或双引号。用三引号定义字符串的演示代码如下：

```
1  print('''2022,
2  一起加油！
3  ''')
```

运行结果如下：

```
1  2022,
2  一起加油！
```

可以看到，三引号中的字符串内容是可以换行的。如果只想使用单引号或双引号来定义字符串，但又想在字符串中换行，可以使用转义字符“\n”，演示代码如下：

```
1  print('2022,\n一起加油！')
```

运行结果如下：

```
1  2022,
2  一起加油！
```

除了“\n”之外，转义字符还有很多，它们大多数是一些特殊字符，并且都以“\”开头。例如，“\t”表示制表符，“\b”表示退格，等等。

在编程时，转义字符可能会给我们带来一些麻烦。例如，如果想输出一个文件路径，演示代码如下：

```
1  print('d:\number.xlsx')
```

运行结果如下：

```
1  d:
2  umber.xlsx
```

这个结果与我们预期的不同，原因是 Python 将路径字符串中的“\n”视为了一个转义字符。

为了正确输出该文件路径，可以将代码修改为如下两种形式：

```
1  print(r'd:\number.xlsx')
2  print('d:\\number.xlsx')
```

第 1 行代码通过在字符串前面增加一个字符 r 来取消转义字符“\n”的换行功能；第 2 行代码则是将路径中的“\”改为“\\”，“\\”也是一个转义字符，它代表一个反斜杠字符“\”。

运行结果如下：

```
1  d:\number.xlsx
2  d:\number.xlsx
```

1.3.3　列表

列表（用 list 表示）是最常用的 Python 数据类型之一，它能将多个数据有序地组织在一起，并方便地调用。

1. 列表入门

先来学习创建一个最简单的列表。例如，通过如下代码可以把 5 个姓名存储在一个列表中：

```
1  class1 = ['李白', '王维', '孟浩然', '王昌龄', '王之涣']
```

从上述代码可以看出，定义一个列表的语法格式为：

```
列表名 = [元素1, 元素2, 元素3 ……]
```

列表的元素可以是字符串，也可以是数字，甚至可以是另一个列表。如下所示的这行代码定义的列表就含有 3 种元素：整型数字 1、字符串 '123'、列表 [1, 2, 3]。

```
1  a = [1, '123', [1, 2, 3]]
```

利用 for 语句可以遍历列表中的所有元素，演示代码如下：

```
1  class1 = ['李白', '王维', '孟浩然', '王昌龄', '王之涣']
2  for i in class1:
3      print(i)
```

运行结果如下：

```
1  李白
2  王维
3  孟浩然
4  王昌龄
5  王之涣
```

2. 统计列表的元素个数

如果需要统计列表的元素个数（又称为列表的长度），可以使用 len() 函数。该函数的语法格式为：

```
len(列表名)
```

演示代码如下：

```
1  class1 = ['李白', '王维', '孟浩然', '王昌龄', '王之涣']
2  a = len(class1)
3  print(a)
```

因为列表 class1 有 5 个元素，所以代码的运行结果如下：

```
1  5
```

3. 提取列表的单个元素

列表中的每个元素都有一个索引号，第 1 个元素的索引号为 0，第 2 个元素的索引号为 1，依此类推。如果要提取列表的单个元素，可以在列表名后加上“[索引号]”，演示代码如下：

```
1  class1 = ['李白', '王维', '孟浩然', '王昌龄', '王之涣']
2  a = class1[1]
3  print(a)
```

第 2 行代码中的 class1[1] 表示从列表 class1 中提取索引号为 1 的元素，即第 2 个元素，运行结果如下：

```
1  王维
```

如果想提取列表 class1 的第 5 个元素 '王之涣'，其索引号是 4，则相应的代码是 class1[4]。

“索引号从 0 开始”这个知识点与我们日常的思考习惯不同，初学者应给予重视。

4. 提取列表的多个元素——列表切片

如果想一次性提取列表中的多个元素，就要用到列表切片，其一般语法格式为：

```
列表名[索引号1:索引号2]
```

其中，索引号 1 对应的元素能取到，索引号 2 对应的元素取不到，俗称“左闭右开”。演示代码如下：

```
1  class1 = ['李白', '王维', '孟浩然', '王昌龄', '王之涣']
2  a = class1[1:4]
3  print(a)
```

在第 2 行代码的“[]”中，索引号 1 为 1，对应第 2 个元素，索引号 2 为 4，对应第 5 个元素，又根据“左闭右开”的规则，第 5 个元素是取不到的，因此，class1[1:4] 表示从列表 class1 中提取第 2～4 个元素，运行结果如下：

```
1  ['王维', '孟浩然', '王昌龄']
```

当不确定列表元素的索引号时，可以只写一个索引号，演示代码如下：

```
1  class1 = ['李白', '王维', '孟浩然', '王昌龄', '王之涣']
2  a = class1[1:]  # 提取第2个元素到最后一个元素
3  b = class1[-3:]  # 提取倒数第3个元素到最后一个元素
4  c = class1[:-2]  # 提取倒数第2个元素之前的所有元素（因为要遵循“左闭右开”的规则，所以不包含倒数第2个元素）
5  print(a)
6  print(b)
7  print(c)
```

运行结果如下：

```
1  ['王维', '孟浩然', '王昌龄', '王之涣']
2  ['孟浩然', '王昌龄', '王之涣']
3  ['李白', '王维', '孟浩然']
```

5. 添加列表元素

用 append() 函数可以给列表添加元素，演示代码如下：

```
1  score = []  # 创建一个空列表
2  score.append(80)  # 用append()函数给列表添加一个元素
3  print(score)
4  score.append(90)  # 给列表再添加一个元素
5  print(score)
```

运行结果如下：

```
1  [80]
2  [80, 90]
```

6. 列表与字符串的相互转换

列表与字符串的相互转换在文本筛选中有很大的用处。将列表转换成字符串主要使用的是 join() 函数，其语法格式如下：

```
'连接符'.join(列表名)
```

引号（单引号、双引号皆可）中的内容是元素之间的连接符，如“,”“;”等。例如，将 class1 转换成一个用逗号连接的字符串，演示代码如下：

```
1 class1 = ['李白', '王维', '孟浩然', '王昌龄', '王之涣']
2 a = ','.join(class1)
3 print(a)
```

运行结果如下：

```
1 李白,王维,孟浩然,王昌龄,王之涣
```

如果把第 2 行代码中的逗号换成空格，那么输出的就是“李白 王维 孟浩然 王昌龄 王之涣”。

将字符串转换为列表主要使用的是 split() 函数，其语法格式如下：

```
字符串.split('分隔符')
```

以空格为分隔符将字符串 'hi hello world' 拆分成列表的演示代码如下：

```
1 a = 'hi hello world'
2 print(a.split(' '))
```

运行结果如下：

```
1 ['hi', 'hello', 'world']
```

1.3.4 字典

字典（用 dict 表示）是另一种存储多个数据的数据类型。例如，假设 class1 里的每个姓名都有一个编号，若要把姓名和编号一一配对，就需要用字典来存储数据。定义一个字典的基本语法格式如下：

```
字典名 = {键1: 值1, 键2: 值2, 键3: 值3 ……}
```

字典的每个元素都由两个部分组成（而列表的每个元素只有一个部分），前一部分称为键（key），后一部分称为值（value），中间用冒号分隔。

键相当于一把钥匙，值相当于一把锁，一把钥匙对应一把锁。那么对于 class1 里的每个姓名来说，一个姓名对应一个编号，相应的字典写法如下：

```
1  class1 = {'李白': 85, '王维': 95, '孟浩然': 75, '王昌龄':
   65, '王之涣': 55}
```

提取字典中某个元素的值的语法格式如下：

```
字典名['键名']
```

例如，要提取'王维'的编号，演示代码如下：

```
1  class1 = {'李白': 85, '王维': 95, '孟浩然': 75, '王昌龄':
   65, '王之涣': 55}
2  score = class1['王维']
3  print(score)
```

运行结果如下：

```
1  95
```

如果想遍历字典，输出每个姓名和编号，演示代码如下：

```
1  class1 = {'李白': 85, '王维': 95, '孟浩然': 75, '王昌龄':
   65, '王之涣': 55}
2  for i in class1:
3      print(i + ': ' + str(class1[i]))
```

这里的 i 是字典里的键，也就是'李白'、'王维'等姓名，class1[i] 则是键对应的值，即每个姓名的编号。因为编号的数据类型为数字，所以在进行字符串拼接前需要先用 str() 函数将其转换为字符串。运行结果如下：

```
1  李白: 85
2  王维: 95
3  孟浩然: 75
4  王昌龄: 65
5  王之涣: 55
```

另一种遍历字典的方法是用字典的 items() 函数，演示代码如下：

```
1  class1 = {'李白': 85, '王维': 95, '孟浩然': 75, '王昌龄':
   65, '王之涣': 55}
2  a = class1.items()
3  print(a)
```

运行结果如下。可以看到，items() 函数返回的是可遍历的(键，值)元组数组。

```
1  dict_items([('李白', 85), ('王维', 95), ('孟浩然', 75),
   ('王昌龄', 65), ('王之涣', 55)])
```

1.3.5　元组和集合

相对于列表和字典来说，元组和集合用得较少，因此这里只做简单介绍。

元组（用 tuple 表示）的定义和使用方法与列表极为相似，区别在于定义列表时使用的符号是中括号 []，而定义元组时使用的符号是小括号 ()，并且元组中的元素不可修改。元组的定义和使用的演示代码如下：

```
1  a = ('李白', '王维', '孟浩然', '王昌龄', '王之涣')
2  print(a[1:3])
```

运行结果如下。可以看到，从元组中提取元素的方法和列表是一样的。

```
1  ('王维', '孟浩然')
```

集合（用 set 表示）是一个无序的不重复序列，也就是说，集合中不会有重复的元素。可用大括号 {} 来定义集合，也可用 set() 函数来创建集合，演示代码如下：

```
1  a = ['李白', '李白', '王维', '孟浩然', '王昌龄', '王之涣']
2  print(set(a))
```

运行结果如下。可以看到，生成的集合中自动删除了重复的元素。

```
1  {'李白', '王维', '王之涣', '孟浩然', '王昌龄'}
```

1.4 数据类型的查询和转换

如果不知道如何判断数据的类型，或者想要转换某个数据的类型，可以用本节介绍的方法实现。

1.4.1 数据类型的查询

使用 Python 内置的 type() 函数可以查询数据的类型。该函数的使用方法很简单，只需把要查询的内容放在括号里。演示代码如下：

```
1  name = 'Tom'
2  number = '88'
3  number1 = 88
4  number2 = 55.2
5  print(type(name))
6  print(type(number))
7  print(type(number1))
8  print(type(number2))
```

运行结果如下：

```
1  <class 'str'>
```

```
2    <class 'str'>
3    <class 'int'>
4    <class 'float'>
```

从运行结果可以看出，变量 name 和 number 的数据类型都是字符串（str），变量 number1 的数据类型是整型数字（int），变量 number2 的数据类型是浮点型数字（float）。

1.4.2　数据类型的转换

下面介绍 Python 中用于转换数据类型的 3 个常用内置函数：str()、int() 和 float()。

1. str() 函数

str() 函数能将数据转换成字符串。不管这个数据是整型数字还是浮点型数字，只要将其放到 str() 函数的括号里，这个数据就能“摇身一变”，成为字符串。演示代码如下：

```
1    a = 88
2    b = str(a)
3    print(type(a))
4    print(type(b))
```

第 2 行代码表示用 str() 函数将变量 a 所代表的数据的类型转换为字符串，并赋给变量 b。第 3 行和第 4 行代码分别输出变量 a 和 b 的数据类型。运行结果如下：

```
1    <class 'int'>
2    <class 'str'>
```

从运行结果可以看出，变量 a 代表整型数字 88，而转换后的变量 b 代表字符串 '88'。

2. int() 函数

既然整型数字能转换为字符串，那么字符串能转换为整型数字吗？当然是可以的，这就要用到 int() 函数。该函数的使用方法同 str() 函数一样，将需要转换的内容放在函数的括号里即可。演示代码如下：

```
1  a = '88'
2  b = int(a)
3  print(type(a))
4  print(type(b))
```

运行结果如下：

```
1  <class 'str'>
2  <class 'int'>
```

从运行结果可以看出，变量 a 代表字符串 '88'，而转换后的变量 b 代表整型数字 88。

需要注意的是，内容不是标准整数的字符串，如 'C-3PO'、'3.14'、'98%'，不能被 int() 函数正确转换。

浮点型数字也可以被 int() 函数转换为整型数字，转换过程中的取整处理方式不是四舍五入，而是直接舍去小数点后面的数，只保留整数部分。演示代码如下：

```
1  print(int(5.8))
2  print(int(0.618))
```

运行结果如下：

```
1  5
2  0
```

3. float() 函数

float() 函数可以将整型数字和内容为数字（包括整数和小数）的字符串转

换为浮点型数字。整型数字和内容为整数的字符串在用 float() 函数转换后会在末尾添加小数点和一个 0。演示代码如下：

```
pi = '3.14'
pi1 = float(pi)
print(type(pi))
print(type(pi1))
```

运行结果如下：

```
<class 'str'>
<class 'float'>
```

1.5　运算符

运算符主要用于对数据（数字和字符串）进行运算及连接。常用的运算符有算术运算符、字符串运算符、比较运算符、赋值运算符和逻辑运算符。

1.5.1　算术运算符和字符串运算符

算术运算符是最常见的一类运算符，其符号和含义见下表。

符号	名称	含义
+	加法运算符	计算两个数相加的和
-	减法运算符	计算两个数相减的差
	负号	表示一个数的相反数
*	乘法运算符	计算两个数相乘的积
/	除法运算符	计算两个数相除的商
**	幂运算符	计算一个数的某次方
//	取整除运算符	计算两个数相除的商的整数部分（舍弃小数部分，不做四舍五入）
%	取模运算符	常用于计算两个正整数相除的余数

“+”和“*”除了能作为算术运算符对数字进行运算，还能作为字符串运算符对字符串进行运算。“+”用于拼接字符串，“*”用于将字符串复制指定的份数，演示代码如下：

```
a = 'hello'
b = 'world'
c = a + ' ' + b
print(c)
d = 'Python' * 3
print(d)
```

运行结果如下：

```
hello world
PythonPythonPython
```

1.5.2 比较运算符

比较运算符又称为关系运算符，用于判断两个值之间的大小关系，其运算结果为 True（真）或 False（假）。比较运算符通常用于构造判断条件，以根据判断的结果来决定程序的运行方向。比较运算符的符号和含义见下表。

符号	名称	含义
>	大于运算符	判断运算符左侧的值是否大于右侧的值
<	小于运算符	判断运算符左侧的值是否小于右侧的值
>=	大于等于运算符	判断运算符左侧的值是否大于等于右侧的值
<=	小于等于运算符	判断运算符左侧的值是否小于等于右侧的值
==	等于运算符	判断运算符左右两侧的值是否相等
!=	不等于运算符	判断运算符左右两侧的值是否不相等

下面以“<”运算符为例，讲解比较运算符的运用。演示代码如下：

```
score = 10
```

```
2  if score < 60:
3      print('需要努力')
```

因为 10 小于 60，所以运行结果如下：

```
1  需要努力
```

初学者需注意，不要混淆“=”和“==”：前者是赋值运算符，用于给变量赋值；而后者是比较运算符，用于比较两个值（如数字）是否相等。演示代码如下：

```
1  a = 1
2  b = 2
3  if a == b:  # 注意这里是两个等号
4      print('a和b相等')
5  else:
6      print('a和b不相等')
```

此处 a 和 b 不相等，所以运行结果如下：

```
1  a和b不相等
```

1.5.3 赋值运算符

赋值运算符其实在前面已经接触过，为变量赋值时使用的“=”便是赋值运算符的一种。赋值运算符的符号和含义见下表。

符号	名称	含义
=	简单赋值运算符	将运算符右侧的运算结果赋给左侧
+=	加法赋值运算符	执行加法运算并将结果赋给左侧
-=	减法赋值运算符	执行减法运算并将结果赋给左侧
*=	乘法赋值运算符	执行乘法运算并将结果赋给左侧
/=	除法赋值运算符	执行除法运算并将结果赋给左侧

（续）

符号	名称	含义
**=	幂赋值运算符	执行求幂运算并将结果赋给左侧
//=	取整除赋值运算符	执行取整除运算并将结果赋给左侧
%=	取模赋值运算符	执行求模运算并将结果赋给左侧

下面先以“+=”运算符为例讲解赋值运算符的运用，演示代码如下：

```
1  price = 100
2  price += 10
3  print(price)
```

第 2 行代码表示将变量 price 的当前值（100）与 10 相加，再将计算结果重新赋给变量 price，相当于 price = price + 10。运行结果如下：

```
1  110
```

再以“*=”运算符为例进一步讲解赋值运算符的运用，演示代码如下：

```
1  price = 100
2  discount = 0.5
3  price *= discount
4  print(price)
```

第 3 行代码相当于 price = price * discount，所以运行结果如下：

```
1  50.0
```

1.5.4 逻辑运算符

逻辑运算符一般和比较运算符结合使用，其运算结果也为 True（真）或 False（假），因而也常用于构造判断条件以决定程序的运行方向。逻辑运算符的符号和含义见下表。

符号	名称	含义
and	逻辑与	只有该运算符左右两侧的值都为 True 时才返回 True，否则返回 False
or	逻辑或	只有该运算符左右两侧的值都为 False 时才返回 False，否则返回 True
not	逻辑非	该运算符右侧的值为 True 时返回 False，为 False 时返回 True

例如，仅在某条新闻同时满足“分数是负数”和“年份是 2021 年”这两个条件时，才把它录入数据库。演示代码如下：

```
1  score = -10
2  year = 2021
3  if (score < 0) and (year == 2021):
4      print('录入数据库')
5  else:
6      print('不录入数据库')
```

在第 3 行代码中，“and”运算符左右两侧的两个判断条件都加上了括号，其实不加括号也能正常运行，但是加上括号能让代码更易于理解。

因为代码中设定的变量值同时满足“分数是负数”和“年份是 2021 年”这两个条件，所以运行结果如下：

```
1  录入数据库
```

如果把第 3 行代码中的“and”换成“or”，那么只要满足一个条件，就可以录入数据库。

1.6　Python 代码编写基本规范

为了让 Python 解释器能够准确地理解和执行代码，在编写代码时我们还需要遵守一些基本规范，其中比较重要的就是缩进和注释的规范。下面分别进行讲解。

1.6.1 缩进

缩进是 Python 最重要的代码编写规范之一，类似于 Word 文档中的首行缩进。如果缩进不规范，代码在运行时就会报错。先来看下面的代码：

```
1  x = 10
2  if x > 0:
3      print('正数')
4  else:
5      print('负数')
```

第 2～5 行代码是之后会讲到的 if 语句，它和 for 语句、while 语句一样，通过冒号和缩进来区分代码块之间的层级关系。因此，第 2 行和第 4 行代码末尾必须有冒号，第 3 行和第 5 行代码开头必须有缩进，否则运行时会报错。

Python 对缩进的要求非常严格，同一个层级的代码块，其缩进量必须一样。但 Python 并没有硬性规定具体的缩进量，默认以 4 个空格（即按 4 次空格键）作为缩进的基本单位。

在 PyCharm 中，可以用更快捷的方法来处理缩进：按 1 次【Tab】键可输入 1 个缩进（即 4 个空格），按快捷键【Shift+Tab】可减小缩进量。如果要批量调整多行代码的缩进量，可以选中要调整的多行代码，按【Tab】键统一增加缩进量，按快捷键【Shift+Tab】统一减小缩进量。

需要注意的是，按【Tab】键实际上输入的是制表符，只是 PyCharm 会将其自动转换为 4 个空格。而有些文本编辑器并不会自动转换，就容易出现缩进中混用空格和制表符的情况，从而导致运行错误。这也是本书推荐使用 PyCharm 作为代码编辑器的原因之一，它有许多贴心的功能，可以帮助我们避免一些低级错误，从而减少代码调试的工作量。

此外，缩进不正确有时并不会导致运行错误，但是会导致 Python 解释器不能正确地理解代码块之间的层级关系，从而得不到我们想要的运行结果。因此，读者在阅读和编写代码时一定要注意其中的缩进。

1.6.2 注释

注释是对代码的解释和说明，Python 代码的注释分为单行注释和多行注释两种。

1. 单行注释

单行注释以“#”号开头。单行注释可放在被注释代码的后面，也可作为单独的一行放在被注释代码的上方。放在被注释代码后的单行注释的演示代码如下：

```
1  a = 1
2  b = 2
3  if a == b:  # 注意表达式里是两个等号
4      print('a和b相等')
5  else:
6      print('a和b不相等')
```

运行结果如下：

```
1  a和b不相等
```

第 3 行代码中“#”号后的内容就是注释内容，它不参与程序的运行。上述代码中的注释也可以修改为放在被注释代码的上方，演示代码如下：

```
1  a = 1
2  b = 2
3  # 注意表达式里是两个等号
4  if a == b:
5      print('a和b相等')
6  else:
7      print('a和b不相等')
```

为了增强代码的可读性，本书建议在编写单行注释时遵循以下规范：

- 单行注释放在被注释代码上方时，在“#”号之后先输入一个空格，再输入注释内容；
- 单行注释放在被注释代码后面时，“#”号和代码之间至少要有两个空格，“#”号与注释内容之间也要有一个空格。

2. 多行注释

当注释内容较多，放在一行中不便于阅读时，可使用多行注释。在 Python 中，使用三引号（3 个连续的单引号或双引号）创建多行注释。

用单引号形式的三引号创建多行注释的演示代码如下：

```
1  '''
2  这是多行注释，用3个单引号
3  这是多行注释，用3个单引号
4  这是多行注释，用3个单引号
5  '''
6  print('Hello, Python!')
```

第 1～5 行代码就是注释，不参与运行，所以运行结果如下：

```
1  Hello, Python!
```

用双引号形式的三引号创建多行注释的演示代码如下：

```
1  """
2  这是多行注释，用3个双引号
3  这是多行注释，用3个双引号
4  这是多行注释，用3个双引号
5  """
6  print('Hello, Python!')
```

第 1～5 行代码也是注释，不参与运行，所以运行结果如下：

```
1  Hello, Python!
```

注释还有一个作用：在调试程序时，如果有暂时不需要运行的代码，不必将其删除，可以先将其转换为注释，等调试结束后再取消注释，这样能减少代码输入的工作量。

1.7　控制语句

Python 的控制语句分为条件语句和循环语句。条件语句是指 if 语句，循环语句是指 for 语句和 while 语句。本节将主要介绍本书会经常用到的 if 语句、for 语句及它们的嵌套使用。

1.7.1　if 语句

if 语句主要用于根据条件是否成立执行不同的操作，其基本语法格式如下：

```
1  if 条件:  # 注意不要遗漏冒号
2      代码1   # 注意代码前要有缩进
3  else:  # 注意不要遗漏冒号
4      代码2   # 注意代码前要有缩进
```

在代码运行过程中，if 语句会判断其后的条件是否成立：如果成立，则执行代码 1；如果不成立，则执行代码 2。如果不需要在条件不成立时执行指定操作，可省略 else 以及其后的代码。

前面的学习其实已多次接触到 if 语句，这里再做一个简单演示，代码如下：

```
1  score = 85
2  if score >= 60:
3      print('及格')
4  else:
5      print('不及格')
```

因为变量 score 的值 85 满足“大于等于 60”的条件，所以运行结果如下：

```
1  及格
```

如果有多个判断条件，可用 elif（elseif 的缩写）语句处理，演示代码如下：

```
1  score = 55
```

```
2  if score >= 80:
3      print('优秀')
4  elif (score >= 60) and (score < 80):
5      print('及格')
6  else:
7      print('不及格')
```

因为变量 score 的值 55 既不满足“大于等于 80”的条件，也不满足“大于等于 60 且小于 80”的条件，所以运行结果如下：

```
1  不及格
```

1.7.2 for 语句

for 语句常用于完成指定次数的重复操作，其基本语法格式如下：

```
1  for i in 序列:  # 注意不要遗漏冒号
2      要重复执行的代码  # 注意代码前要有缩进
```

演示代码如下：

```
1  class1 = ['李白', '王维', '孟浩然']
2  for i in class1:
3      print(i)
```

在上述代码的执行过程中，for 语句会依次取出列表 class1 中的元素并赋给变量 i，每取一个元素就执行一次第 3 行代码，直到取完所有元素为止。因为列表 class1 有 3 个元素，所以第 3 行代码会被重复执行 3 次，运行结果如下：

```
1  李白
2  王维
3  孟浩然
```

这里的 i 只是一个代号，可以换成其他变量。例如，将第 2 行代码中的 i 改为 j，则第 3 行代码就要相应改为 print(j)，得到的运行结果是一样的。

上述代码用列表作为控制循环次数的序列，还可以用字符串、字典等作为序列。如果序列是一个字符串，则 i 代表字符串中的字符；如果序列是一个字典，则 i 代表字典的键。

此外，Python 编程中还常用 range() 函数创建一个整数序列来控制循环次数，演示代码如下：

```
1  for i in range(3):
2      print('第', i + 1, '次')
```

range() 函数创建的序列默认从 0 开始，并且遵循“左闭右开”的规则：序列包含起始值，但不包含终止值。因此，第 1 行代码中的 range(3) 表示创建一个整数序列——0、1、2。

运行结果如下：

```
1  第 1 次
2  第 2 次
3  第 3 次
```

1.7.3　控制语句的嵌套

控制语句的嵌套是指在一个控制语句中包含一个或多个相同或不同的控制语句。可根据要实现的功能采用不同的嵌套方式，例如，for 语句中嵌套 for 语句，if 语句中嵌套 if 语句，for 语句中嵌套 if 语句，if 语句中嵌套 for 语句，等等。

先举一个在 if 语句中嵌套 if 语句的例子，演示代码如下：

```
1  math = 95
2  chinese = 80
3  if math >= 90:
4      if chinese >= 90:
5          print('优秀')
6      else:
```

```
7            print('加油')
8    else:
9        print('加油')
```

第 3～9 行代码为一个 if 语句，第 4～7 行代码也为一个 if 语句，后者嵌套在前者之中。这个嵌套结构的含义是：如果变量 math 的值大于等于 90，且变量 chinese 的值也大于等于 90，则输出“优秀”；如果变量 math 的值大于等于 90，且变量 chinese 的值小于 90，则输出“加油”；如果变量 math 的值小于 90，则无论变量 chinese 的值为多少，都输出“加油”。因此，代码的运行结果如下：

```
1    加油
```

下面再来看一个在 for 语句中嵌套 if 语句的例子，演示代码如下：

```
1    for i in range(5):
2        if i == 1:
3            print('加油')
4        else:
5            print('安静')
```

第 1～5 行代码为一个 for 语句，第 2～5 行代码为一个 if 语句，后者嵌套在前者之中。第 1 行代码中 for 语句和 range() 函数的结合使用让 i 可以依次取值 0、1、2、3、4，然后进入 if 语句，当 i 的值等于 1 时，输出“加油”，否则输出“安静”。因此，代码的运行结果如下：

```
1    安静
2    加油
3    安静
4    安静
5    安静
```

1.8　函数

函数就是把具有独立功能的代码块组织成一个小模块，在需要时直接调用。函数又分为内置函数和自定义函数：内置函数是 Python 的开发者已经编写好的函数，用户可直接调用，如 print() 函数；自定义函数则是用户自行编写的函数。

1.8.1　内置函数

除了 print() 函数，Python 还提供很多内置函数。下面介绍一些常用内置函数。

1. len() 函数

len() 函数在 1.3.3 节已介绍过，它能统计列表的元素个数，演示代码如下：

```
1  title = ['标题1', '标题2', '标题3']
2  print(len(title))
```

运行结果如下：

```
1  3
```

len() 函数在实战中经常和 range() 函数一起使用，演示代码如下：

```
1  title = ['标题1', '标题2', '标题3']
2  for i in range(len(title)):
3      print(str(i+1) + '.' + title[i])
```

第 2 行代码中的 range(len(title)) 相当于 range(3)，因此，for 语句中的 i 会依次取值为 0、1、2，在生成标题序号时就要写成 i+1，并用 str() 函数转换成字符串，再用“+”运算符进行字符串拼接。运行结果如下：

```
1  1.标题1
2  2.标题2
3  3.标题3
```

len() 函数还能统计字符串的长度，即字符串中字符的个数，演示代码如下：

```
1  a = '123abcd'
2  print(len(a))
```

运行结果如下，表示变量 a 所代表的字符串有 7 个字符。

```
1  7
```

2. replace() 函数

replace() 函数主要用于在字符串中进行查找和替换，其基本语法格式如下：

```
字符串.replace(要查找的内容, 要替换为的内容)
```

演示代码如下：

```
1  a = '<em>面朝大海，</em>春暖花开'
2  a = a.replace('<em>', '')
3  a = a.replace('</em>', '')
4  print(a)
```

在第 2 行和第 3 行代码中，replace() 函数的第 2 个参数的引号中没有任何内容，因此，这两行代码表示“将查找到的内容删除”。运行结果如下：

```
1  面朝大海，春暖花开
```

3. strip() 函数

strip() 函数的主要作用是删除字符串首尾的空白字符（包括空格、换行符、回车符和制表符），其基本语法格式如下：

```
字符串.strip()
```

演示代码如下：

```
a ='      学而时习之 不亦说乎      '
a = a.strip()
print(a)
```

运行结果如下：

```
学而时习之 不亦说乎
```

可以看到，字符串首尾的空格都被删除，字符串中间的空格则被保留。

4. split() 函数

split() 函数的主要作用是按照指定的分隔符将字符串拆分为一个列表，其基本语法格式如下：

```
字符串.split('分隔符')
```

演示代码如下：

```
today = '2021-10-25'
a = today.split('-')
print(a)
```

运行结果如下：

```
['2021', '10', '25']
```

如果想从拆分字符串得到的列表中提取年、月、日信息，可以通过如下代码实现：

```
a = today.split('-')[0]  # 提取列表的第1个元素，即年信息
a = today.split('-')[1]  # 提取列表的第2个元素，即月信息
a = today.split('-')[2]  # 提取列表的第3个元素，即日信息
```

1.8.2 自定义函数

内置函数的数量毕竟有限，只靠内置函数不可能实现我们需要的所有功能，因此，编程中常常需要将会频繁使用的代码编写为自定义函数。

1. 函数的定义与调用

在 Python 中使用 def 语句来定义一个函数，其基本语法格式如下：

```
1  def 函数名(参数):  # 注意不要遗漏冒号
2      实现函数功能的代码  # 注意代码前要有缩进
```

演示代码如下：

```
1  def y(x):
2      print(x + 1)
3  y(1)
```

第 1 行和第 2 行代码定义了一个函数 y()，该函数有一个参数 x，函数的功能是输出 x 的值与 1 相加的运算结果。第 3 行代码调用 y() 函数，并将 1 作为 y() 函数的参数。运行结果如下：

```
1  2
```

从上述代码可以看出，函数的调用很简单，只要输入函数名，如函数名 y，如果函数含有参数，如函数 y(x) 中的 x，那么在函数名后面的括号中输入参数的值即可。如果将上述第 3 行代码修改为 y(2)，那么运行结果就是 3。

定义函数时的参数称为形式参数，它只是一个代号，可以换成其他内容。例如，可以把上述代码中的 x 换成 z，演示代码如下：

```
1  def y(z):
2      print(z + 1)
3  y(1)
```

定义函数时也可以传入多个参数。以定义含有两个参数的函数为例，演示代码如下：

```
1  def y(x, z):
2      print(x + z + 1)
3  y(1, 2)
```

因为第 1 行代码在定义函数时指定了两个参数 x 和 z，所以第 3 行代码在调用函数时就需要在括号中输入两个参数，运行结果如下：

```
1  4
```

定义函数时也可以不要参数，演示代码如下：

```
1  def y():
2      x = 1
3      print(x + 1)
4  y()
```

第 1～3 行代码定义了一个函数 y()。在定义这个函数时并没有要求输入参数，所以第 4 行代码中直接输入 y() 就可以调用函数，运行结果如下：

```
1  2
```

2. 定义有返回值的函数

在前面的例子中，定义函数时仅用 print() 函数输出函数的运行结果，之后就无法使用这个结果了。如果之后还需要使用函数的运行结果，则在定义函数时使用 return 语句来定义函数的返回值。演示代码如下：

```
1  def y(x):
2      return x + 1
3  a = y(1)
4  print(a)
```

第 1 行和第 2 行代码定义了一个函数 y()，函数的功能不是直接输出运算

结果，而是将运算结果作为函数的返回值返回给调用函数的代码；第 3 行代码在执行时会先调用 y() 函数，并以 1 作为函数的参数，y() 函数内部使用参数 1 计算出 1+1 的结果为 2，再将 2 返回给第 3 行代码，赋给变量 a。运行结果如下：

```
2
```

3. 变量的作用域

简单来说，变量的作用域是指变量起作用的代码范围。具体到函数的定义，函数内使用的变量与函数外的代码是没有关系的，演示代码如下：

```
x = 1
def y(x):
    x = x + 1
    print(x)
y(3)
print(x)
```

请读者先思考一下：上述代码会输出什么内容呢？下面揭晓运行结果：

```
4
1
```

第 4 行和第 6 行代码同样是 print(x)，为什么输出的内容不一样呢？这是因为函数 y(x) 里面的 x 和外面的 x 没有关系。之前讲过，可以把 y(x) 换成 y(z)，演示代码如下：

```
x = 1
def y(z):
    z = z + 1
    print(z)
y(3)
print(x)
```

运行结果如下：

```
1  4
2  1
```

可以发现，两段代码的运行结果是一样的。y(z) 中的 z 或者说 y(x) 中的 x 只在函数内部生效，并不会影响外部的变量。正如前面所说，函数的形式参数只是一个代号，属于函数内的局部变量，因此不会影响函数外部的变量。

1.9 模块的安装和导入

Python 的魅力之一就是拥有丰富的模块，用户在编程时可以直接调用模块来实现强大的功能，无须自己编写复杂的代码。下面就来学习 Python 模块的知识。

1.9.1 初识模块

如果要在多个程序中重复实现某个特定功能，那么能不能直接调用自己或他人已经编写好的代码，而不用重复编写代码呢？答案是肯定的，这就要用到 Python 中的模块。模块又称为库或包，简单来说，每一个扩展名为“.py”的文件都可以称为一个模块。Python 的模块主要分为下面 3 种。

1. 内置模块

内置模块是指 Python 自带的模块，不需要安装就能直接使用，如 time、math、pathlib 等。

2. 自定义模块

Python 用户可以将自己编写的代码或函数封装成模块，以方便在编写其他程序时调用，这样的模块就是自定义模块。需要注意的是，自定义模块不能和内置模块重名，否则将不能再导入内置模块。

3. 第三方模块

通常所说的模块就是指第三方模块。这类模块是由一些程序员或企业开发并免费分享给大家使用的，通常一个模块用于实现某一个大类的功能。例如，

xlwings 模块专门用于操控 Excel，pandas 模块专门用于处理和分析数据。

Python 之所以能风靡全球，一个很重要的原因就是它拥有数量众多的第三方模块，相当于为用户配备了一个庞大的工具库。当我们要实现某种功能时，无须自己制造工具，而是可以直接从工具库中取出工具来使用，从而大大提高开发效率。

安装 Anaconda 时会自动安装一些第三方模块，而有些第三方模块需要用户自行安装，1.9.2 节会讲解模块的安装方法。

1.9.2 模块的安装

第三方模块常用的安装方式有两种：一是用 pip 命令安装；二是在 PyCharm 中安装。下面分别进行讲解。

1. 用 pip 命令安装模块

pip 是 Python 提供的一个命令，用于管理第三方模块，包括第三方模块的安装、卸载、升级等。用 pip 命令安装模块的方法最简单也最常用，下面以安装 xlwings 模块为例进行讲解。

按快捷键【⊞+R】打开“运行”对话框，❶在对话框中输入“cmd”，❷单击“确定”按钮，如下左图所示。随后会打开命令行窗口，❸在窗口中输入命令“pip install xlwings”，如下右图所示。命令中的“xlwings”是需要安装的模块的名称，如果需要安装其他模块，将“xlwings”改为相应的模块名称即可。按【Enter】键，等待一段时间，如果出现“Successfully installed”的提示文字，说明模块安装成功，之后在编写 Python 代码时，就可以使用 xlwings 模块的功能了。

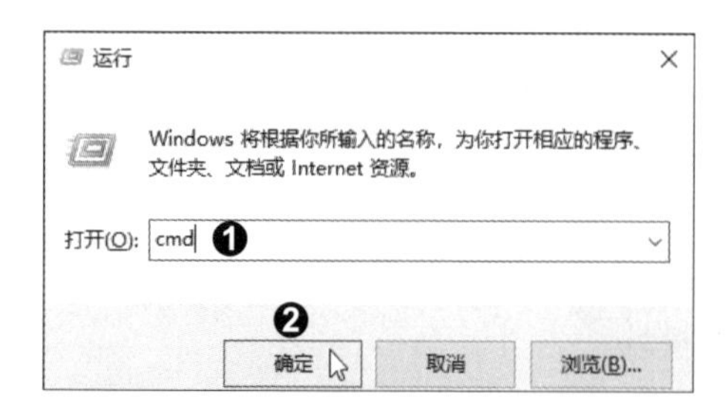

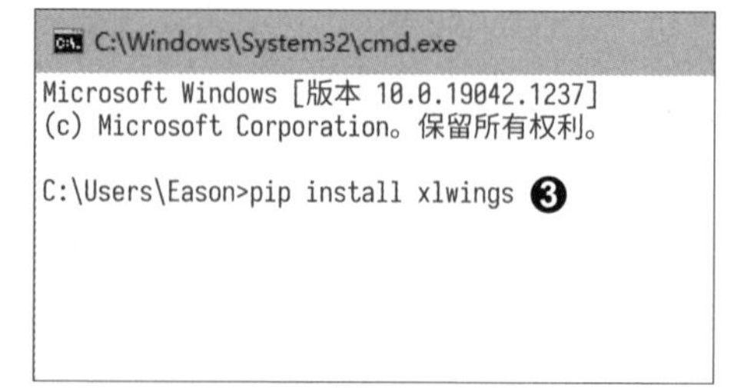

技巧 通过镜像服务器安装模块

pip 命令默认从设在国外的服务器上下载模块，由于网速不稳定、数据传输受阻等原因，安装可能会失败，一个解决办法是通过国内的企业、院校、科研机构设立的镜像服务器来安装模块。例如，从清华大学的镜像服务器安装 xlwings 模块的命令为“pip install xlwings -i https://pypi.tuna.tsinghua.edu.cn/simple”。命令中的“-i”是一个参数，用于指定 pip 命令下载模块的服务器地址；“https://pypi.tuna.tsinghua.edu.cn/simple”则是由清华大学设立的模块镜像服务器的地址。更多镜像服务器的地址读者可以自行搜索。

2. 在 PyCharm 中安装模块

除了使用 pip 命令安装模块，还可以在 PyCharm 中安装模块。下面还是以安装 xlwings 模块为例进行讲解。

步骤01 启动 PyCharm，❶单击菜单栏中的“File”，❷在展开的菜单中单击“Settings”命令，如下图所示。

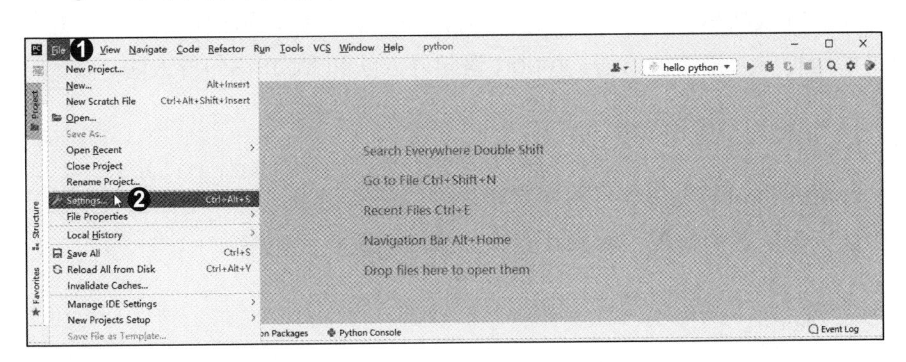

步骤02 ❶在打开的“Settings”对话框中展开当前项目的选项组，如“Project: python”，❷单击“Python Interpreter”选项，❸在右侧界面中可看到 PyCharm 配置 Python 运行环境时自动检测到的已安装模块。现在还要安装其他模块，❹单击模块列表上方的 + 按钮，如下图所示。

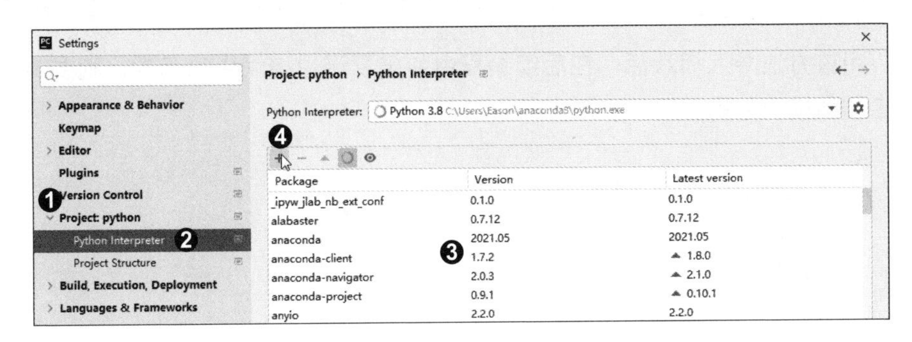

步骤03 ❶在打开的“Available Packages”对话框中输入搜索模块的关键词，如“xlwings”，按【Enter】键，❷在搜索结果中选择要安装的模块，❸单击“Install Package”按钮，如下图所示。等待一段时间，安装完毕后即可关闭对话框。

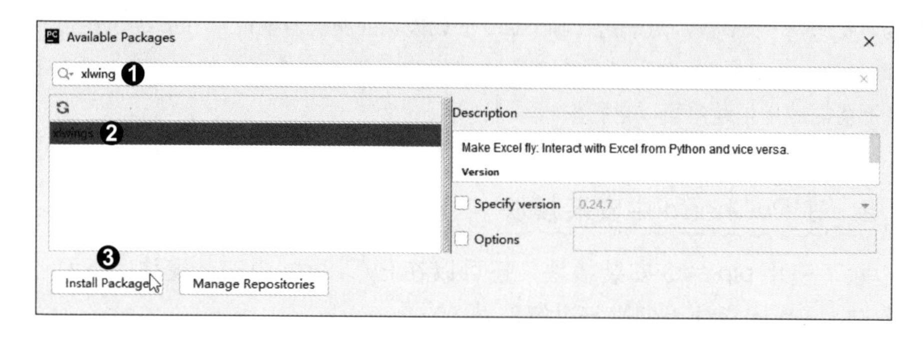

1.9.3 模块的导入

安装好模块后，还需要在代码中导入模块，才能调用模块的功能。这里主要讲解两种导入模块的方法：import 语句导入法和 from 语句导入法。

1. import 语句导入法

import 语句导入法会导入指定模块中的所有函数，适用于需要使用指定模块中的大量函数的情况。import 语句的基本语法格式如下：

```
import 模块名
```

演示代码如下：

```
1  import math  # 导入math模块
2  import time  # 导入time模块
```

用该方法导入模块后，在后续编程中如果要调用模块中的函数，则要为函数名添加模块名的前缀，演示代码如下：

```
1  import math
2  a = math.sqrt(16)
3  print(a)
```

第 2 行代码要调用 math 模块中的 sqrt() 函数来计算 16 的平方根，所以为 sqrt() 函数添加了前缀 math。运行结果如下：

```
1  4.0
```

2. from 语句导入法

有些模块中的函数特别多，用 import 语句全部导入后会导致程序运行速度较慢。如果只需要使用模块中的少数几个函数，可以使用 from 语句导入法，这种方法可以指定要导入的函数。from 语句的基本语法格式如下：

```
from 模块名 import 函数名
```

演示代码如下：

```
1  from math import sqrt  # 导入math模块中的单个函数
2  from time import strftime, localtime, sleep  # 导入time模块中的多个函数
```

使用 from 语句导入模块的最大好处就是在调用函数时可以直接写出函数名，无须添加模块名前缀，演示代码如下：

```
1  from math import sqrt  # 导入math模块中的sqrt()函数
2  a = sqrt(16)
3  print(a)
```

因为第 1 行代码中已经写明了要导入哪个模块中的哪个函数，所以第 2 行代码中可以直接用函数名调用函数。运行结果如下：

```
1  4.0
```

这两种导入模块的方法各有优缺点，编程时根据实际需求选择即可。

此外，如果模块名或函数名很长，可以在导入时使用关键字 as 对它们进行简化，以方便后续代码的编写。通常用模块名或函数名中的某几个字母来代替模块名或函数名，演示代码如下：

```
1  import numpy as np  # 导入NumPy模块，并将其简写为np
2  from math import factorial as fc  # 导入math模块中的factorial()函数，并将其简写为fc
```

技巧 使用通配符导入模块

使用 from 语句导入法时，如果将函数名用通配符“*”代替，写成“from 模块名 import *”，则和 import 语句导入法一样，会导入模块中的所有函数。演示代码如下：

```
1  from math import *  # 导入math模块中的所有函数
2  a = sqrt(16)
3  print(a)
```

这种方法的优点是在调用模块中的函数时无须添加模块名前缀，缺点是不能使用 as 关键字来简化函数名。

第2章

爬虫技术基础

有效分析数据可以帮助我们做出科学的市场营销决策。要分析数据，首先要拥有数据。在当今这个互联网时代，大量信息以网页作为载体，本章就来介绍从网页中采集数据的利器——爬虫。

爬虫是指按照一定的规则从网页上自动抓取数据的代码或脚本，它能模拟浏览器对存储指定网页的服务器发起请求，从而获得网页的源代码，再从源代码中提取需要的数据。

2.1 认识网页结构

浏览器中显示的网页是浏览器根据网页源代码进行渲染后呈现出来的。网页源代码规定了网页中要显示的文字、链接、图片等信息的内容和格式。为了从网页源代码中提取数据，需要分析网页的结构，找到数据的存储位置，从而制定提取数据的规则，编写出爬虫的代码。因此，本节先来学习网页源代码和网页结构的基础知识。

2.1.1 查看网页的源代码

下面以谷歌浏览器为例，介绍两种查看网页源代码的方法。

1. 使用右键菜单查看网页源代码

在谷歌浏览器中使用百度搜索引擎搜索“当当”，❶在搜索结果页面的空白处右击，❷在弹出的快捷菜单中单击“查看网页源代码”命令，如下图所示。

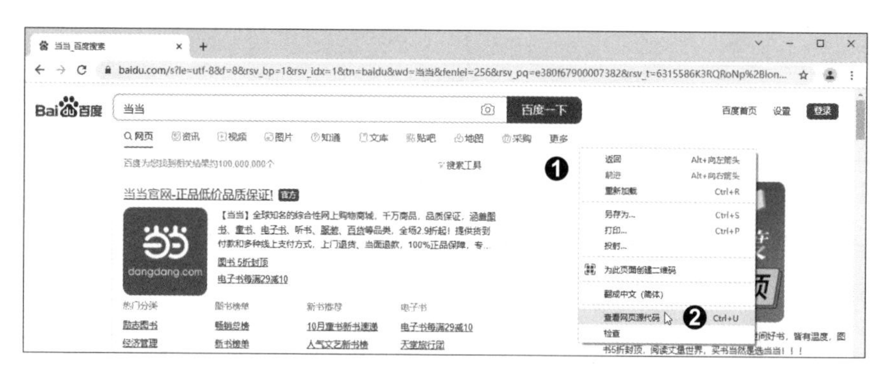

随后会弹出一个窗口，显示当前网页的源代码，如下图所示。利用鼠标滚轮上下滚动页面，能够看到更多的源代码内容。

```
当当_百度搜索    view-source:https://www.baid
view-source:https://www.baidu.com/s?ie=utf-8&f=8&rsv_bp=1&rsv_idx=1&tn=baidu&wd=当当&fenlei=256&rsv_pq=e380f679000073...
74
75
76 <html>
77     <head>
78
79         <meta http-equiv="X-UA-Compatible" content="IE=edge,chrome=1">
80         <meta http-equiv="content-type" content="text/html;charset=utf-8">
81         <meta content="always" name="referrer">
82         <meta name="theme-color" content="#2932e1">
83         <link rel="shortcut icon" href="/favicon.ico" type="image/x-icon" />
84         <link rel="icon" sizes="any" mask href="//www.baidu.com/img/baidu_85beaf5496f291521eb75ba38eacbd87.svg">
85         <link rel="search" type="application/opensearchdescription+xml" href="/content-search.xml" title="百度搜索" />
86
87
88 <title>当当_百度搜索</title>
89
90
91
92
93 <style data-for="result" type="text/css" id="css_newi_result">body{color:#333;background:#fff;padding:6px 0 0;margin:0;position:relative}
94 body,th,td,.p1,.p2{font-family:arial}
95 p,form,ol,ul,li,dl,dt,dd,h3{margin:0;padding:0;list-style:none}
```

2. 使用开发者工具查看网页源代码

开发者工具是谷歌浏览器自带的一个数据挖掘利器，它能直观地指示网页元素和源代码的对应关系，帮助我们更快捷地定位数据。

在谷歌浏览器中使用百度搜索引擎搜索“当当”，然后按【F12】键，即可打开开发者工具，界面如下图所示。此时窗口的上半部分显示的是网页，下半部分的开发者工具中默认显示的是“Elements”选项卡，该选项卡中的内容就是网页源代码。源代码中被“<>”括起来的文本称为网页元素，我们需要提取的数据就存放在这些网页元素中。

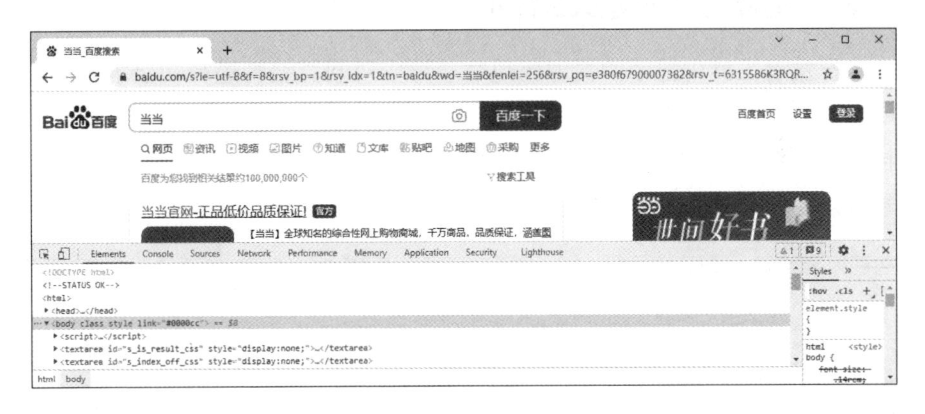

❶单击开发者工具左上角的元素选择工具按钮，按钮变成蓝色，❷将鼠标指针移到窗口上半部分的任意一个网页元素（如百度的徽标）上，该元素会被突出显示，❸同时开发者工具中该元素对应的源代码也会被突出显示，如下图所示。

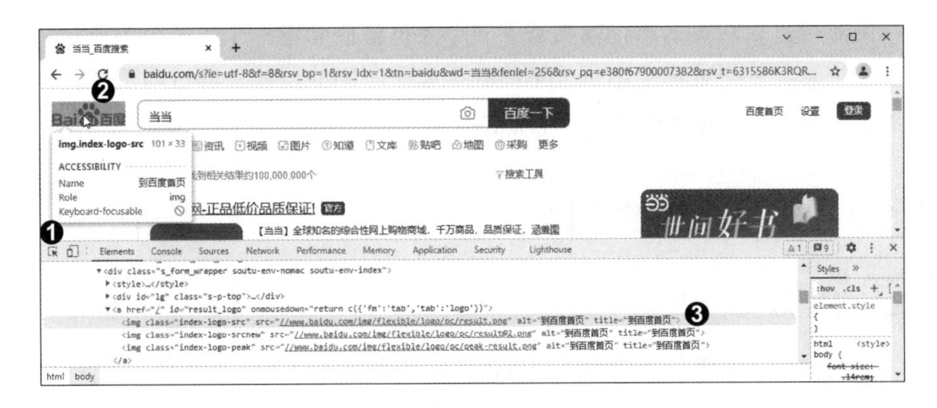

在实际应用中，常常会将上述两种方法结合使用。在这两种方法打开的界面中，都可以通过快捷键【Ctrl+F】打开搜索框，搜索和定位我们感兴趣的内容，

从而提高分析效率。

需要注意的是，使用这两种方法看到的网页源代码可能相同，也可能不同。两者的区别为：前者是网站服务器返回给浏览器的原始源代码，后者则是浏览器对原始源代码做了错误修正和动态渲染的结果。

如果使用这两种方法看到的网页源代码差别较大，则说明该网页做了动态渲染处理。对于未做动态渲染的网页和做了动态渲染的网页，获取网页源代码的方法是有区别的，后面会分别讲解。

2.1.2 初步了解网页结构

在开发者工具中显示网页源代码后，可以对网页结构进行初步了解。如下图所示，开发者工具中显示的网页源代码的左侧有多个三角形符号。一个三角形符号可以看成一个包含代码信息的框，框里面还嵌套着其他框，单击三角形符号可以展开或隐藏框中的内容。

```
▼<div id="s-top-left" class="s-top-left s-isindex-wrap">
   <a href="http://news.baidu.com" target="_blank" class="mnav c-font-normal c-color-t">新闻</a>
   <a href="https://www.hao123.com" target="_blank" class="mnav c-font-normal c-color-t">hao123</a>
   <a href="http://map.baidu.com" target="_blank" class="mnav c-font-normal c-color-t">地图</a>
   <a href="https://haokan.baidu.com/?sfrom=baidu-top" target="_blank" class="mnav c-font-normal c-color-t">视频</a>
   <a href="http://tieba.baidu.com" target="_blank" class="mnav c-font-normal c-color-t">贴吧</a>
   <a href="http://xueshu.baidu.com" target="_blank" class="mnav c-font-normal c-color-t">学术</a>
  ▼<div class="mnav s-top-more-btn">
     <a href="http://www.baidu.com/more/" name="tj_briicon" class="s-bri c-font-normal c-color-t" target="_blank">更多</a>
    ▼<div class="s-top-more" id="s-top-more">
      ▶<div class="s-top-more-content row-1 clearfix">…</div>
      ▶<div class="s-top-more-content row-2 clearfix">…</div>
      ▶<div class="s-top-tomore">…</div>
     </div>
   </div>
 </div>
▶<div id="u1" class="s-top-right s-isindex-wrap">…</div>
```

由此可见，网页的结构就相当于一个大框里嵌套着一个或多个中框，一个中框里嵌套着一个或多个小框，不同的框属于不同的层级。通过网页源代码前的缩进，我们可以很清晰地查看它们的层级关系。

2.1.3 网页结构的组成

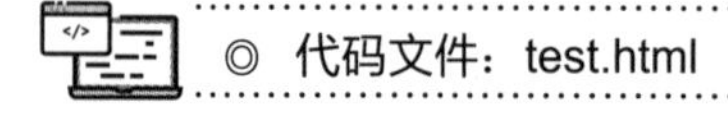

◎ 代码文件：test.html

前面利用开发者工具查看了网页的源代码和基本结构，下面使用 PyCharm 创建一个简单的网页，帮助大家进一步认识网页结构的基本组成。

在 PyCharm 中执行“File > New”菜单命令，在弹出的列表中单击“HTML

File”选项，再在弹出的对话框中输入文件名“test”，按【Enter】键，PyCharm 会自动补全文件的扩展名，创建一个名为“test.html”的 HTML 文档。HTML（HyperText Markup Language）是一种用于编写网页的编程语言。

该HTML文档的内容并不是空白的，PyCharm会自动生成一些网页源代码，搭建出一个基本框架，如下图所示。

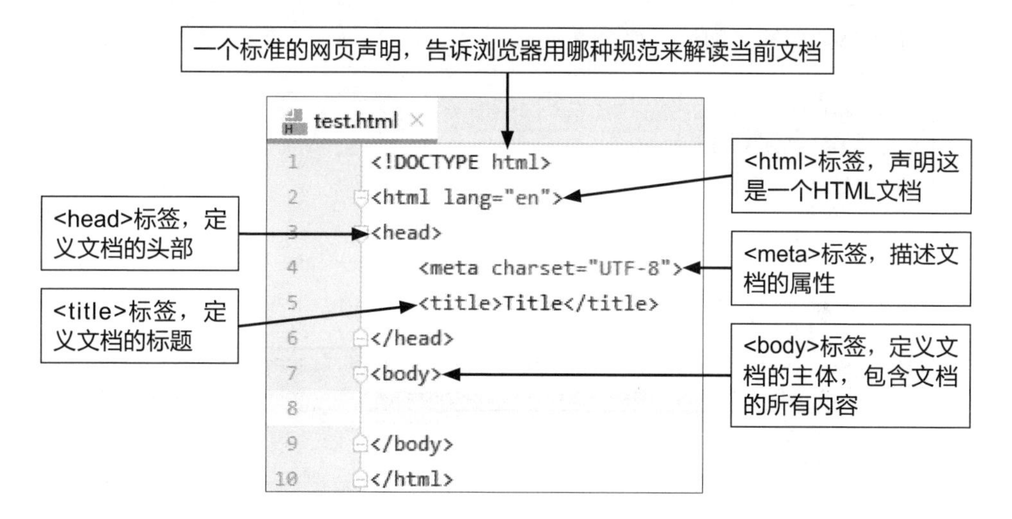

因为我们接触到的网页大多数是中文内容，所以这里先将第 2 行代码中代表英文的“en”修改为代表中文的“zh-CN”。然后将鼠标指针放在代码编辑区的任意位置，在编辑区的右上方会显示浏览器工具栏，如右图所示。单击工具栏中的任意一个浏览器图标，就能用对应的浏览器打开该 HTML 文档。这里单击谷歌浏览器的图标。

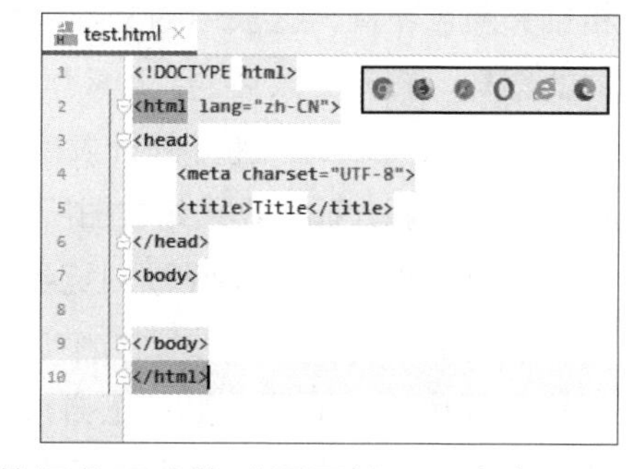

浏览器打开 HTML 文档后，会将其中的源代码渲染成网页并显示出来。因为当前 HTML 文档的 <body> 标签下还没有任何内容，所以显示的网页是空白的。如果要为网页添加内容元素，就要在 HTML 文档中添加对应元素的代码。

从前面展示的网页源代码可以看出，大部分网页元素是由格式类似“<×××> 文本内容 </×××>”的代码来定义的，这些代码称为 HTML 标签。在 PyCharm 自动生成的网页源代码的基础上，我们可以继续添加 HTML 标签和文本内容来搭建自己的网页。下面就来介绍一些常用的 HTML 标签。

1. <div> 标签——定义区块

<div> 标签用于定义一个区块，表示在网页中划定一个区域来显示指定的内容。区块的宽度和高度分别用参数 width 和 height 来定义，区块边框的格式（如粗细、线型、颜色等）用参数 border 来定义，这些参数都存放在 style 属性下。

如下图所示，在“test.html”文件的 <body> 标签下方输入两行代码，添加两个 <div> 标签，即添加两个区块。

```
test.html
1   <!DOCTYPE html>
2   <html lang="zh-CN">
3   <head>
4       <meta charset="UTF-8">
5       <title>Title</title>
6   </head>
7   <body>
8   <div style="height:100px;width:100px;border:1px solid #100">第一个div</div>
9   <div style="height:100px;width:100px;border:3px solid #500">第二个div</div>
10  </body>
11  </html>
```

输入的代码定义了两个区块的宽度和高度均为 100 px，但是区块的边框粗细和颜色不同，区块中的文本内容也不同。在浏览器工具栏中单击谷歌浏览器的图标，打开修改后的“test.html”文件，并按【F12】键打开开发者工具查看网页源代码，效果如右图所示。可以看到，网页源代码经过浏览器的渲染后得到的网页中显示了两个边框粗细和颜色不同的正方形，正方形里的文本就是源代码中被 <div> 标签括起来的文本。

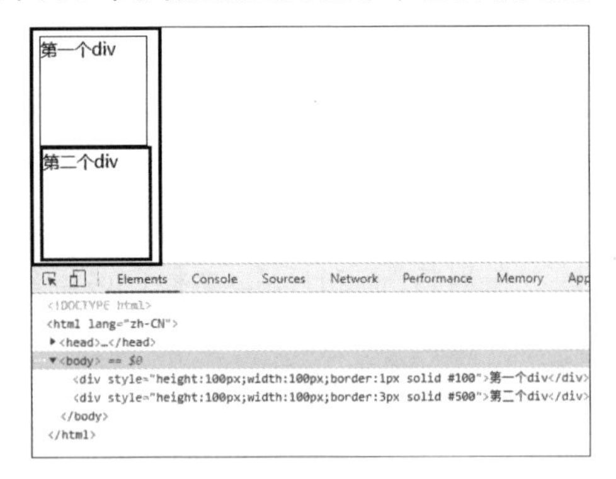

2. <ul> 标签、<ol> 标签和 <li> 标签——定义列表

<ul> 标签和 <ol> 标签分别用于定义无序列表和有序列表。<li> 标签位于 <ul> 标签或 <ol> 标签之下，一个 <li> 标签代表列表中的一个项目。无序列表中的 <li> 标签在网页中显示的项目符号默认为小圆点，有序列表中的 <li> 标签在网页中显示的序号默认为数字序列。

在 <body> 标签下添加一个 <div> 标签，再在 <div> 标签下添加 <ul>、<ol> 和 <li> 标签，如下左图所示。使用谷歌浏览器打开修改后的网页并用开发者工具查看源代码，效果如下右图所示。

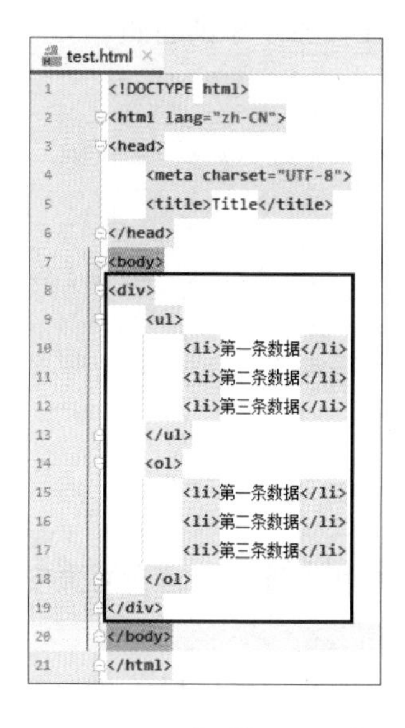

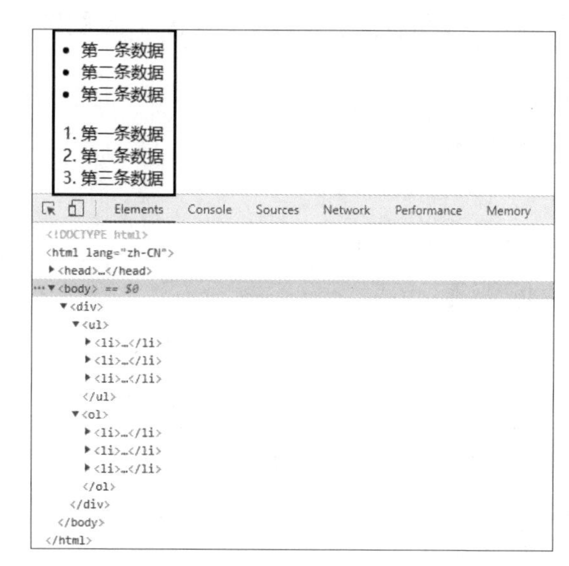

3. <h> 标签——定义标题

<h> 标签用于定义标题，它细分为 <h1> 到 <h6> 共 6 个标签，所定义的标题的字号从大到小依次变化。

在 <body> 标签下添加 <h> 标签的代码，如下左图所示。使用谷歌浏览器打开修改后的网页并用开发者工具查看源代码，效果如下右图所示。

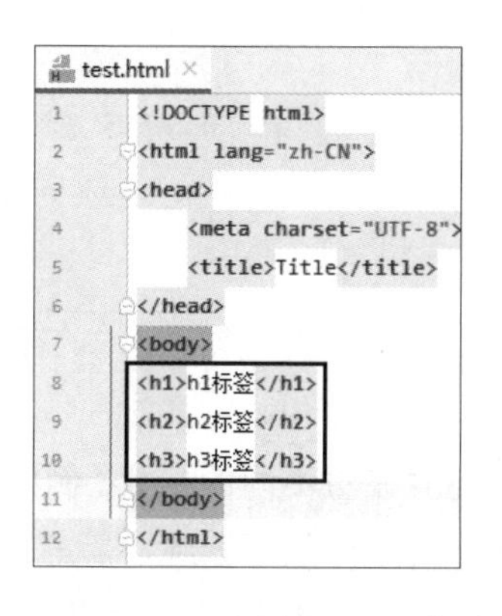

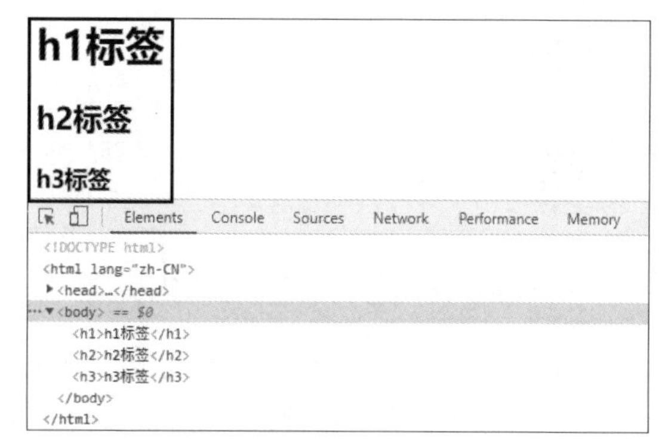

4. <a> 标签——定义链接

<a> 标签用于定义链接。在网页中单击链接，可以跳转到 <a> 标签的 href

属性指定的页面地址。

在 <body> 标签下添加 <a> 标签的代码，如下左图所示。使用谷歌浏览器打开修改后的网页并用开发者工具查看源代码，效果如下右图所示。此时如果单击网页中的链接文字“百度的链接”，会跳转到百度搜索引擎的首页。

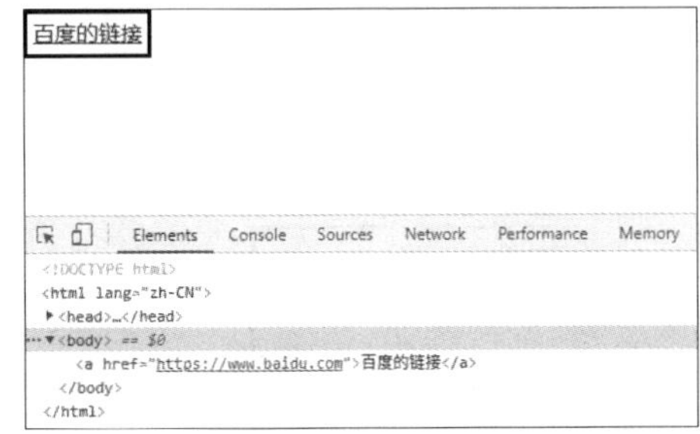

5. <p> 标签——定义段落

<p> 标签用于定义段落。不设置样式时，一个 <p> 标签的内容在网页中显示为一行。

在 <body> 标签下添加 <p> 标签的代码，如下左图所示。使用谷歌浏览器打开修改后的网页并用开发者工具查看源代码，效果如下右图所示。

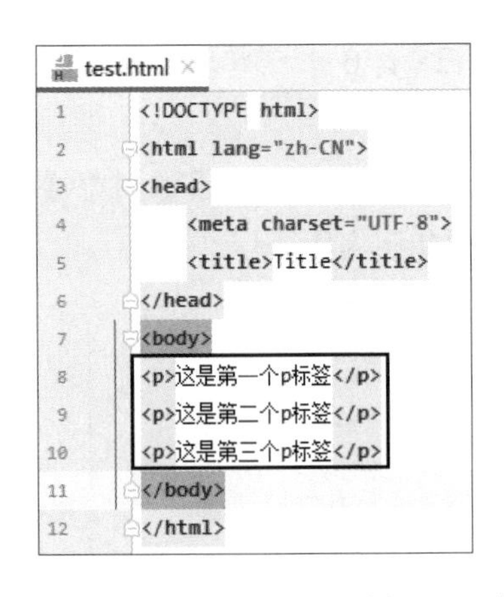

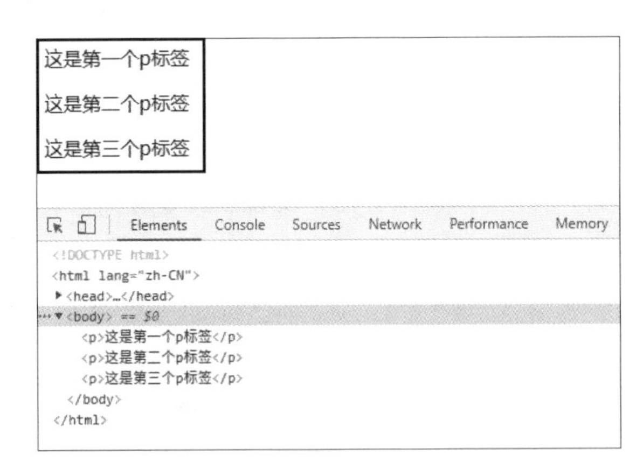

6. <span> 标签——定义行内元素

<span> 标签用于定义行内元素，以便为不同的元素设置不同的格式。例如，在一段连续的文本中将一部分文本加粗，为另一部分文本添加下划线，等等。

在 <body> 标签下添加 <span> 标签的代码，如下页左图所示。使用谷歌浏览器打开修改后的网页并用开发者工具查看源代码，效果如下页右图所示。可以看到两个 <span> 标签中的文本显示在同一行，并且由于没有设置样式，

两部分文本的视觉效果没有任何差异。

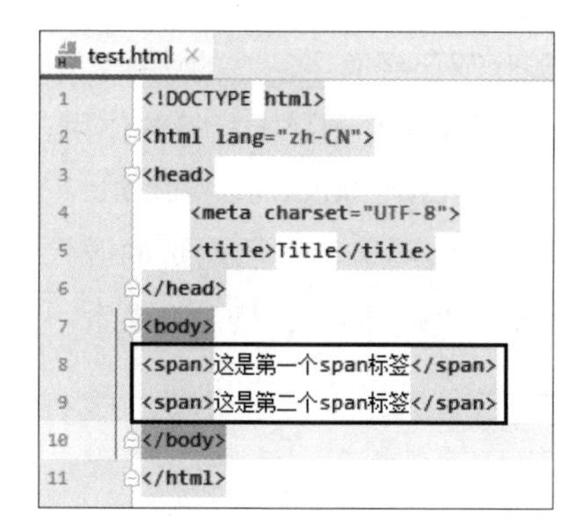

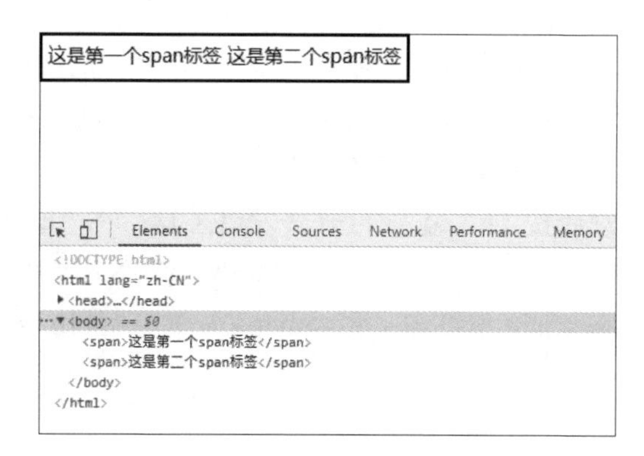

7. <img> 标签——定义图片

<img> 标签用于显示图片，src 属性指定图片的网址，alt 属性指定在图片无法正常加载时显示的替换文本。在 <body> 标签下添加 <img> 标签的代码，如下图所示。

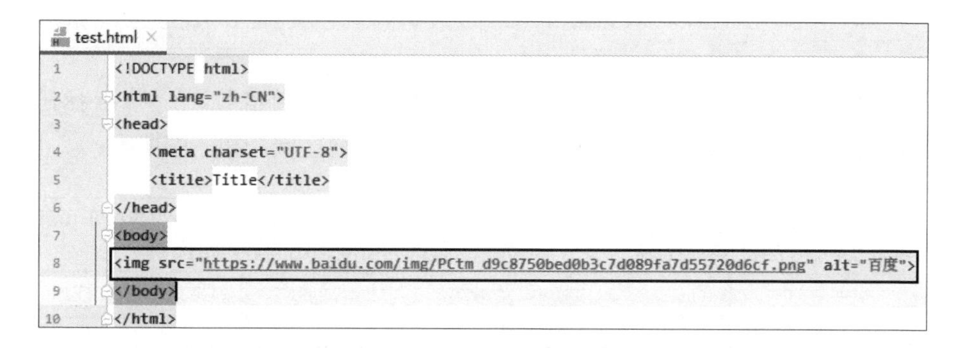

使用谷歌浏览器打开修改后的网页，可看到图片的显示效果，如下图所示。

2.1.4 百度新闻页面结构剖析

通过前面的学习，相信大家对网页的结构和源代码已经有了基本的认识。下面对百度新闻的页面结构进行剖析，帮助大家进一步理解各个HTML标签的作用。

在谷歌浏览器中打开百度新闻体育频道（https://news.baidu.com/sports）。然后按【F12】键打开开发者工具，在“Elements”选项卡下查看网页的源代码，如下图所示。其中 <body> 标签下存放的就是该网页的主要内容，包括 4 个 <div> 标签和一些 <style> 标签、<script> 标签。

这里重点查看4个 <div> 标签。在网页源代码中分别单击前3个 <div> 标签，可以在窗口的上半部分看到分别在网页中选中了 3 块区域，如下图所示。

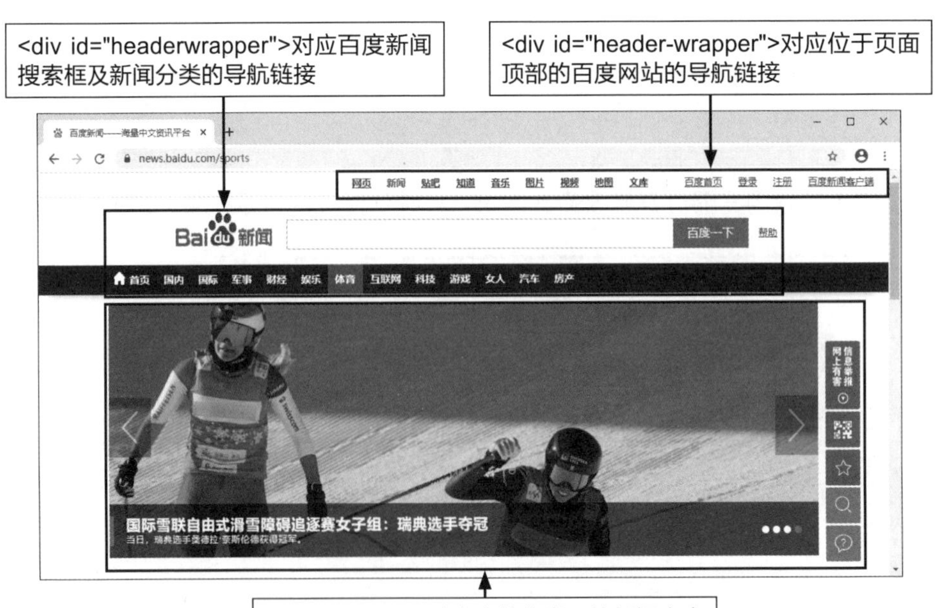

单击第 4 个 <div> 标签，可看到选中了网页底部的区域，如下图所示。

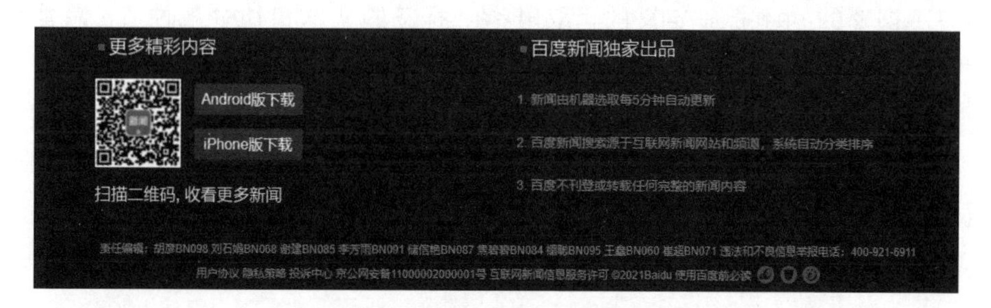

单击每个 <div> 标签前方的折叠 / 展开按钮，可以看到该 <div> 标签下包含的标签，可能是另一个 <div> 标签，也可能是 <ul> 标签、<li> 标签等，如下图所示，这些标签同样可以继续展开。这样一层层地剖析，就能大致了解网页的结构组成和源代码之间的对应关系。

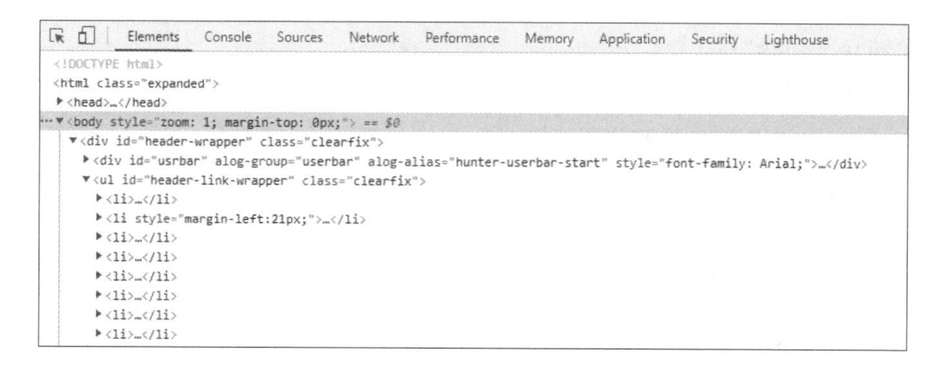

前面介绍 <a> 标签时定义的是一个文字链接，而许多网页源代码中的 <a> 标签下还包含 <img> 标签，这表示该链接是一个图片链接。下图所示为百度新闻页面中的一个图片链接及其对应的源代码，在网页中单击该图片，就会跳转到 <a> 标签中指定的网址。

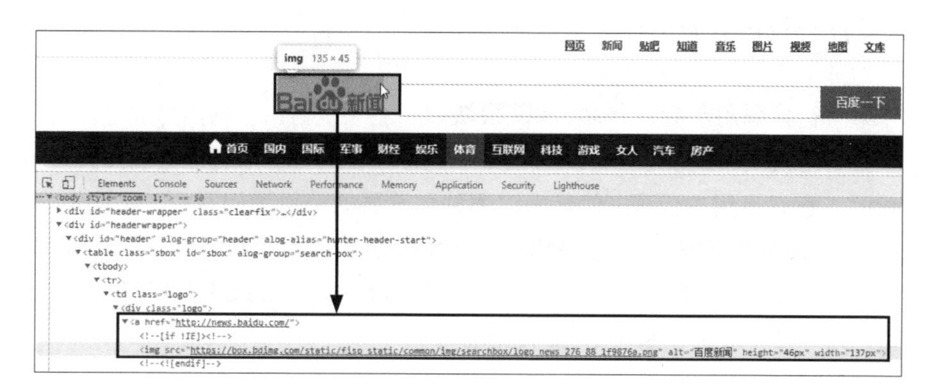

经过剖析可以发现，百度新闻页面中的新闻标题和链接基本是由大量 <li> 标签下嵌套的 <a> 标签定义的。取出 <a> 标签的文本和 href 属性值，就能得到每条新闻的标题和详情页链接。

读者可以在谷歌浏览器中打开其他网页，然后用开发者工具分析网页的源代码。多做这种练习，能够更好地理解网页的结构组成，对后面学习数据爬取有很大帮助。

2.2 Requests 模块

前面介绍了如何在浏览器中获取和查看网页的源代码，那么如何在 Python 中获取网页的源代码呢？这里介绍 Python 的一个第三方模块 Requests，它可以模拟浏览器发起网络请求，从而获取网页源代码。该模块的安装命令为“pip install requests”。

发起网络请求、获取网页源代码主要使用的是 Requests 模块中的 get() 函数。下面以获取百度首页的网页源代码为例讲解 get() 函数的用法。演示代码如下：

```
1  import requests
2  headers = {'User-Agent': 'Mozilla/5.0 (Windows NT 10.0; Win64; x64) AppleWebKit/537.36 (KHTML, like Gecko) Chrome/94.0.4606.81 Safari/537.36'}
3  url = 'https://www.baidu.com'
4  response = requests.get(url=url, headers=headers)
5  result = response.text
6  print(result)
```

第 1 行代码用于导入 Requests 模块。

第 2 行代码中的变量 headers 是一个字典，它只有一个键值对：键为“User-Agent”，意思是用户代理；值代表以哪种浏览器的身份访问网页，不同浏览器的 User-Agent 值不同，这里使用的“Mozilla/5.0 (Windows NT 10.0; Win64; x64) AppleWebKit/537.36 (KHTML, like Gecko) Chrome/94.0.4606.81 Safari/537.36”是谷歌浏览器的 User-Agent 值。

技巧　获取浏览器的 User-Agent 值

这里以谷歌浏览器为例讲解 User-Agent 值的获取方法。打开谷歌浏览器，在地址栏中输入“chrome://version”（注意要用英文冒号），按【Enter】键，在打开的页面中找到“用户代理”项，后面的字符串就是 User-Agent 值，如下图所示。

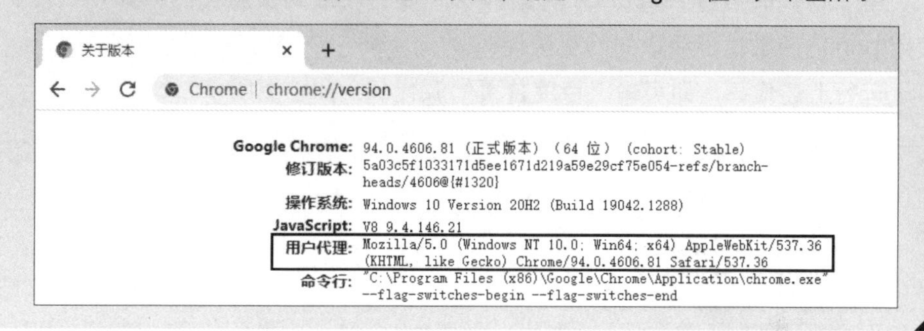

第 3 行代码将百度首页的网址赋给变量 url。需要注意的是，网址要完整。可以在浏览器中访问要获取网页源代码的网址，成功打开页面后，复制地址栏中的完整网址，粘贴到代码中。

第 4 行代码使用 Requests 模块中的 get() 函数对指定的网址发起请求，服务器会根据请求的网址返回一个 response 对象。参数 url 用于指定网址，参数 headers 则用于指定以哪种浏览器的身份发起请求。如果省略参数 headers，对有些网页也能获得源代码，但是对相当多的网页则会爬取失败，因此，最好还是不要省略该参数。

技巧　get() 函数的其他常用参数

除了 url 和 headers，get() 函数还有其他参数，最常用的是 params、timeout、proxies。在实践中可根据遇到的问题添加对应的参数。

参数 params 用于在发送请求时携带动态参数。

参数 timeout 用于设置请求超时的时间。由于网络原因或其他原因，不是每次请求都能被网站服务器接收到，如果一段时间内还未返回响应，Requests 模块会重复发起同一个请求，多次请求未成功就会报错，程序停止运行。如果不设置参数 timeout，程序可能会挂起很长时间来等待响应结果的返回。

参数 proxies 用于为爬虫程序设置代理 IP 地址。网站服务器在接收请求的同时可以获知发起请求的计算机的 IP 地址。如果服务器检测到同一 IP 地址在短时间内发起了大量请求，就会认为该 IP 地址的用户是爬虫程序，并对该 IP 地址的访问采取限制措施。使用参数 proxies 为爬虫程序设置代理 IP 地址，代替本地计算机发起请求，就能绕过服务器的限制措施。

第 5 行代码通过 response 对象的 text 属性获取网页源代码，第 6 行代码使用 print() 函数输出获取的网页源代码。

运行上述代码，即可输出百度首页的源代码，如下图所示。

```
<!DOCTYPE html><!--STATUS OK-->


   <html><head><meta http-equiv="Content-Type" content="text/html;charset=utf-8"><meta
http-equiv="X-UA-Compatible" content="IE=edge,chrome=1"><meta content="always" name="referrer"><meta
name="theme-color" content="#2932e1"><meta name="description" content="全球领先的中文搜索引擎、致力于让网民更
便捷地获取信息，找到所求。百度超过千亿的中文网页数据库，可以瞬间找到相关的搜索结果。"><link rel="shortcut icon"
href="/favicon.ico" type="image/x-icon" /><link rel="search"
type="application/opensearchdescription+xml" href="/content-search.xml" title="百度搜索" /><link
rel="icon" sizes="any" mask href="//www.baidu.com/img/baidu_85beaf5496f291521eb75ba38eacbd87.svg"><link
 rel="dns-prefetch" href="//dss0.bdstatic.com"/><link rel="dns-prefetch" href="//dss1.bdstatic
.com"/><link rel="dns-prefetch" href="//ss1.bdstatic.com"/><link rel="dns-prefetch" href="//sp0.baidu
.com"/><link rel="dns-prefetch" href="//sp1.baidu.com"/><link rel="dns-prefetch" href="//sp2.baidu
.com"/><title>百度一下，你就知道</title><style index="newi" type="text/css">#form .bdsug{top:39px}
.bdsug{display:none;position:absolute;width:535px;background:#fff;border:1px solid #ccc!important;
_overflow:hidden;box-shadow:1px 1px 3px #ededed;-webkit-box-shadow:1px 1px 3px #ededed;
-moz-box-shadow:1px 1px 3px #ededed;-o-box-shadow:1px 1px 3px #ededed}.bdsug li{width:519px;color:#000;
font:14px arial;line-height:25px;padding:0 8px;position:relative;cursor:default}.bdsug li
.bdsug-s{background:#f0f0f0}.bdsug-store span,.bdsug-store b{color:#7A77C8}
```

有时用 Python 获得的网页源代码中会有多处乱码，这些乱码原本应该是中文字符，但是由于 Python 获得的网页源代码的编码格式和网页实际的编码格式不一致，从而变成了乱码。要解决乱码问题，需要分析编码格式，并重新编码和解码。

以获取新浪网首页（https://www.sina.com.cn）的网页源代码为例，演示代码如下：

```
1  import requests
2  headers = {'User-Agent': 'Mozilla/5.0 (Windows NT 10.0;
   Win64; x64) AppleWebKit/537.36 (KHTML, like Gecko)
   Chrome/94.0.4606.81 Safari/537.36'}
3  url = 'https://www.sina.com.cn'
4  response = requests.get(url=url, headers=headers)
5  result = response.text
6  print(result)
```

代码运行结果如下图所示，可以看到有多处乱码。

```
<!DOCTYPE html>
<!-- [ published at 2021-10-26 11:24:01 ] -->
<html>
<head>
    <meta http-equiv="Content-type" content="text/html; charset=utf-8" />
    <meta http-equiv="X-UA-Compatible" content="IE=edge" />
    <title>æ–°æµªé¦–é¡µ</title>
    <meta name="keywords" content="æ–°æµª,æ–°æµªç½‘,SINA,sina,sina.com.cn,æ–°æµªé¦–é¡µ,é—¨æˆ·,èµ„è®¯" />
    <meta name="description"
 content="æ–°æµªç½'ä¸ºå…¨çƒç"¨æˆ·24
å°æ—¶æä¾›å…¨é¢åŠæ—¶çš„ä¸æ–‡èµ„è®¯ï¼Œå†…å®¹è¦†ç›–å›½å†…å¤–çªå‘æ–°é—»äº‹ä»¶ã€ä½"å›èµ›äº‹ã€å¨±ä¹
—ʃå°šã€äº§ä¸šèµ„è®¯ã€å®žç"¨ä¿¡æ¯ç‰ï¼Œè®¾æœ‰æ–°é—»ã€ä½"è‚²ã€å¨±ä¹ã€è´¢ç»ã€ç§'æŠ€ã€æˆ¿äº§ã€æ±½
è½¦ç‰30å¤šä¸ªå†…å®¹é¢'é"ï¼Œå Œæ—¶å¼€è®¾å šå®¢ã€è§†é¢'ã€è®ºå ›ç‰è‡ªç"±äº'åŠ¨äº¤æµ ç©ºé—´ã€‚" />
    <meta content="always" name="referrer">
    <meta http-equiv="Content-Security-Policy" content="upgrade-insecure-requests" />
```

先来查看网页实际的编码格式。用谷歌浏览器打开新浪网首页，按【F12】键打开开发者工具，展开位于网页源代码开头部分的 <head> 标签（该标签主要用于存储编码格式、网页标题等信息），如下图所示。<head> 标签下的 <meta> 标签中的参数 charset 对应的就是网页实际的编码格式。

Elements Console Sources Network Performance Memory Application Security Lighthouse
<!DOCTYPE html>
<!-- [published at 2021-10-26 11:18:01] -->
<html>
▼<head>
<script type="text/javascript" async src="https://ssl.google-analytics.com/ga.js"></script>
<script type="text/javascript" charset="gbk" src="//ip.leju.com/sina_sanshou_2010.php"></script>
<script id="sinaere-script" charset="utf-8" src="//d4.sina.com.cn/litong/zhitou/sinaads/test/e-recommendation/release/sinaere.js"></script>
<script src="https://d7.sina.com.cn/litong/zhitou/wenjing28/js/postMan.js"></script>
<meta http-equiv="Content-type" content="text/html; charset=utf-8"> == $0
<meta http-equiv="X-UA-Compatible" content="IE=edge">
<title>新浪首页</title>
<meta name="keywords" content="新浪,新浪网,SINA,sina,sina.com.cn,新浪首页,门户,资讯">

可以看到新浪网首页的实际编码格式为 UTF-8。接着利用 response 对象的 encoding 属性查看 Python 获得的网页源代码的编码格式，演示代码如下：

```
1  import requests
2  headers = {'User-Agent': 'Mozilla/5.0 (Windows NT 10.0; Win64; x64) AppleWebKit/537.36 (KHTML, like Gecko) Chrome/94.0.4606.81 Safari/537.36'}
3  url = 'https://www.sina.com.cn'
4  response = requests.get(url=url, headers=headers)
5  print(response.encoding)
```

代码运行结果如下：

```
1  ISO-8859-1
```

可以看到，Python 获得的网页源代码的编码格式为 ISO-8859-1，与网页的实际编码格式 UTF-8 不一致。UTF-8 和 ISO-8859-1 都是文本的编码格式，前者支持中文字符，而后者属于单字节编码，适用于英文字符，无法表示中文字符，这就是 Python 获得的内容中中文字符变成乱码的原因。

要解决乱码问题，可以通过为 response 对象的 encoding 属性赋值来指定正确的编码格式。演示代码如下：

```
1  import requests
2  headers = {'User-Agent': 'Mozilla/5.0 (Windows NT 10.0;
   Win64; x64) AppleWebKit/537.36 (KHTML, like Gecko)
   Chrome/94.0.4606.81 Safari/537.36'}
3  url = 'https://www.sina.com.cn'
4  response = requests.get(url=url, headers=headers)
5  response.encoding = 'utf-8'
6  result = response.text
7  print(result)
```

前面在开发者工具中看到网页的实际编码格式为 UTF-8，所以第 5 行代码将 response 对象的 encoding 属性赋值为 'utf-8'。代码运行结果如下图所示，可以看到成功解决了乱码问题。

```
<!DOCTYPE html>
<!-- [ published at 2021-10-26 11:57:01 ] -->
<html>
<head>
    <meta http-equiv="Content-type" content="text/html; charset=utf-8" />
    <meta http-equiv="X-UA-Compatible" content="IE=edge" />
    <title>新浪首页</title>
    <meta name="keywords" content="新浪,新浪网,SINA,sina,sina.com.cn,新浪首页,门户,资讯" />
    <meta name="description" content="新浪网为全球用户24小时提供全面及时的中文资讯，内容覆盖国内外突发新闻事件、体
坛赛事、娱乐时尚、产业资讯、实用信息等，设有新闻、体育、娱乐、财经、科技、房产、汽车等30多个内容频道，同时开设博客、视频
、论坛等自由互动交流空间。" />
    <meta content="always" name="referrer">
    <meta http-equiv="Content-Security-Policy" content="upgrade-insecure-requests" />
    <link rel="mask-icon" sizes="any" href="//www.sina.com.cn/favicon.svg" color="red">
    <meta name="stencil" content="PGLS000022" />
    <meta name="publishid" content="30,131,1" />
```

除了 UTF-8，中文网页常见的编码格式还有 GBK 和 GB2312。对于使用这两种编码格式的网页，可将上述第 5 行代码中的 'utf-8' 修改为 'gbk'。

除了利用开发者工具查看网页的实际编码格式，还可以通过调用 response 对象的 apparent_encoding 属性，让 Requests 模块根据网页内容自动推测编码格式，再将推测结果赋给 response 对象的 encoding 属性，即将上述第 5 行

代码修改为如下代码：

```
response.encoding = response.apparent_encoding
```

至此，用 Requests 模块获取网页源代码的知识就讲解完毕了。但这只是完成了爬虫任务的第一步，这些源代码中通常只有部分内容是我们需要的数据，所以爬虫任务的第二步就是从网页源代码中提取数据。具体的方法有很多，2.3 节和 2.4 节将分别介绍常用的两种：正则表达式和 BeautifulSoup 模块。

2.3　正则表达式

如果包含数据的网页源代码文本具有一定的规律，那么可以使用正则表达式对字符串进行匹配，从而提取出需要的数据。

2.3.1　正则表达式基础知识

正则表达式用于对字符串进行匹配操作，符合正则表达式逻辑的字符串能被匹配并提取出来。Python 内置了用于处理正则表达式的 re 模块。

正则表达式由一些特定的字符组成，每个字符有不同的含义。编写正则表达式就是利用这些字符组合出用于匹配特定字符串的规则。将编写好的正则表达式与爬取到的网页源代码进行对比，就能筛选出符合要求的字符串。

组成正则表达式的字符分为普通字符和元字符两种基本类型。

普通字符是指仅能描述其自身的字符，因而只能匹配与其自身相同的字符。普通字符包含字母（包括大写字母和小写字母）、汉字、数字、部分标点符号等。

元字符是指一些专用字符，它不像普通字符那样按照其自身进行匹配，而是具有特殊的含义。下表列出了一些常用的元字符。

元字符	含义
\w	匹配数字、字母、下划线、汉字
\W	匹配非数字、字母、下划线、汉字
\s	匹配任意空白字符
\S	匹配任意非空白字符

（续）

元字符	含义
\d	匹配数字
\D	匹配非数字
.	匹配任意字符（除换行符 \r、\n）
^	匹配字符串的开始位置
$	匹配字符串的结束位置
*	匹配该元字符的前一个字符任意次数（包括 0 次）
?	匹配该元字符的前一个字符 0 次或 1 次
\	转义字符，可使其后的一个元字符失去特殊含义，匹配字符本身
( )	( ) 中的表达式称为一个组，组匹配到的字符能被取出
[ ]	规定一个字符集，字符集范围内的所有字符都能被匹配到
|	将匹配条件进行逻辑或运算

下面通过两个简单的实例讲解正则表达式是如何从字符串中提取信息的。

1. “\s” 和 “\S” 的用法

演示代码如下：

```
1  import re
2  str = '123Qwe!_@#你我他\t \n\r'
3  result1 = re.findall('\s', str)
4  result2 = re.findall('\S', str)
5  print(result1)
6  print(result2)
```

第 1 行代码导入用于处理正则表达式的 re 模块。

第 2 行代码将一个字符串赋给变量 str。

第 3 行和第 4 行代码用 re 模块中的 findall() 函数从字符串 str 中提取信息，2.3.2 节将详细介绍该函数的用法。第 3 行代码用于在字符串 str 中匹配所有空白字符，如空格、换行符（\r 和 \n）、制表符（\t）。第 4 行代码用于在字符串

str 中匹配所有非空白字符。

代码运行结果如下：

```
['\t', ' ', '\n', '\r']
['1', '2', '3', 'Q', 'w', 'e', '!', '_', '@', '#', '你',
'我', '他']
```

2. "." "?" "*" 的用法

演示代码如下：

```
import re
str = 'abcaaabb'
result1 = re.findall('a.b', str)
result2 = re.findall('a?b', str)
result3 = re.findall('a*b', str)
result4 = re.findall('a.*b', str)
result5 = re.findall('a.*?b', str)
print(result1)
print(result2)
print(result3)
print(result4)
print(result5)
```

"."用于匹配除了换行符以外的任意字符，"*"用于匹配 0 个或多个字符，"."和 "*" 组合后的匹配规则 ".*" 称为贪婪匹配。之所以叫贪婪匹配，是因为它会匹配到过多的内容。如果再加上一个 "?"，构成 ".*?"，就变成了非贪婪匹配，能较精确地匹配到想要的内容。2.3.2 节将详细介绍非贪婪匹配。

代码运行结果如下：

```
['aab']
['ab', 'ab', 'b']
['ab', 'aaab', 'b']
['abcaaabb']
```

```
5  ['ab', 'aaab']
```

2.3.2 使用正则表达式提取数据

学会了正则表达式的编写方法，就可以利用 re 模块在网页源代码中根据正则表达式匹配和提取数据了。本节主要介绍 re 模块中常用的 findall() 函数，它能返回匹配正则表达式的所有字符串。

在编写正则表达式前，需要先了解一些非贪婪匹配的知识。2.3.1 节已经使用“.*?”形式的非贪婪匹配对数据进行了简单的提取，其实还有一种非贪婪匹配形式是“(.*?)”。下面详细介绍这两种匹配方式的用法。

非贪婪匹配中的“.*?”用于代替两个文本之间的所有内容。之所以使用“.*?”，是因为两个文本之间的内容经常变动或没有规律，无法写到匹配规则里，或者两个文本之间的内容较多，我们不想写到匹配规则里。“.*?”的语法格式如下：

```
文本A.*?文本B
```

演示代码如下：

```
1  import re
2  source = '<h2>文本A<变化的网址>文本B新闻标题</h2>'
3  p_title = '<h2>文本A.*?文本B(.*?)</h2>'
4  title = re.findall(p_title, source)
5  print(title)
```

上述代码中，文本 A 和文本 B 之间为变化的网址，用“.*?”代表。需要提取的是文本 B 和 </h2> 之间的内容，用“(.*?)”代表。代码运行结果如下：

```
1  ['新闻标题']
```

非贪婪匹配中的“(.*?)”用于提取两个文本之间的内容，并不需要知道它的确切长度及格式，但是需要知道它在哪两个内容之间。“(.*?)”的语法格式如下：

```
文本A(.*?)文本B
```

下面结合使用findall()函数和非贪婪匹配“(.*?)”进行文本的提取。演示代码如下：

```
1  import re
2  source = '文本A阿里巴巴文本B'
3  p_source = '文本A(.*?)文本B'
4  result = re.findall(p_source, source)
5  print(result)
```

第2行代码定义要提取文本的字符串。第3行代码使用非贪婪匹配“(.*?)”编写了一个正则表达式作为匹配规则。第4行代码使用findall()函数根据第3行代码中的正则表达式在第2行代码定义的字符串中进行文本匹配和提取。在实战中，一般不把匹配规则直接写到findall()函数的括号中，而是拆成两行来写，这样更便于阅读。

代码运行结果如下：

```
1  ['阿里巴巴']
```

下面编写一个简单的爬虫程序，先爬取网页源代码，再使用findall()函数从网页源代码中提取数据。

首先使用Requests模块获取博客园首页（https://www.cnblogs.com）的网页源代码。相应代码如下：

```
1  import requests
2  headers = {'User-Agent': 'Mozilla/5.0 (Windows NT 10.0; Win64; x64) AppleWebKit/537.36 (KHTML, like Gecko) Chrome/94.0.4606.81 Safari/537.36'}
3  url = 'https://www.cnblogs.com'
4  response = requests.get(url=url, headers=headers)
5  result = response.text
6  print(result)
```

运行以上代码后，可得到如下图所示的网页源代码。

```
<!DOCTYPE html>
<html lang="zh-cn">
<head>
    <meta charset="utf-8" />
    <meta name="viewport" content="width=device-width, initial-scale=1" />
    <meta name="referrer" content="always" />
    <meta http-equiv="X-UA-Compatible" content="IE=edge" />
    <title>博客园 - 开发者的网上家园</title>
        <meta name="keywords" content="开发者,程序员,博客园,程序猿,程序媛,极客,码农,编程,代码,软件开发,开源,IT网站,技术社区,Developer,Programmer,Coder,
Geek,Coding,Code" />
        <meta name="description" content="博客园是一个面向开发者的知识分享社区。自创建以来，博客园一直致力并专注于为开发者打造一个纯净的技术交流社区，推动并帮
助开发者通过互联网分享知识，从而让更多开发者从中受益。博客园的使命是帮助开发者用代码改变世界。" />
    <link rel="shortcut icon" href="//common.cnblogs.com/favicon.ico?v=20200522" type="image/x-icon" />
    <link rel="Stylesheet" type="text/css" href="/css/aggsite-new.min.css?v=od-uC01JDPS0DrCRWGfzoNY7jVN0uPKcwZySOf0ezHA" />
    <link rel="Stylesheet" type="text/css" href="/css/aggsite-mobile-new.min.css?v=r6EFLx4GwoOb7W2KN2mZRX9pyrUBVKma1ilCSpxvJdQ" media="only screen
 and (max-width: 767px)" />
```

然后编写正则表达式，并使用 findall() 函数从网页源代码中提取热门博客的标题。要编写出正确的正则表达式，需要观察待提取内容的网页元素对应的网页源代码，找出其规律。利用开发者工具可以便捷地完成这项任务。

在谷歌浏览器中打开博客园首页，然后打开开发者工具，利用元素选择工具定位首页中的任意一条热门博客标题，查看该标题的网页源代码，如下图所示。

```
Elements  Console  Sources  Network  Performance  Memory  Application  Security  Lighthouse
▼<article class="post-item">
  ▼<section class="post-item-body">
    ▼<div class="post-item-text">
        <a class="post-item-title" href="https://www.cnblogs.com/mzq123/p/13639504.html" target="_blank">SpringCloud系列之分布式配置中心极
        速入门与实践</a> == $0
      ▶<p class="post-item-summary">…</p>
      </div>
    ▶<footer class="post-item-foot">…</footer>
```

使用相同方法继续定位其他热门博客标题的网页源代码，如下图所示。

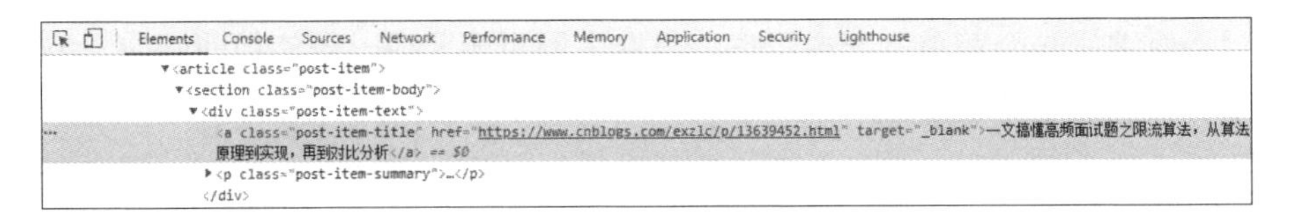

```
Elements  Console  Sources  Network  Performance  Memory  Application  Security  Lighthouse
▼<article class="post-item">
  ▼<section class="post-item-body">
    ▼<div class="post-item-text">
        <a class="post-item-title" href="https://www.cnblogs.com/exzlc/p/13639452.html" target="_blank">一文搞懂高频面试题之限流算法，从算法
        原理到实现，再到对比分析</a> == $0
      ▶<p class="post-item-summary">…</p>
      </div>
```

经过仔细对比和总结，可以发现热门博客标题的网页源代码有如下规律：

<a class="post-item-title" href="网址" target="_blank">标题</a>

用开发者工具看到的网页源代码和用 Python 获取的网页源代码有可能不一致，而数据的提取是在后者的基础上进行的，因此，在编写正则表达式之前，应该以后者为准，对规律进行确认。这里经过确认，发现两者一致，从而编写出如下所示的正则表达式：

```
1  source = '<a class="post-item-title" href=".*?" target="_blank">(.*?)</a>'
```

其中 href 属性的值为变化的网址，用“.*?”表示；要提取的是“target="_blank">”和“</a>”之间的内容，用“(.*?)”表示。

提示

编写正则表达式的依据

用开发者工具看到的网页源代码和用 Python 获取的网页源代码有可能不一致，而数据的提取是在后者的基础上进行的，自然应该以后者为依据编写正则表达式。初学者要牢记这一点，因为有时虽然差别很小（如只差一个空格），也会导致编写出的正则表达式无法提取到所需数据。

但是，用 Python 输出的网页源代码不便于查看，因此，通常先用开发者工具寻找规律，再到 Python 输出的网页源代码中进行核准。

有了正则表达式，就可以使用 findall() 函数提取数据了。演示代码如下：

```
1  import re
2  source = '<a class="post-item-title" href=".*?" target="_blank">(.*?)</a>'
3  title = re.findall(source, result, re.S)
4  print(title)
```

第 3 行代码使用 findall() 函数根据正则表达式 source 在变量 result（网页源代码）中匹配和提取数据。因为“.”默认不匹配换行符，而博客标题有可能含有换行符，所以这里在 findall() 函数中添加了参数 re.S，表示在匹配数据时要匹配换行符。

代码运行结果如下图所示。

```
['SpringCloud系列之分布式配置中心极速入门与实践', '一文搞懂高频面试题之限流算法，从算法原理到实现，再到对比分析', '【Gin-API系列】部署和监控（九）', '【BIM】基于BIMFACE的空间拆分与合并', '烂大街的 Spring 循环依赖问题，你觉得自己会了吗', '从0到1搭建自助分析平台', '用 Shader 写个完美的波浪', '设计模式-策略模式', '动态路由 - OSPF 一文详解 ', '对Jenkinsfile语法说不，开源项目Jenkins Json Build挺你', '代码重构之法—方法重构分析', '技术团队：当指责抱怨满天飞时，你该怎么办？', '写一个通用的幂等组件，我觉得很有必要', 'Spring事务实现原理', 'Dubbo系列之 （六）服务订阅（3）', '【Go语言入门系列】（九）写这些就是为了搞懂怎么用接口', '[01] C#网络编程的最佳实践', '项目实战 - 原理讲解&lt;-&gt; Keras框架搭建Mtcnn人脸检测平台', '【小白学PyTorch】8 实战之MNIST小试牛刀', '机器学习，详解SVM软间隔与对偶问题']
```

需要注意的是，如果网站改版，网页源代码也会随之变化，原先有效的正则表达式便会失效，需根据新的网页源代码重新编写正则表达式。因此，读者不要满足于机械地套用本书的代码，而要力求真正理解和掌握编写正则表达式提取数据的知识和技能，这样才能随机应变、游刃有余地完成数据的爬取。

2.4 BeautifulSoup 模块

◎ 代码文件：test1.html、BeautifulSoup模块基本用法.py

用正则表达式提取数据本质上是在处理字符串，本节则要介绍另一种提取数据的思路。前面讲过，网页源代码是由层层嵌套的 HTML 标签组成的，如果能解析这个嵌套结构，在结构中定位包含所需内容的标签，再将标签中的内容提取出来，就能得到想要的数据。

下面就来介绍一个能够解析网页源代码结构的第三方模块 BeautifulSoup。该模块可使用“pip install beautifulsoup4”命令安装。

1. 导入模块并加载网页源代码

要使用 BeautifulSoup 模块提取数据，首先要导入该模块，然后加载待解析的网页源代码。BeautifulSoup 模块可以加载本地 HTML 文档，也可以加载包含网页源代码的字符串。这里用本节代码文件中的 HTML 文档“test1.html”进行演示，该文档的内容如下：

```
1   <html lang="zh-CN">
2   <head>
3       <meta charset="UTF-8">
4       <title>BeautifulSoup模块示例</title>
5   </head>
6   <body>
7   <div class="news" id="group1">
8       <h2 class="title">时事新闻</h2>
9       <ul>
10          <li class="one" id="No1">
11              <a href="https://www.test.com/1-1.html">新
                闻标题1-1</a>
12          </li>
13          <li class="two" id="No2">新闻标题1-2</li>
14      </ul>
```

```
15  </div>
16  <div class="news" id="group2">
17      <h2 class="title">财经新闻</h2>
18      <ul>
19          <li class="one" id="No3">
20              <a href="https://www.test.com/2-1.html">新
                闻标题2-1</a>
21          </li>
22          <li class="two" id="No4">新闻标题2-2</li>
23      </ul>
24  </div>
25  </body>
26  </html>
```

导入 BeautifulSoup 模块并加载本地 HTML 文档的演示代码如下：

```
1  from bs4 import BeautifulSoup
2  file = open('test1.html', encoding='utf-8')
3  soup = BeautifulSoup(file, 'lxml')
```

第 1 行代码是导入 BeautifulSoup 模块的固定写法。第 2 行代码用于读取 HTML 文档“test1.html”的内容。第 3 行代码用 BeautifulSoup 模块加载文档内容并进行结构解析。

2. 定位标签

接下来就可以进行标签的定位了，主要使用的是 BeautifulSoup 模块中的 select() 函数。常用的定位方法有标签名定位、属性定位和层级定位，下面分别介绍。

标签名定位即使用 div、p、a 等标签名来定位，相应代码如下：

```
1  tags1 = soup.select('h2')
2  print(tags1)
```

第 1 行代码表示定位所有 <h2> 标签，代码运行结果如下：

```
1  [<h2 class="title">时事新闻</h2>, <h2 class="title">财经
   新闻</h2>]
```

从运行结果可以看出，select() 函数以列表的形式返回定位到的所有标签。

属性定位是指根据标签的 class 属性值或 id 属性值来定位，相应代码如下：

```
1  tags2 = soup.select('.two')
2  print(tags2)
3  tags3 = soup.select('#No1')
4  print(tags3)
```

在第 1 行代码中，'.two' 中的“.”代表 class 属性，“.”后的内容为 class 属性值，因此，这行代码表示定位所有 class 属性值为“two”的标签。

在第 3 行代码中，'#No1' 中的“#”代表 id 属性，“#”后的内容为 id 属性值，因此，这行代码表示定位所有 id 属性值为“No1”的标签。

代码运行结果如下：

```
1  [<li class="two" id="No2">新闻标题1-2</li>, <li class=
   "two" id="No4">新闻标题2-2</li>]
2  [<li class="one" id="No1">
   <a href="https://www.test.com/1-1.html">新闻标题1-1</a>
   </li>]
```

层级定位是指按照标签的层级嵌套关系给出定位的路径，相应代码如下：

```
1  tags4 = soup.select('div>ul>li>a')
2  print(tags4)
3  tags5 = soup.select('div a')
4  print(tags5)
5  tags6 = soup.select('div#group1 a')
6  print(tags6)
```

第 1 行代码表示从外向内依次定位 <div> 标签、<ul> 标签、<li> 标签、<a> 标签，各层级标签之间用“>”号分隔，表示下一级标签必须直接从属于上一级标签，中间不能有其他层级的标签。

第 3 行代码表示从外向内依次定位 <div> 标签和 <a> 标签，各层级标签之间用空格分隔，表示下一级标签不必直接从属于上一级标签，中间可以有其他层级的标签。

第 5 行代码在层级定位中结合使用标签名定位和属性定位，表示在 id 属性值为“group1”的 <div> 标签下定位所有直接或间接从属的 <a> 标签。

代码运行结果如下：

```
1  [<a href="https://www.test.com/1-1.html">新闻标题1-1</a>,
   <a href="https://www.test.com/2-1.html">新闻标题2-1</a>]
2  [<a href="https://www.test.com/1-1.html">新闻标题1-1</a>,
   <a href="https://www.test.com/2-1.html">新闻标题2-1</a>]
3  [<a href="https://www.test.com/1-1.html">新闻标题1-1</a>]
```

3. 从标签中提取数据

定位到标签后，就可以从标签中提取文本内容和属性值了。以前面定位到的 tags6 中的标签为例进行提取，相应代码如下：

```
1  print(tags6[0].get_text())
2  print(tags6[0].get('href'))
```

第 1 行代码用 get_text() 函数提取标签的文本内容，第 2 行代码用 get() 函数提取标签的 href 属性值。需要注意的是，select() 函数的返回值是列表，尽管 tags6 中只有一个标签，也要用 tags6[0] 来提取。

代码运行结果如下：

```
1  新闻标题1-1
2  https://www.test.com/1-1.html
```

至此，BeautifulSoup 模块的基本用法就讲解完毕了。在实践中可根据网页源代码的具体情况灵活选用正则表达式或 BeautifulSoup 模块来提取数据。

2.5 Selenium 模块

Selenium 模块是一个自动化测试工具，能够驱动浏览器模拟人的操作，如用鼠标单击按钮或链接、用键盘输入文字等。借助 Selenium 模块能比较容易地获取网页源代码。下面就来讲解 Selenium 模块的用法。

2.5.1 网页数据爬取的难点

前面讲过，有些网页上展示的信息是动态渲染出来的，如财经网站的股票行情实时数据。如果用 Requests 模块爬取这类网页的源代码，只能获得未经渲染的信息，其中没有我们需要的数据。

下面以新浪财经上证综合指数页面（http://finance.sina.com.cn/realstock/company/sh000001/nc.shtml）为例进行说明。在谷歌浏览器中打开该页面，再按【F12】键打开开发者工具，单击元素选择工具按钮，将鼠标指针放在网页中的上证综合指数（如 3568.14）上并单击，在开发者工具的网页源代码中可以看到该数值，如下图所示。

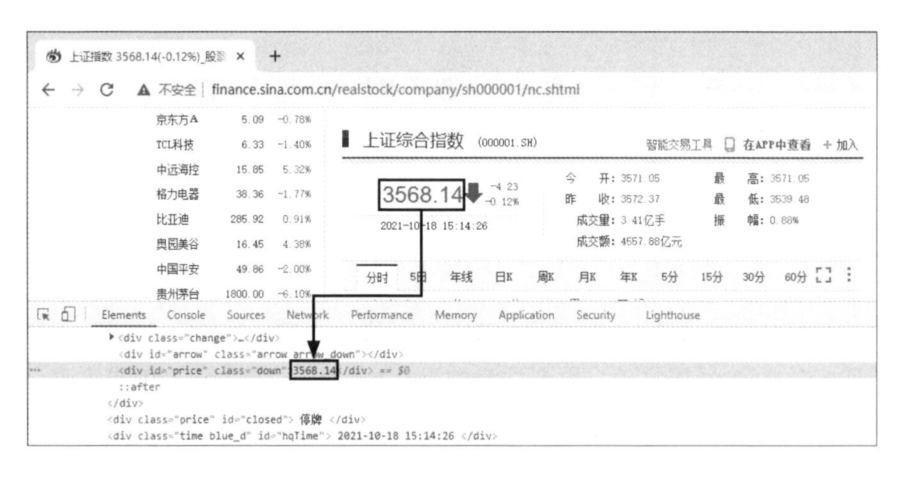

然后使用 Requests 模块获取这个网页的源代码。演示代码如下：

```
1   import requests
2   headers = {'User-Agent': 'Mozilla/5.0 (Windows NT 10.0; Win64; x64) AppleWebKit/537.36 (KHTML, like Gecko) Chrome/94.0.4606.81 Safari/537.36'}
```

```
3  url = 'http://finance.sina.com.cn/realstock/company/sh000001/nc.shtml'
4  response = requests.get(url=url, headers=headers)
5  result = response.text
6  print(result)
```

运行以上代码后，在输出的网页源代码中按快捷键【Ctrl+F】，在搜索框中输入“3568.14”，会发现搜索结果为 0，如下图所示。

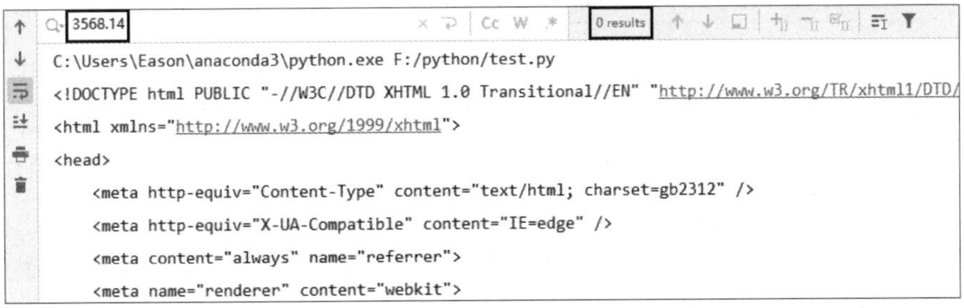

之所以在开发者工具中可以看到这个数值，用 Requests 模块却爬不到该数值，是因为在开发者工具中看到的其实是动态渲染后的网页源代码。

那么要如何判断开发者工具中的网页源代码是动态渲染出来的呢？方法很简单，在网页的空白处右击，在弹出的快捷菜单中单击“查看网页源代码”命令，然后按快捷键【Ctrl+F】，输入要搜索的信息，如“3568.14”，如果没有搜索结果，则说明该网页是动态渲染出来的，如下图所示。此外，如果在开发者工具的网页源代码和右键快捷菜单打开的网页源代码中搜索相同的信息，搜索结果的数量却不一致，也能说明网页是动态渲染出来的。

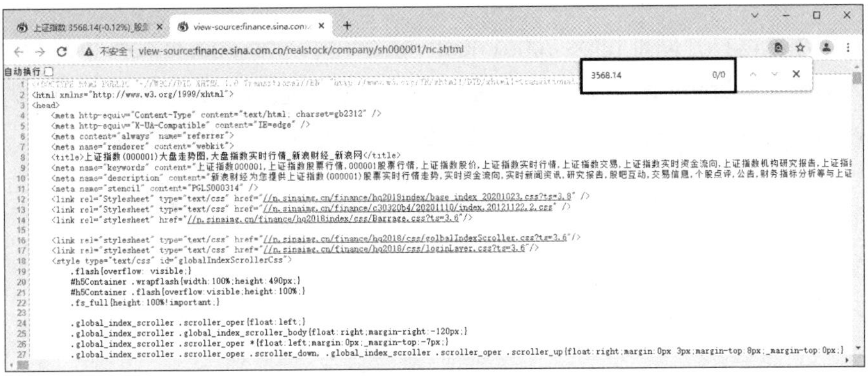

对于这种动态渲染的网页，就需要使用 Selenium 模块来获取渲染后的网页源代码。

2.5.2 浏览器驱动程序的下载与安装

要使用 Selenium 模块，需先用命令“pip install selenium”安装模块，然后还要下载和安装浏览器驱动程序。浏览器驱动程序的作用是为 Selenium 模块提供一个模拟浏览器去访问网页，然后 Selenium 模块才能获取网页源代码。

1. 查看谷歌浏览器的版本号

不同的浏览器有不同的驱动程序，谷歌浏览器的驱动程序叫 ChromeDriver，火狐浏览器的驱动程序叫 GeckoDriver，等等。并且对于同一种浏览器，还需要安装与其版本号匹配的驱动程序，才能顺利爬取数据。因此，在下载浏览器驱动程序之前，需要先查看浏览器的版本号。

以谷歌浏览器为例，在地址栏中输入“chrome://version”，按【Enter】键，在打开的页面中即可看到浏览器的版本号，如 94.0.4606.81，如下图所示。

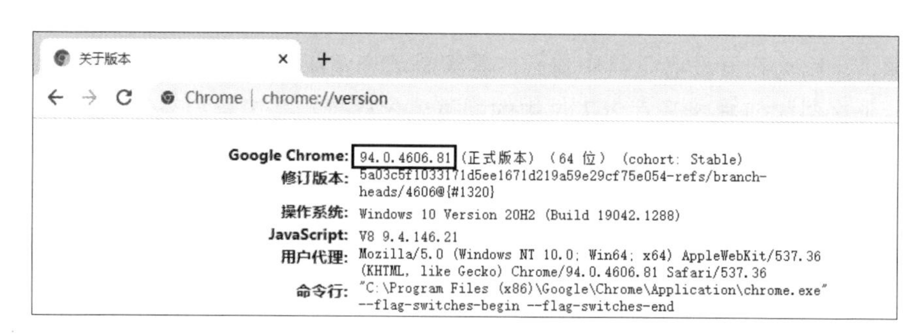

2. 下载 ChromeDriver

用浏览器打开网址 https://chromedriver.storage.googleapis.com/index.html，进入 ChromeDriver 的官方下载页面，可看到多个版本号的文件夹。单击与前面查到的版本号最接近的文件夹，如“94.0.4606.61”，如下图所示。

Name	Last modified	Size	ETag
icons	-	-	-
95.0.4638.17	-	-	-
95.0.4638.10	-	-	-
94.0.4606.61	-	-	-
94.0.4606.41	-	-	-
93.0.4577.63	-	-	-

在打开的页面中根据当前操作系统下载对应的安装包。例如，Windows 系统就下载“chromedriver_win32.zip”文件，如下图所示。

Index of /94.0.4606.61/

Name	Last modified	Size	ETag
Parent Directory		-	
chromedriver_linux64.zip	2021-09-27 13:10:31	9.42MB	565bdb99ff4b29be22e0d82533b0f992
chromedriver_mac64.zip	2021-09-27 13:10:33	7.81MB	f4658e64a1f08adb9a7d0fbd31e629c2
chromedriver_mac64_m1.zip	2021-09-27 13:10:36	7.15MB	e6de17d46d7fb41b3a8703dfe288bbd5
chromedriver_win32.zip	2021-09-27 13:10:38	5.72MB	ec5ce24a21249391fe6c3ee256bc811f
notes.txt	2021-09-27 13:10:43	0.00MB	089f3da349f14ff85b2370532dd30862

技巧 从镜像网站下载 ChromeDriver

如果访问不了 ChromeDriver 的官方下载地址，也可以从镜像网站下载安装包，网址为 https://npm.taobao.org/mirrors/chromedriver。

3. 安装 ChromeDriver

ChromeDriver 的安装包是一个压缩包，下载后需要解压缩。以 Windows 系统为例，安装包解压缩后会得到一个可执行文件“chromedriver.exe”，它就是浏览器驱动程序。为了让 Python 能更方便地调用浏览器驱动程序，需要将这个可执行文件复制到 Python 的安装路径中。

按快捷键【⊞+R】打开“运行”对话框，输入“cmd”后按【Enter】键，打开命令行窗口。在窗口中输入“where python”，按【Enter】键，即可看到 Python 的安装路径，如右图所示。

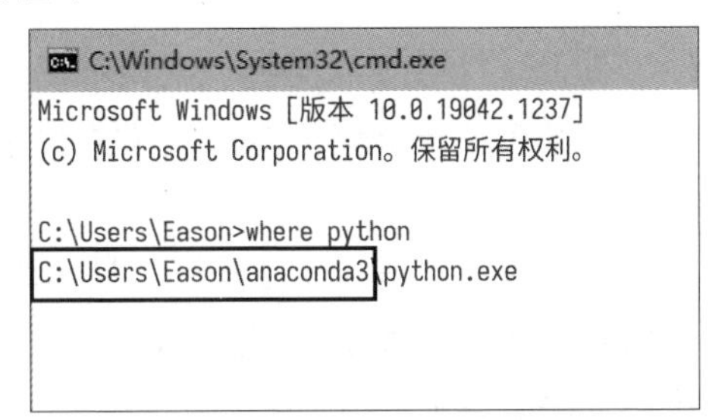

在 Windows 资源管理器中打开这个安装路径，进入文件夹“Scripts”，将可执行文件“chromedriver.exe”复制到文件夹“Scripts”中，如右图所示。这样就完成了浏览器驱动程序的安装。

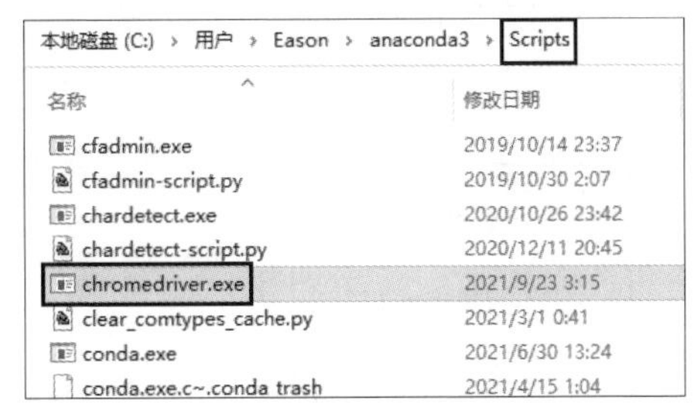

在命令行窗口中输入“chromedriver”，按【Enter】键，如果显示类似下图所示的信息，就说明 ChromeDriver 安装成功了。

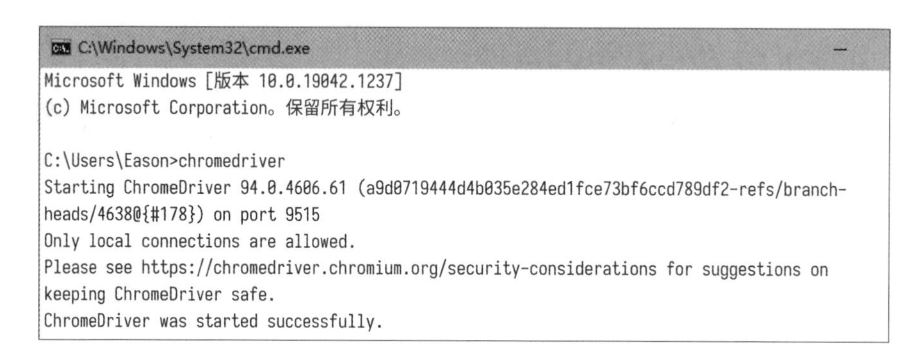

2.5.3 使用 Selenium 模块获取网页源代码

安装好 Selenium 模块及对应的浏览器驱动程序后，就可以使用 Selenium 模块访问网页了。演示代码如下：

```
1  from selenium import webdriver
2  browser = webdriver.Chrome()
3  browser.get('http://finance.sina.com.cn/realstock/com-
   pany/sh000001/nc.shtml')
```

第 1 行代码导入 Selenium 模块中的 webdriver 功能。第 2 行代码声明要模拟的浏览器是谷歌浏览器。第 3 行代码通过 get() 函数控制模拟浏览器访问指定的网址。

运行以上代码，会打开一个模拟浏览器窗口并自动访问新浪财经的上证综合指数页面，同时窗口中会显示提示信息，说明浏览器正受到自动测试软件的控制，如下图所示。

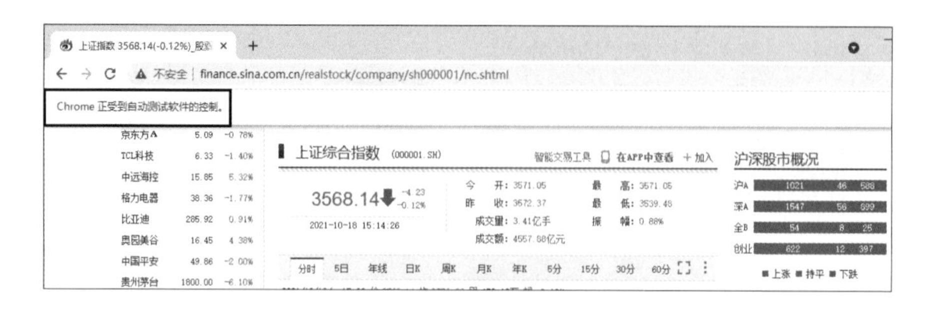

使用 Selenium 模块的一个主要目的就是获取用 Requests 模块难以获取的网页源代码，相应代码如下：

```
1  data = browser.page_source
2  print(data)
```

获得所需的网页源代码后，可以关闭模拟浏览器窗口，相应代码如下：

```
1  browser.quit()
```

将前面的代码整合在一起，得到用 Selenium 模块获取网页源代码的完整代码如下：

```
1  from selenium import webdriver
2  browser = webdriver.Chrome()
3  browser.get('http://finance.sina.com.cn/realstock/com-
   pany/sh000001/nc.shtml')
4  data = browser.page_source
5  print(data)
6  browser.quit()
```

运行上述代码后，在输出的网页源代码里可以搜索到上证指数数值，说明获取成功，如下图所示。

```
3568.14                                        1/5
C:\Users\Eason\anaconda3\python.exe F:/python/test.py
<html xmlns="http://www.w3.org/1999/xhtml"><head><script src="https://d8.sina.com.cn/litong/zhitou/wenjing28/js/postMan.js"></script>
    <meta http-equiv="Content-Type" content="text/html; charset=gb2312">
    <meta http-equiv="X-UA-Compatible" content="IE=edge">
    <meta content="always" name="referrer">
    <meta name="renderer" content="webkit">
    <title>上证指数 3568.14(-0.12%)_股票行情_新浪财经_新浪网</title>
    <meta name="keywords" content="上证指数000001,上证指数股票行情,000001股票行情,上证指数股价,上证指数实时行情,上证指数交易,上证指数实时资金流向,上
  指数点评,上证指数新闻,上证指数财务分析,新浪财经 ">
    <meta name="description" content="新浪财经为您提供上证指数(000001)股票实时行情走势,实时资金流向,实时新闻资讯,研究报告,股吧互动,交易信息,个股点评
  证指数(000001)股票相关的信息与服务.">
```

技巧　启用无界面浏览器模式

如果希望使用 Selenium 模块访问网页时不弹出浏览器窗口，可以启用无界面浏览器模式（Chrome Headless），让模拟浏览器在后台运行。具体方法是将如下

这行代码

```
1    browser = webdriver.Chrome()
```

替换为如下这 3 行代码：

```
1    chrome_options = webdriver.ChromeOptions()
2    chrome_options.add_argument('--headless')
3    browser = webdriver.Chrome(options=chrome_options)
```

启用无界面浏览器模式可以避免弹出的模拟浏览器窗口干扰正在进行的其他操作，但是本书建议初学者不要启用，因为启用后会不利于观察网页的加载过程。例如，有的网页加载时间较长，那么在代码中访问这类网页后，不能立即获取源代码，而是需要设法让程序暂停足够的时间，待网页加载完毕再获取源代码。如果启用了无界面浏览器模式，我们就观察不到网页的加载过程，也就无法在代码中做出相应的调整。因此，通常先在有界面浏览器模式下将所有代码编写和调试完毕，再启用无界面浏览器模式，投入实际应用。

2.5.4 使用 Selenium 模块模拟鼠标和键盘操作

Selenium 模块还可以模拟人在浏览器中的鼠标和键盘操作。下面以在百度首页的搜索框中输入“python”，然后单击“百度一下”按钮进行搜索为例进行讲解。

网页是由一个个元素构成的，搜索框和“百度一下”按钮都是网页上的元素。要对元素进行操作，需要先定位元素。定位元素的方法很多，常用的有 XPath 法和 CSS 选择器法两种，下面分别进行介绍。

1. XPath 法

XPath 可以理解为网页元素的身份标识。用 XPath 法定位网页元素的语法格式如下：

```
browser.find_element(By.XPATH, 'XPath表达式')
```

网页元素的 XPath 表达式可以按照一定的语法规则编写出来，这里介绍一种对初学者来说更容易掌握的方法——利用开发者工具获取网页元素的 XPath

表达式。在谷歌浏览器中打开百度首页，按【F12】键打开开发者工具，❶单击元素选择工具按钮，❷选中搜索框，❸然后在搜索框对应的那一行源代码上右击，❹在弹出的快捷菜单中执行“Copy>Copy XPath”命令，如下图所示。搜索框的 XPath 表达式就会被复制到剪贴板，然后就可以把复制的内容粘贴到代码中使用。

这里获取到搜索框的 XPath 表达式是“//*[@id="kw"]”，由此编写出在搜索框中自动输入内容的代码如下：

```
1  from selenium import webdriver
2  from selenium.webdriver.common.by import By
3  browser = webdriver.Chrome()
4  browser.get('https://www.baidu.com')
5  browser.find_element(By.XPATH, '//*[@id="kw"]').send_
   keys('python')
```

第 5 行代码先用 find_element() 函数根据 XPath 表达式定位搜索框，然后用 send_keys() 函数在搜索框中输入指定内容。运行代码之后便会自动用模拟浏览器打开百度首页，并在搜索框中输入“python”，如下图所示。

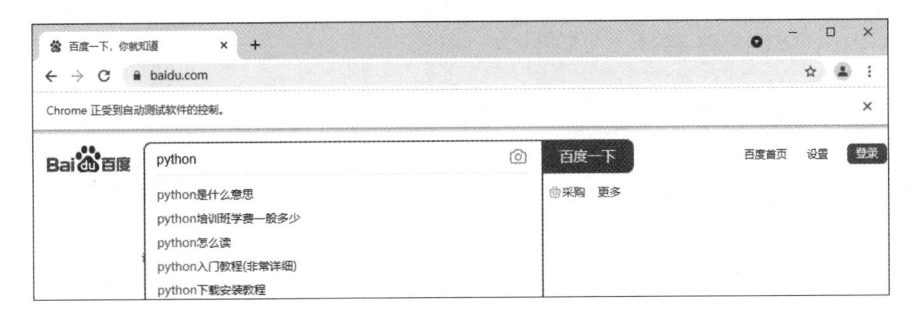

用同样的方法获得“百度一下”按钮的 XPath 表达式为“//*[@id="su"]”。模拟单击“百度一下”按钮的代码如下：

```
1  browser.find_element(By.XPATH, '//*[@id="su"]').click()
```

这行代码先用 find_element() 函数根据 XPath 表达式定位“百度一下”按钮，然后用 click() 函数模拟鼠标单击按钮的操作。

使用 XPath 法定位网页元素并模拟鼠标和键盘操作的完整代码如下：

```
1  from selenium import webdriver
2  from selenium.webdriver.common.by import By
3  browser = webdriver.Chrome()
4  browser.get('https://www.baidu.com')
5  browser.find_element(By.XPATH, '//*[@id="kw"]').send_
   keys('python')
6  browser.find_element(By.XPATH, '//*[@id="su"]').click()
```

运行以上代码，会打开一个模拟浏览器窗口并访问百度首页，然后自动在搜索框中输入“python”并单击“百度一下”按钮进行搜索，结果如下图所示。

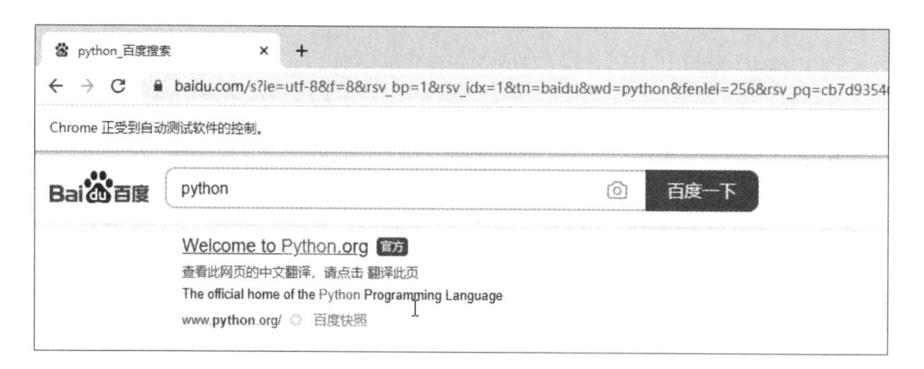

2. CSS 选择器法

用 CSS 选择器法定位网页元素的语法格式如下：

```
browser.find_element(By.CSS_SELECTOR, 'CSS选择器')
```

与 XPath 表达式类似，CSS 选择器既可以按照一定的语法规则编写，也可以利用开发者工具获取。这里介绍后一种方法：❶在开发者工具中右击网页元素对应的源代码，❷然后执行“Copy＞Copy selector”命令即可，如下图所示。

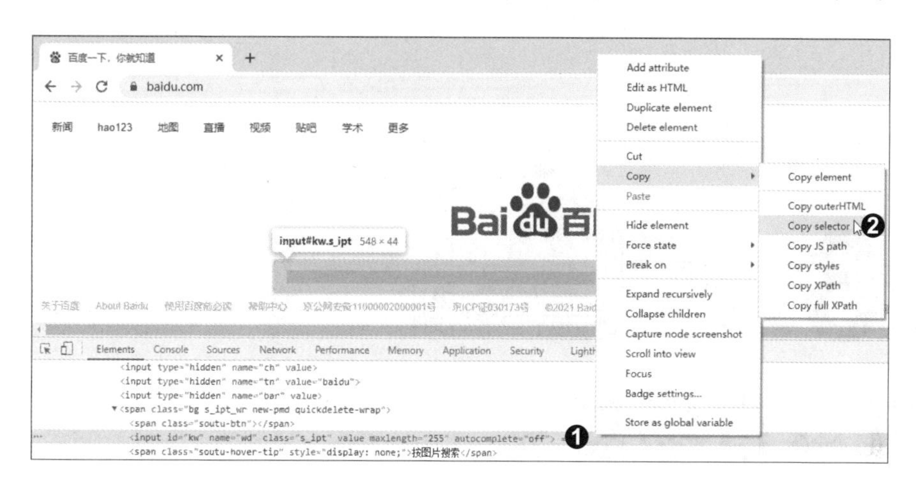

通过以上方法可以得到搜索框的 CSS 选择器为“#kw”，“百度一下”按钮的 CSS 选择器为“#su”。由此编写出使用 CSS 选择器法定位网页元素并模拟鼠标和键盘操作的完整代码如下：

```
1  from selenium import webdriver
2  from selenium.webdriver.common.by import By
3  browser = webdriver.Chrome()
4  browser.get('https://www.baidu.com')
5  browser.find_element(By.CSS_SELECTOR, '#kw').send_keys
   ('python')
6  browser.find_element(By.CSS_SELECTOR, '#su').click()
```

XPath 法和 CSS 选择器法在本质上是一样的，有时使用其中一种方法会失败，换成另一种方法就有效，所以建议读者两种方法都要掌握。

至此，Selenium 模块的核心知识点已经讲解完毕。与 Requests 模块相比，Selenium 模块的优势很明显，无须设置 headers 等参数就能爬取 Requests 模块难以爬取的网页，还能模拟键盘和鼠标操作，代码的写法也很简洁。但是 Selenium 模块需要打开模拟浏览器访问网页，其爬取速度就比 Requests 模块慢得多。因此，通常优先考虑使用 Requests 模块，对于 Requests 模块无法爬取的复杂网页，再使用 Selenium 模块爬取。

第3章 获取市场热点

近年来，网络舆情对现实社会生活的影响力逐步增强，舆情监控在市场营销工作中的意义也越来越重要。通过监测舆情风向及跟踪舆情动态，市场营销人员可以挖掘市场热点，更加科学有效地完成企业形象维护、品牌宣传推广、新品研发决策等工作。

本章将通过编写 Python 代码，分别从网易财经、百度热搜、新浪微博爬取实时新闻、热搜榜、热门话题，为挖掘市场热点提供基础的舆情数据。

3.1　爬取网易财经的实时新闻

◎ 代码文件：爬取网易财经的实时新闻.py

市场营销人员通过收集网络实时新闻，可以找到舆情热点，从而制定出有针对性的市场营销措施，提高产品销量。本节以网易财经为例，讲解通过编写 Python 代码爬取实时新闻的方法。

网易财经（https://money.163.com/）的页面效果如下图所示，本节要爬取其中“要闻”版块的新闻标题和链接。

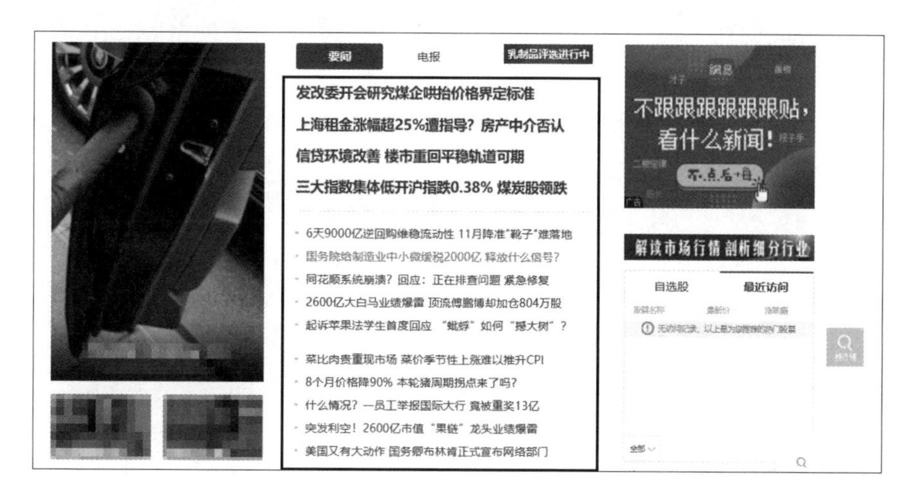

3.1.1　用 Requests 模块获取网页源代码

先用 Requests 模块中的 get() 函数获取网页源代码，相应代码如下：

```
1  import requests
2  url = 'https://money.163.com/'
3  headers = {'User-Agent': 'Mozilla/5.0 (Windows NT 10.0; 
   Win64; x64) AppleWebKit/537.36 (KHTML, like Gecko) 
   Chrome/94.0.4606.81 Safari/537.36'}
4  response = requests.get(url=url, headers=headers)
5  code = response.text
6  print(code)
```

第 1 行代码导入 Requests 模块。

第 2 行代码指定要访问的网址。

第 3 行代码用于设置用户代理。相关知识见 2.2 节，这里不再赘述。

第 4 行代码使用 Requests 模块中的 get() 函数对指定的网址发起请求，得到服务器返回的 response 对象。

第 5 行代码通过 response 对象的 text 属性获取网页源代码。

第 6 行代码使用 print() 函数输出获取的网页源代码。

运行以上代码后，浏览输出的网页源代码，可以看到其中包含我们要爬取的新闻数据，如下图所示，说明网页源代码获取成功。

```
<!-- 财首要闻auditStart -->
<div ne-role="tab-body" class="tab_body">
  <ul class="topnews_nlist topnews_nlist1">
                    <li>
        <h2><a href="https://www.163.com/money/article/GNCRH8KL00259QLP.html">发改委开会研究煤企哄抬价格界定标准</a></h2>
      </li>
              <li>
        <h2><a href="https://www.163.com/money/article/GND119OV00259ARN.html">上海租金涨幅超25%遭指导？房产中介否认</a></h2>
      </li>
              <li>
        <h2><a href="https://www.163.com/money/article/GNCL81PE00258105.html">信贷环境改善 楼市重回平稳轨道可期</a></h2>
      </li>
              <li>
        <h2><a href="https://www.163.com/money/article/GNCSVBKM00258105.html">三大指数集体低开沪指跌0.38% 煤炭股领跌</a></h2>
      </li>
         </ul>
  <!-- 头条新闻3 -->
  <ul class="topnews_nlist topnews_nlist2">
```

3.1.2 用 BeautifulSoup 模块提取数据

成功获取网页源代码后，就可以从中提取数据了，这里使用 BeautifulSoup 模块来完成。先用 BeautifulSoup 模块解析网页源代码的结构，相应代码如下：

```
1  from bs4 import BeautifulSoup
2  soup = BeautifulSoup(code, 'lxml')
```

第 1 行代码导入 BeautifulSoup 模块。

第 2 行代码用 BeautifulSoup 模块加载获取的网页源代码并进行结构解析。

接着需要在网页源代码中定位包含新闻标题和链接的标签。为加快分析速度，这里利用开发者工具分析网页的结构。用谷歌浏览器打开网易财经的页面，按【F12】键打开开发者工具。❶单击元素选择工具按钮，❷然后在页面中单击一条字体加粗的新闻标题，❸在“Elements”选项卡中可以看到这条新闻标题对应的源代码，如下图所示。

从上图可以看出，这条新闻的标题和链接数据位于一个 <a> 标签中，这个 <a> 标签直接从属于一个 <h2> 标签，该 <h2> 标签又间接从属于一个 class 属性值为“tab_content”的 <div> 标签。

继续用开发者工具分析一条字体未加粗的新闻标题，发现该新闻标题对应的 <a> 标签直接从属于一个 <h3> 标签，该 <h3> 标签同样间接从属于 class 属性值为“tab_content”的 <div> 标签，如下图所示。

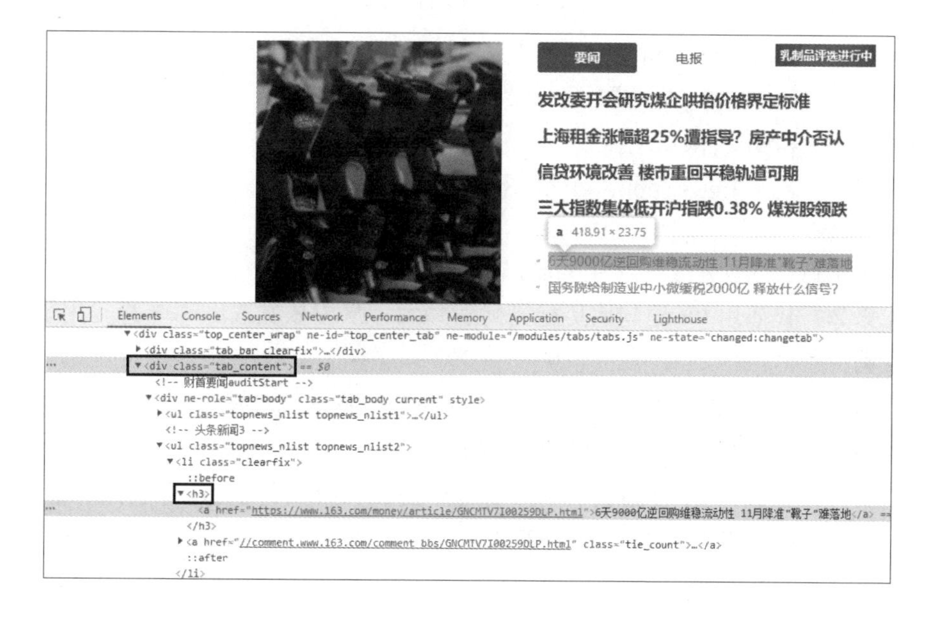

用相同的方法分析其他新闻，可以总结出这样的规律：字体加粗的新闻标题直接从属于 <h2> 标签，字体未加粗的新闻标题直接从属于 <h3> 标签，这些 <h2> 标签和 <h3> 标签都间接从属于同一个 class 属性值为“tab_content”的 <div> 标签。这说明不同的新闻标题在源代码结构上有区别，需分别提取。

依据 3.1.1 节中输出的网页源代码对上述规律进行核准，确认无误后，开始编写代码。用 select() 函数根据上述规律定位包含所需新闻数据的 <a> 标签，相应代码如下：

```
1  tags1 = soup.select('.tab_content h2>a')
2  tags2 = soup.select('.tab_content h3>a')
3  tags = tags1 + tags2
```

第 1 行和第 2 行代码结合使用了属性定位、标签名定位和层级定位来选取所需的 <a> 标签，相关知识参见 2.4 节。

第 3 行代码用“+”运算符将 select() 函数返回的两个列表 tags1 和 tags2 合并为一个列表 tags。

定位到所需标签后，就可以从标签中提取数据了，相应代码如下：

```
1  all_news = []
2  for i in tags:
3      title = i.get_text().strip()
4      link = i.get('href')
5      news = {'标题': title, '链接': link}
6      print(news)
7      all_news.append(news)
```

第 1 行代码创建了一个空列表，用于汇总新闻数据。

第 2 行代码用 for 语句遍历标签列表 tags，从中依次取出 <a> 标签用于提取数据。

第 3 行代码先用 get_text() 函数从 <a> 标签中提取文本信息，即新闻的标题，再用 strip() 函数去除文本首尾的空白字符。

第 4 行代码用 get() 函数从 <a> 标签中提取 href 属性的值，即新闻的链接。

第 5 行代码将单条新闻的标题和链接整合成一个字典，为将数据导出为

CSV 文件做准备。

第 6 行代码输出该字典的内容。第 7 行代码用列表对象的 append() 函数将该字典添加到第 1 行代码创建的列表中。

运行以上代码，即可输出爬取到的新闻标题和链接，如下图所示。

```
{'标题': '发改委开会研究煤企哄抬价格界定标准', '链接': 'https://www.163.com/money/article/GNCRH8KL00259DLP.html'}
{'标题': '上海租金涨幅超25%遭指导？房产中介否认', '链接': 'https://www.163.com/money/article/GND119OV00259ARN.html'}
{'标题': '信贷环境改善 楼市重回平稳轨道可期', '链接': 'https://www.163.com/money/article/GNCL81PE00258105.html'}
{'标题': '三大指数集体低开沪指跌0.38% 煤炭股领跌', '链接': 'https://www.163.com/money/article/GNCSVBKM00258105.html'}
{'标题': '6天9000亿逆回购维稳流动性 11月降准"靴子"难落地', '链接': 'https://www.163.com/money/article/GNCMTV7I00259DLP.html'}
{'标题': '国务院给制造业中小微缓税2000亿 释放什么信号？', '链接': 'https://www.163.com/dy/article/GNBP3D8K0519DDQ2.html'}
{'标题': '同花顺系统崩溃？回应：正在排查问题 紧急修复', '链接': 'https://www.163.com/money/article/GND06DM800258152.html'}
{'标题': '2600亿大白马业绩爆雷 顶流傅鹏博却加仓804万股', '链接': 'https://www.163.com/dy/article/GNC2IOJS0530NLC9.html'}
{'标题': '起诉苹果法学生首度回应 "蚍蜉"如何"撼大树"？', '链接': 'https://www.163.com/dy/article/GNC11JAL0514R9NP.html'}
{'标题': '菜比肉贵重现市场 菜价季节性上涨难以推升CPI', '链接': 'https://www.163.com/dy/article/GNC5EMA7053469RG.html'}
{'标题': '8个月价格降90% 本轮猪周期拐点来了吗？', '链接': 'https://www.163.com/dy/article/GNBUL9PB0519814N.html'}
{'标题': '什么情况？一员工举报国际大行 竟被重奖13亿', '链接': 'https://www.163.com/dy/article/GNCPA296053469RG.html'}
{'标题': '突发利空！2600亿市值"果链"龙头业绩爆雷', '链接': 'https://www.163.com/dy/article/GNBTQVMA0514R9KC.html'}
{'标题': '美国又有大动作 国务卿布林肯正式宣布网络部门', '链接': 'https://www.163.com/dy/article/GNCGJPLA0512B07B.html'}
```

3.1.3　用 csv 模块导出数据

成功提取数据后，还需要将数据保存起来。通常会将爬虫数据导出为 CSV 文件和 Excel 工作簿，或者保存到数据库中。

这里使用 Python 内置的 csv 模块将数据导出为 CSV 文件，相应代码如下：

```
1   import csv
2   with open('网易财经要闻.csv', mode='w', newline='', en-
    coding='utf-8-sig') as csv_file:
3       fieldnames = ['标题', '链接']
4       writer = csv.DictWriter(csv_file, fieldnames=field-
        names)
5       writer.writeheader()
6       writer.writerows(all_news)
```

第 1 行代码导入 csv 模块。

第 2 行代码结合使用 with...as... 语句和 open() 函数创建了一个 CSV 文件。open() 函数的第 1 个参数是文件的路径，这里使用的是相对路径，表示将 CSV 文件保存在代码文件所在的文件夹下；参数 mode 用于设置文件的读写模式，这里设置为 'w'，表示覆盖写入模式，如果文件已存在，则写入的新数据会覆盖原有的数据；参数 newline 用于设置处理换行符的方式，这里按照 csv 模块的特定要求设置为空字符串；参数 encoding 用于设置文件的编码格式，这里设置为 'utf-8-sig'，以避免在 Excel 中打开文件时出现乱码。

第 3 行代码创建了一个列表作为数据的表头，即各列的列名（需与字典的键名对应）。

第 4 行代码创建了一个将字典写入 CSV 文件的写入器，并传入第 2 行代码创建的 CSV 文件和第 3 行代码创建的表头作为参数。

第 5 行代码用写入器的 writeheader() 函数将表头写入 CSV 文件。

第 6 行代码用写入器的 writerows() 函数将 3.1.2 节中汇总到列表里的字典一次性写入 CSV 文件。

运行以上代码后，会在代码文件所在文件夹下生成一个 CSV 文件 “网易财经要闻.csv”，用 Excel 打开该文件，效果如下图所示。

	A	B	C
1	标题	链接	
2	发改委开会研究煤企哄抬价格界定标准	https://www.163.com/money/article/GNCRH8KL00259DLP.html	
3	上海租金涨幅超25%遭指导？房产中介否认	https://www.163.com/money/article/GND119OV00259ARN.html	
4	信贷环境改善 楼市重回平稳轨道可期	https://www.163.com/money/article/GNCL81PE00258105.html	
5	三大指数集体低开沪指跌0.38% 煤炭股领跌	https://www.163.com/money/article/GNCSVBKM00258105.html	
6	6天9000亿逆回购维稳流动性 11月降准"靴子"难落地	https://www.163.com/money/article/GNCMTV7I00259DLP.html	
7	国务院给制造业中小微缓税2000亿 释放什么信号？	https://www.163.com/dy/article/GNBP3D8K0519DDQ2.html	
8	同花顺系统崩溃？回应：正在排查问题 紧急修复	https://www.163.com/money/article/GND06DM800258152.html	
9	2600亿大白马业绩爆雷 顶流傅鹏博却加仓804万股	https://www.163.com/dy/article/GNC2IOJS0530NLC9.html	
10	起诉苹果法学生首度回应 "蚍蜉"如何"撼大树"？	https://www.163.com/dy/article/GNC11JAL0514R9NP.html	
11	菜比肉贵重现市场 菜价季节性上涨难以推升CPI	https://www.163.com/dy/article/GNC5EMA7053469RG.html	
12	8个月价格降90% 本轮猪周期拐点来了吗？	https://www.163.com/dy/article/GNBUL9PB0519814N.html	
13	什么情况？一员工举报国际大行 竟被重奖13亿	https://www.163.com/dy/article/GNCPA296053469RG.html	
14	突发利空！2600亿市值"果链"龙头业绩爆雷	https://www.163.com/dy/article/GNBTQVMA0514R9KC.html	
15	美国又有大动作 国务卿布林肯正式宣布网络部门	https://www.163.com/dy/article/GNCGJPLA0512B07B.html	
16			

爬取网易财经实时新闻的完整代码如下：

```
1  import requests
2  from bs4 import BeautifulSoup
3  import csv
4  url = 'https://money.163.com/'
5  headers = {'User-Agent': 'Mozilla/5.0 (Windows NT 10.0;
   Win64; x64) AppleWebKit/537.36 (KHTML, like Gecko)
   Chrome/94.0.4606.81 Safari/537.36'}
6  response = requests.get(url=url, headers=headers)
7  code = response.text
8  soup = BeautifulSoup(code, 'lxml')
9  tags1 = soup.select('.tab_content h2>a')
```

```
10  tags2 = soup.select('.tab_content h3>a')
11  tags = tags1 + tags2
12  all_news = []
13  for i in tags:
14      title = i.get_text().strip()
15      link = i.get('href')
16      news = {'标题': title, '链接': link}
17      print(news)
18      all_news.append(news)
19  with open('网易财经要闻.csv', mode='w', newline='', en-
    coding='utf-8-sig') as csv_file:
20      fieldnames = ['标题', '链接']
21      writer = csv.DictWriter(csv_file, fieldnames=field-
        names)
22      writer.writeheader()
23      writer.writerows(all_news)
```

3.2　爬取百度热搜的热搜榜

◎ 代码文件：爬取百度热搜的热搜榜.py

百度热搜（https://top.baidu.com/board?tab=realtime）以海量的真实搜索数据为基础，通过专业的数据挖掘方法计算关键词的热搜指数，建立了包含各类热门关键词的排行榜——热搜榜。热搜榜汇集了最新的资讯和实时的新闻话题，是一个很好的舆情数据来源。本节要爬取热搜榜的标题和热搜指数。

3.2.1　获取网页源代码并提取热搜榜数据

先用 Requests 模块访问网页并获取网页源代码，相应代码如下：

```
1  import requests
```

```
2   url = 'https://top.baidu.com/board?tab=realtime'
3   headers = {'User-Agent': 'Mozilla/5.0 (Windows NT 10.0;
    Win64; x64) AppleWebKit/537.36 (KHTML, like Gecko)
    Chrome/94.0.4606.81 Safari/537.36'}
4   response = requests.get(url=url, headers=headers)
5   code = response.text
6   print(code)
```

运行以上代码后，浏览输出的网页源代码，可以看到其中包含我们要爬取的热搜榜数据，如下图所示，说明网页源代码获取成功。

```
<div><div id="sanRoot" theme="realtime" class="wrapper c-font-normal rel"><!--s-data:{"data":{"userInfo":{"isLogin":0},"tabBoard":[{"index":0,"text":"首页","typeName":"homepage"},{"index":1,"text":"热点榜","typeName":"realtime"},{"index":2,"text":"小说榜","typeName":"novel"},{"index":3,"text":"电影榜","typeName":"movie"},{"index":4,"text":"电视剧榜","typeName":"teleplay"},{"index":5,"text":"动漫榜","typeName":"cartoon"},{"index":6,"text":"综艺榜","typeName":"variety"},{"index":7,"text":"纪录片榜","typeName":"documentary"},{"index":8,"text":"明星榜","typeName":"star"},{"index":9,"text":"汽车榜","typeName":"car"},{"index":10,"text":"游戏榜","typeName":"game"}],"cards":[{"component":"hotList","text":"热点榜","typeName":"realtime","content":[{"index":0,"word":"31省区市新增本土确诊31例 在江苏","query":"31省区市新增本土确诊31例 在江苏","show":[],"desc":"26日0-24时，31个省和新疆生产建设兵团报告新增确诊病例71例，其中境外输入病例40例，本土病例31例（均在江苏）。","img":"https://fyb-1.cdn.bcebos.com/fyb-1//2818645318b88b0f1e6d5c6a073dd43d","url":"https://www.baidu.com/s?wd=31%E7%9C%81%E5%8C%BA%E5%B8%82%E6%96%B0%E5%A2%9E%E6%9C%AC%E5%9C%9F%E7%A1%AE%E8%AF%8A31%E4%BE%8B+%E5%9C%A8%E6%B1%9F%E8%8B%8F&rsv_dl=fyb_news","rawUrl":"https://www.baidu.com/s?wd=31%E7%9C%81%E5%8C%BA%E5%B8%82%E6%96%B0%E5%A2%9E%E6%9C%AC%E5%9C%9F%E7%A1%AE%E8%AF%8A31%E4%BE%8B+%E5%9C%A8%E6%B1%9F%E8%8B%8F","hotScore":"4950300","hotChange":"same","hotTag":"0"},{"index":1,"word":"徐嘉余100米仰泳决赛获第5名","query":"徐嘉余100米仰泳决赛获第5名","show":[],"desc":"北京时间7月27日，东京奥运会男子100米仰泳决赛，中国选手徐嘉余最终获得了第五名。","img":"https://fyb-1.cdn.bcebos.com/fyb-1//42f452698fcb89e041f5c72df1872ffa","url":"https://www.baidu.com/s?wd=%E5%BE%90%E5%98%89%E4%BD%99100%E7%B1%B3%E4%BB%B0%E6%B3%B3%E5%86%B3%E8%B5%9B%E8%8E%B7%E7%AC%AC5%E5%90%8D&rsv_dl=fyb_news","rawUrl":"https://www.baidu.com/s?wd=%E5%BE%90%E5%98%89%E4%BD%99100%E7%B1%B3%E4%BB%B0%E6%B3%B3%E5%86%B3%E8%B5%9B%E8%8E%B7%E7%AC%AC5%E5%90%8D","hotScore":"4653316","hotChange":"same",
```


然后使用 BeautifulSoup 模块解析网页源代码的结构并提取数据，相应代码如下：

```
1   from bs4 import BeautifulSoup
2   soup = BeautifulSoup(code, 'lxml')
3   titles = soup.select('.c-single-text-ellipsis')
4   list1 = []
5   for i in titles:
6       title = i.get_text().strip().replace('#', '')
7       list1.append(title)
8   print(list1)
```

第 1 行代码导入 BeautifulSoup 模块。

第 2 行代码用 BeautifulSoup 模块加载获取的网页源代码并进行结构解析。

第 3 行代码用 select() 函数定位 class 属性值为“c-single-text-ellipsis”的所有标签，以便从中提取标题。这个定位条件是用开发者工具获取的，下面介绍具体方法。

用谷歌浏览器打开百度热搜页面，按【F12】键打开开发者工具。❶单击元素选择工具按钮，❷选中热搜榜中的一个标题，❸然后在“Elements”选项卡中观察标题对应的源代码，可以看到标题文本位于一个 class 属性值为“c-single-text-ellipsis”的 <div> 标签中，如下图所示。用相同的方法分析其他热搜榜标题，可以总结出同样的规律。以前面输出的网页源代码为依据对这个规律进行核准，确认无误后，就可以按照 2.4 节讲解的知识编写出这行代码。

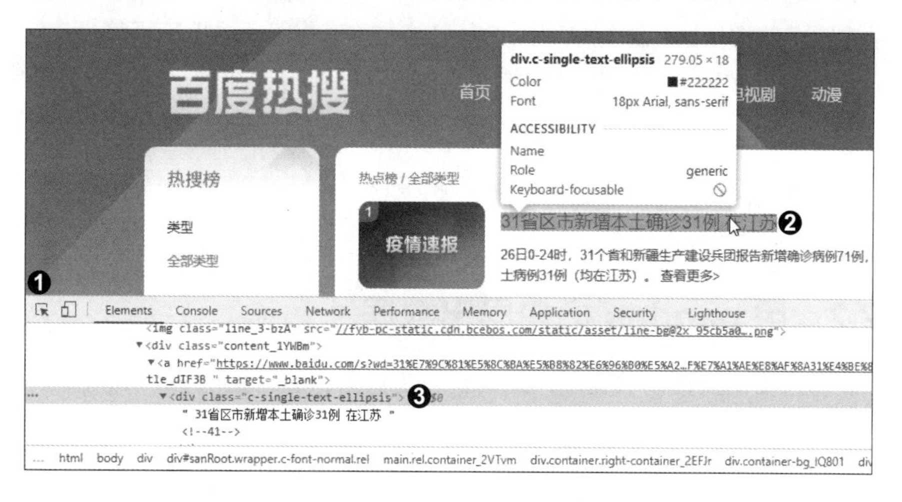

第 4 行代码创建了一个空列表，用于汇总标题数据。

第 5～7 行代码用于从定位到的标签中提取所有标题，并将其添加到第 4 行代码创建的空列表中。其中第 6 行代码先用 get_text() 函数从标签中提取文本（即标题），然后用 strip() 函数删除文本首尾的空白字符，再用 replace() 函数将文本中可能会出现的无用字符“#”替换为空字符串，即删除该字符。

第 8 行代码用于输出提取结果。

运行以上代码，可提取出热搜榜中的所有标题并保存在一个列表中，如下图所示。

```
['31省区市新增本土确诊31例 在江苏', '徐嘉余100米仰泳决赛获第5名', '微信终于支持多设备同时在线', '邓亚萍谈日本乒乓：断代培养攻奖牌', '救援队呼吁网红和明星为救援让路', '甘肃载63人大巴高速侧翻已致13死', '廖秋云女子55公斤级举重摘银', '中方已向美方提出两份清单', '27岁戴利首夺奥运金牌', '网传河南卫辉被放弃 市委书记辟谣', '中国体操男团获得铜牌', '烟花北上! 安徽山东将有强降雨', '南京快递外卖人员一律不得进小区', '铁人三项选手集体呕吐']
```

用相同的方法寻找热搜指数的源代码规律并提取数据，相应代码如下：

```
1  searches = soup.select('.hot-index_1Bl1a')
```

```
2  list2 = []
3  for j in searches:
4      search = j.get_text().strip()
5      list2.append(search)
6  print(list2)
```

第 1 行代码表示定位 class 属性值为“hot-index_1Bl1a”的所有标签，以便从中提取热搜指数。这行代码的编写思路与前面相同，这里不再赘述。

运行以上代码，可提取出热搜榜中的所有热搜指数并保存在一个列表中，如下图所示。

```
['4950300', '4653316', '4467642', '4204811', '4098041', '3485263', '3314303', '3039677', '2985961', '2741557',
'2637986', '2311819', '2206997', '2097732']
```

3.2.2 用 pandas 模块导出数据

获得所需的热搜榜数据后，还需要保存数据。这里使用 pandas 模块将获得的数据导出为 CSV 文件，相应代码如下：

```
1  import pandas as pd
2  data_dict = {'标题': list1, '热搜指数': list2}
3  data_df = pd.DataFrame(data_dict)
4  data_df.to_csv('百度热搜榜.csv', index=False, encoding=
   'utf-8-sig')
```

第 1 行代码用于导入 pandas 模块并简写为 pd。pandas 是一个用于处理和分析数据的第三方模块，可以使用命令“pip install pandas”来安装。在爬虫任务中经常使用 pandas 模块完成数据清洗和准备等工作，它的数据分析功能也很强大，某种程度上可以把它看成 Python 版的 Excel。

第 2 行代码构造了一个字典。字典的键为列名；字典的值为 3.2.1 节得到的列表，即列中的数据。

第 3 行代码将第 2 行代码构造的字典转换为 DataFrame，这是 pandas 模块中特有的一种二维表格数据结构。

第 4 行代码用 to_csv() 函数将 DataFrame 中的数据写入 CSV 文件“百

度热搜榜.csv”。其中，参数 index 设置为 False，表示在写入数据时忽略 DataFrame 的行索引；参数 encoding 用于设置文件的编码格式，这里设置为 'utf-8-sig'，以避免在 Excel 中打开文件时出现乱码。

运行以上代码后，会在代码文件所在文件夹下生成一个 CSV 文件“百度热搜榜.csv”，用 Excel 打开该文件，效果如右图所示。

	A	B
1	标题	热搜指数
2	31省区市新增本土确诊31例 在江苏	4950300
3	徐嘉余100米仰泳决赛获第5名	4653316
4	微信终于支持多设备同时在线	4467642
5	邓亚萍谈日本乒乓:断代培养攻奖牌	4204811
6	救援队呼吁网红和明星为救援让路	4098041
7	甘肃载63人大巴高速侧翻已致13死	3485263
8	廖秋云女子55公斤级举重摘银	3314303
9	中方已向美方提出两份清单	3039677
10	27岁戴利首夺奥运金牌	2985961
11	网传河南卫辉被放弃 市委书记辟谣	2741557
12	中国体操男团获得铜牌	2637986
13	烟花北上！ 安徽山东将有强降雨	2311819
14	南京快递外卖人员一律不得进小区	2206997
15	铁人三项选手集体呕吐	2097732
16		
17		
18		

爬取百度热搜榜的完整代码如下：

```
import requests
from bs4 import BeautifulSoup
import pandas as pd
url = 'https://top.baidu.com/board?tab=realtime'
headers = {'User-Agent': 'Mozilla/5.0 (Windows NT 10.0; Win64; x64) AppleWebKit/537.36 (KHTML, like Gecko) Chrome/94.0.4606.81 Safari/537.36'}
response = requests.get(url=url, headers=headers)
code = response.text
soup = BeautifulSoup(code, 'lxml')
titles = soup.select('.c-single-text-ellipsis')
list1 = []
for i in titles:
    title = i.get_text().strip().replace('#', '')
    list1.append(title)
searches = soup.select('.hot-index_1Bl1a')
list2 = []
for j in searches:
    search = j.get_text().strip()
    list2.append(search)
```

```
19 data_dict = {'标题': list1, '热搜指数': list2}
20 data_df = pd.DataFrame(data_dict)
21 data_df.to_csv('百度热搜榜.csv', index=False, encoding=
   'utf-8-sig')
```

3.3 爬取新浪微博的热门话题

◎ 代码文件：爬取新浪微博的热门话题.py

在当今这个移动互联网时代，社交媒体凭借其在时效性和交互性等方面的优势，已成为许多热点新闻的第一引爆点和舆论主阵地。越来越多的企业利用社交媒体为自己的市场营销工作打开新的局面。

新浪微博是一家用户活跃度很高的社交媒体，该平台上的热门话题包含许多对市场营销工作具有重要价值的信息。本节将通过编写 Python 代码，爬取新浪微博的热搜榜（https://s.weibo.com/top/summary?cate=realtimehot）。

3.3.1 获取网页源代码并提取热搜榜数据

新浪微博的页面设置了一定的反爬虫机制，有时需要登录才能查看内容。如果使用 Requests 模块直接获取热搜榜的网页源代码，获取结果中有可能不包含我们需要的数据。这里提供解决问题的一种思路：用 Selenium 模块启动模拟浏览器，先访问新浪微博的首页，然后让程序暂停一定时间，用户在模拟浏览器中手动登录新浪微博，接着让模拟浏览器自动访问热搜榜页面，就能成功获取需要的网页源代码了。

先用 Selenium 模块启动模拟浏览器，访问新浪微博的首页，让用户手动登录，相应代码如下：

```
1 from selenium import webdriver
2 import time
3 url= 'https://weibo.com/'
4 browser = webdriver.Chrome()
```

```
5  browser.maximize_window()
6  browser.get(url)
7  time.sleep(30)
```

第 1 行代码导入 Selenium 模块中的 webdriver 功能。

第 2 行代码导入 Python 内置的 time 模块，后面需要使用该模块中的函数让程序暂停执行。

第 4 行代码启动模拟浏览器。第 5 行代码将模拟浏览器窗口最大化。第 6 行代码用 get() 函数控制模拟浏览器访问新浪微博的首页。

第 7 行代码用 time 模块中的 sleep() 函数让程序暂停执行一段时间。函数括号内数值的单位是秒，所以这行代码表示让程序暂停执行 30 秒，让用户有足够时间完成手动登录（可输入账号和密码来登录，也可用手机 App 扫码登录）。

30 秒暂停结束后，访问热搜榜页面并获取网页源代码。相应代码如下：

```
1  url = 'https://s.weibo.com/top/summary?cate=realtimehot'
2  browser.get(url)
3  time.sleep(15)
4  code = browser.page_source
```

第 1 行和第 2 行代码用于控制模拟浏览器访问热搜榜页面。

因为热搜榜页面的加载需要一定的时间，所以用第 3 行代码让程序再次暂停执行 15 秒，以保证页面完全加载。

第 4 行代码用于获取热搜榜页面的网页源代码。如果用 print() 函数输出获得的网页源代码，会看到其中包含我们需要的热搜榜数据。

成功获得网页源代码后，使用 BeautifulSoup 模块解析网页源代码的结构并定位包含数据的标签，相应代码如下：

```
1  from bs4 import BeautifulSoup
2  soup = BeautifulSoup(code, 'lxml')
3  ranks = soup.select('#pl_top_realtimehot > table > 
   tbody > tr > td.td-01.ranktop')
4  titles = soup.select('#pl_top_realtimehot > table > 
```

```
   tbody > tr > td.td-02 > a')
5  searches = soup.select('#pl_top_realtimehot > table >
   tbody > tr > td.td-02 > span')
6  titles = titles[1:]
```

第 1 行代码导入 BeautifulSoup 模块。

第 2 行代码用 BeautifulSoup 模块加载获取的网页源代码并进行结构解析。

第 3～5 行代码用 select() 函数分别定位包含热搜序号、热搜关键词和热搜指数的标签。select() 函数的定位条件可以按照 2.4 节讲解的知识手动编写，这里介绍另一种方法——利用开发者工具的右键快捷菜单获取。

用谷歌浏览器打开热搜榜页面，按【F12】键打开开发者工具。如下图所示，❶单击元素选择工具按钮，❷选中一个热搜序号，❸然后在“Elements”选项卡中定位到的源代码上右击，❹在弹出的快捷菜单中执行“Copy＞Copy selector”命令，把该标签的 CSS 选择器复制到剪贴板，再粘贴到代码编辑器中。

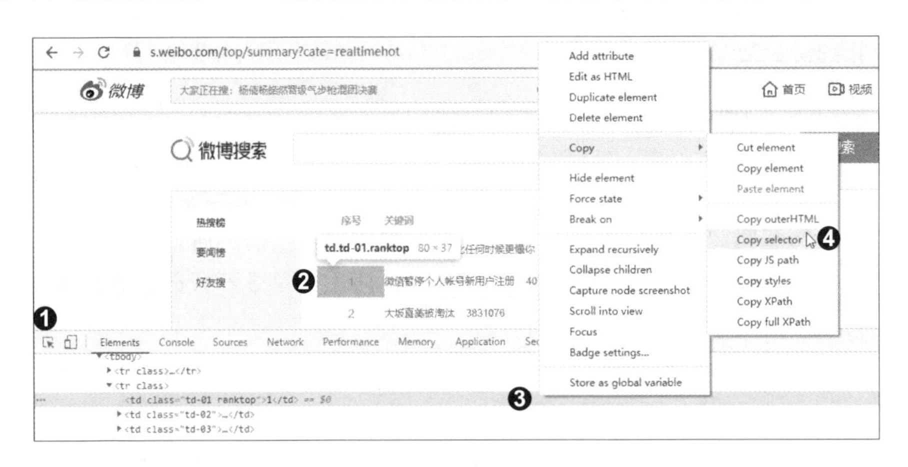

得到包含所选热搜序号的标签的 CSS 选择器如下：

#pl_top_realtimehot > table > tbody > tr:nth-child(2) > td.td-01.ranktop

其中，tr:nth-child(2) 指的是第 2 个 <tr> 标签，而我们要爬取所有热搜序号，所以需要删除“:nth-child(2)”。可以用相同的方法获取包含热搜关键词和热搜指数的标签的 CSS 选择器，这里不再赘述。

此时如果用 len() 函数查询 3 个标签列表 ranks、titles、searches 的元素个数，会发现列表 titles 比其他两个列表多 1 个元素，原因是热搜榜中的置顶内容没有热搜序号和热搜指数。因此，这里用第 6 行代码以列表切片的方式将列表 titles 的第 1 个元素去除，以使 3 个列表的长度一致，元素也一一对应。

定位到包含数据的标签后，从标签中提取数据，并进行清洗和整理，为导出数据做准备。相应代码如下：

```
1   all_news = []
2   for rank, title, search in zip(ranks, titles, searches):
3       row = {}
4       row['排名'] = rank.get_text()
5       row['标题'] = title.get_text()
6       row['热搜指数'] = search.get_text().split(' ')[-1]
7       all_news.append(row)
8   print(all_news)
```

第 1 行代码创建了一个空列表，用于汇总数据。

第 2 行代码用 for 语句结合 zip() 函数遍历列表 ranks、titles、searches，从中依次配对取出标签用于提取数据。

技巧　zip() 函数的用法

zip() 函数是 Python 的一个内置函数，它以可迭代对象（如字符串、列表、元组、字典等）作为参数，将对象中对应的元素一一配对，打包成一个个元组，然后返回由这些元组组成的对象。演示代码如下：

```
1   a = [1, 2, 3]
2   b = ['昨天', '今天', '明天']
3   c = list(zip(a, b))
4   print(c)
```

运行结果如下：

```
1   [(1, '昨天'), (2, '今天'), (3, '明天')]
```

需要注意的是，如果各个可迭代对象的元素个数不一致，则 zip() 函数返回结果的长度为最短的对象的长度。

第 3 行代码创建了一个空字典，用于存储热搜榜中单条内容的数据。

第 4～6 行代码用 get_text() 函数从标签中提取文本信息，从而得到热搜排名、热搜关键词和热搜指数，再存入第 3 行代码创建的字典。其中热搜指数有可能包含多余的中文字符，如“综艺 443459”，因此，第 6 行代码用 get_text() 函数提取文本后，继续用 split() 函数以空格为分隔符拆分字符串，得到类似 ['综艺', '443459'] 的列表，再用列表切片的方式提取最后一个元素（[-1]），得到所需的数值。

第 7 行代码用列表对象的 append() 函数将字典添加到前面创建的列表中。

第 8 行代码输出包含汇总结果的列表。

运行以上代码，即可输出如下图所示的内容。

```
[{'排名': '1', '标题': '微信暂停个人帐号新用户注册', '热搜指数': '3841428'}, {'排名': '2', '标题': '大坂直美被淘汰', '热搜指数': '3609802'}, {'排名': '3', '标题': '跳水女子双人10米跳台决赛', '热搜指数': '2911344'}, {'排名': '4', '标题': '今日奥运金牌榜', '热搜指数': '2873210'}, {'排名': '5', '标题': '孙一文受伤', '热搜指数': '2815444'}, {'排名': '6', '标题': '马龙 不能吹球就吹手', '热搜指数': '2160836'}, {'排名': '7', '标题': '孙一文因伤退出重剑团体半决赛', '热搜指数': '2071784'}, {'排名': '8', '标题': '杨倩杨皓然晋级气步枪混团决赛', '热搜指数': '1841604'}, {'排名': '9', '标题': '南京112例感染者分布在全市八个区', '热搜指数': '1535403'}, {'排名': '10', '标题': '小伙被摔200万次陪练出20位世界冠军', '热搜指数': '1202367'}, {'排名': '11', '标题': '马龙的球拍有自己的表情包', '热搜指数': '1196941'}, {'排名': '12', '标题': '姜冉馨心态绝了', '热搜指数': '1163227'}, {'排名': '13', '标题': '郎平回应朱婷伤病问题', '热搜指数': '989444'}, {'排名': '14', '标题': '中国女排不敌美国女排', '热搜指数': '989298'}, {'排名': '15', '标题': '南京1例确诊是出租车司机', '热搜指数': '930888'}, {'排名': '16', '标题': '易烊千玺奥运会分玺', '热搜指数': '917997'}, {'排名': '17', '标题': '西南大学难道是体育大学吗', '热搜指数': '912428'}, {'排名': '18', '标题': '马龙状态', '热搜指数': '911051'}, {'排名': '19', '标题': '刘诗雯妈妈两次鞠躬道谢', '热搜指数': '884308'}, {'排名': '20', '标题': '如果奥运项目有化妆', '热搜指数': '868786'}, {'排名': '21', '标题': '许安琪替补上场', '热搜指数': '781394'}, {'排名': '22', '标题': '为了限制中国的比赛规则', '热搜指数': '769830'}, {'排名': '23', '标题': '勇敢龙龙不怕困难', '热搜指数': '752551'}, {'排名': '24', '标题': '刘国梁拥抱马琳', '热搜指数': '707644'}, {'排名': '25', '标题': '中国女子重剑团体无缘决赛', '热搜指数': '699934'}, {'排名': '26', '标题': '杨洋看手机的距离', '热搜指数': '699855'}, {'排名': '27', '标题': '中国女
```

3.3.2 将爬取结果保存为 CSV 文件

获得所需的热搜榜数据后，还需要保存数据。这里使用 pandas 模块将数据导出为 CSV 文件，相应代码如下：

```
1  import datetime
2  import pandas as pd
3  df = pd.DataFrame(all_news)
4  today = datetime.date.today()
5  df.to_csv(f'新浪微博热搜榜-{today}.csv', index=False,
   encoding='utf-8-sig')
```

第 1 行代码导入 Python 内置的 datetime 模块，该模块专门用于处理日期和时间数据。

第 2 行代码导入 pandas 模块。

第 3 行代码将前面得到的列表 all_news 转换为 DataFrame。

第 4 行代码使用 datetime 模块中 date 类的 today() 函数返回当前本地日期。

第 5 行代码使用 to_csv() 函数将 DataFrame 中的数据写入 CSV 文件。其中各个参数的含义在 3.2.2 节已讲解过，这里只有第 1 个参数与前面略为不同，它使用了 f-string 方法将第 4 行代码获得的日期拼接到文件名中。

运行以上代码后，打开生成的 CSV 文件，如“新浪微博热搜榜 - 2021-07-27.csv”，可以看到爬取的数据，如右图所示。

	A	B	C
1	排名	标题	热搜指数
2	1	微信暂停个人帐号新用户注册	3841428
3	2	大坂直美被淘汰	3609802
4	3	跳水女子双人10米跳台决赛	2911344
5	4	今日奥运金牌榜	2873210
6	5	孙一文受伤	2815444
7	6	马龙 不能吹球就吹手	2160836
8	7	孙一文因伤退出重剑团体半决赛	2071784
9	8	杨倩杨皓然晋级气步枪混团决赛	1841604

新浪微博热搜榜-2021-07-27

技巧　用 f-string 拼接字符串

f-string 方法以修饰符 f 或 F 引领字符串，然后在字符串中用“{}”包裹要拼接的变量或表达式。演示代码如下：

```
1 name = '李明'
2 age = 25
3 height = 1.73
4 s = f'姓名：{name}；年龄：{age}岁；身高：{height}米。'
5 print(s)
```

运行结果如下：

```
1 姓名：李明；年龄：25岁；身高：1.73米。
```

从上述演示可以看出，使用 f-string 方法无须转换数据类型就能将不同类型的数据拼接成字符串，相关代码也很直观、简洁、易懂。

爬取新浪微博热门话题的完整代码如下：

```
1 from selenium import webdriver
2 from bs4 import BeautifulSoup
3 import time
4 import datetime
5 import pandas as pd
6 url= 'https://weibo.com/'
```

```
7   browser = webdriver.Chrome()
8   browser.maximize_window()
9   browser.get(url)
10  time.sleep(30)
11  url = 'https://s.weibo.com/top/summary?cate=realtimehot'
12  browser.get(url)
13  time.sleep(15)
14  code = browser.page_source
15  soup = BeautifulSoup(code, 'lxml')
16  ranks = soup.select('#pl_top_realtimehot > table >
    tbody > tr > td.td-01.ranktop')
17  titles = soup.select('#pl_top_realtimehot > table >
    tbody > tr > td.td-02 > a')
18  searches = soup.select('#pl_top_realtimehot > table >
    tbody > tr > td.td-02 > span')
19  titles = titles[1:]
20  all_news = []
21  for rank, title, search in zip(ranks, titles, searches):
22      row = {}
23      row['排名'] = rank.get_text()
24      row['标题'] = title.get_text()
25      row['热搜指数'] = search.get_text().split(' ')[-1]
26      all_news.append(row)
27  df = pd.DataFrame(all_news)
28  today = datetime.date.today()
29  df.to_csv(f'新浪微博热搜榜-{today}.csv', index=False,
    encoding='utf-8-sig')
```

第4章 收集客户资料

客户的概念有狭义和广义之分：狭义的客户是指市场中广泛存在的对企业的产品或服务有需求的个人和机构，即最终消费者；广义的客户则是指所有与企业打交道的个人和机构，除了最终消费者，还包括上游供应商、下游分销商及政府部门等。

本章所说的客户是指广义的客户，所收集的客户资料是指与经营、管理、财务、产品等方面相关的舆论或评价信息。本章将讲解如何通过编写Python代码从网页上爬取客户资料，包括从东方财富网爬取客户资讯和从京东商城爬取客户评价两个案例。

4.1 从东方财富网爬取客户资讯

◎ 代码文件：从东方财富网爬取客户资讯.py

东方财富网是一家专业的财经资讯门户网站，汇聚了全方位的综合财经新闻和金融市场资讯。本节要通过编写 Python 代码，从东方财富网爬取指定企业的资讯。

用浏览器打开东方财富网（https://www.eastmoney.com/），搜索“京东”，然后选择“资讯”频道，可以看到地址栏中的网址变为 https://so.eastmoney.com/news/s?keyword=京东。单击页面底部的翻页按钮进行翻页，会发现页面内容有变化，但地址栏中的网址不变，说明页面是动态渲染出来的，需要使用 Selenium 模块爬取。

4.1.1 用 Selenium 模块获取网页源代码

首先使用 Selenium 模块启动模拟浏览器并访问网址，相应代码如下：

```
1  from selenium import webdriver
2  browser = webdriver.Chrome()
3  url = 'https://so.eastmoney.com/news/s?keyword=京东'
4  browser.get(url)
```

第 1 行代码导入 Selenium 模块。第 2 行代码启动模拟浏览器。第 3 行和第 4 行代码控制模拟浏览器访问指定的网址。

运行以上代码，会自动打开谷歌浏览器并访问东方财富网的资讯搜索页面，如下图所示。

随后获取网页源代码，相应代码如下：

```
1  code = browser.page_source
2  print(code)
```

运行以上代码，获得的网页源代码如下图所示，可以看到其中包含要爬取的资讯数据，说明网页源代码获取成功。

```
</li><li>按相关度排序</li><li>按时间排序</li></ul></div></div></div></div><div class="news_list"><div class="news_item"><div class
="news_item_t"><a href="http://finance.eastmoney.com/a/202111232190553361.html" target="_blank">东风轻型车与<em><em>京东</em></em>
物流达成战略合作</a></div><div class="news_item_c"><span class="news_item_time">2021-11-23 16:17:40 - </span><span>    据东风汽车23
日消息，东风轻型车与<em><em>京东</em></em>物流日前宣布达成战略合作关系，两大各自行业领军者，将共同携手打造智能物流新未来。
    本次合作范围广泛涵盖了物流车、物流仓、快递柜等多项物流场景与系统，将智能物流的理念推向实际应用，同时利用“云计算”技术将大量用网络连接的计
算资源统...</span></div><div class="news_item_url"><a href="http://finance.eastmoney.com/a/202111232190553361.html" target="_blan
k">http://finance.eastmoney.com/a/202111232190553361.html</a></div></div><div class="news_item"><div class="news_item_t"><a href
="http://finance.eastmoney.com/a/202111232190519711.html" target="_blank"><em><em>京东</em></em>关联公司投资成立新公司 经营范围含互联
网安全服务等</a></div><div class="news_item_c"><span class="news_item_time">2021-11-23 15:41:22 - </span><span>    企查查APP显示，1
1月22日，融信云(西安)数据科技有限公司成立，法定代表人为胡亚明，注册资本500万元人民币，经营范围包含：互联网安全服务；信息安全设备销售；安全系
统监控服务等。    企查查股权穿透显示，该公司由天津众易企业管理合伙企业(有限合伙)、神州数码融信云技术服务有...</span></div><div class="news
_item_url"><a href="http://finance.eastmoney.com/a/202111232190519711.html" target="_blank">http://finance.eastmoney.com/a/202111
232190519711.html</a></div></div><div class="news_item"><div class="news_item_t"><a href="http://stock.eastmoney.com/a/2021112221
88931054.html" target="_blank">互联网传媒行业周报：阿里<em><em>京东</em></em>等发布三季度财报 美团推出货运物流业务</a></div><div class
="news_item_c"><span class="news_item_time">2021-11-22 14:36:32 - </span><span>    本周恒生科技指数下跌1.64%，恒生指数下跌1.10%，恒生
中国企业指数下跌0.72%，上证指数上涨1.13%，深证成指上涨1.19%，创业板指上涨1.04%。恒生科技指数涨幅前三：<em><em>京东</em></em>集团-SW(+4.9
4%)、海尔智家 (+3.04%)、瑞声科技(+2.07%)；跌幅前三...</span></div><div class="news_item_url"><a href="http://stock.eastmoney.com/a/2
02111222188931054.html" target="_blank">http://stock.eastmoney.com/a/202111222188931054.html</a></div></div><div class="news_ite
```

上面只获取了第 1 页的网页源代码，如果要获取多页的网页源代码，则需要单击页面底部的“下一页”按钮来翻页，这项工作可以利用 Selenium 模块控制模拟浏览器来自动完成。

先获取“下一页”按钮的 XPath 表达式，用于定位该按钮。❶在谷歌浏览器中打开页面，然后按【F12】键打开开发者工具，❷单击元素选择工具按钮，❸选中“下一页”按钮，❹然后在“Elements”选项卡中该按钮对应的源代码上右击，❺在弹出的快捷菜单中执行“Copy > Copy XPath”命令，如下图所示。把复制的 XPath 表达式粘贴到代码编辑器中，得到“下一页”按钮的 XPath 表达式为“//*[@id="app"]/div[3]/div[1]/div[5]/div/a[5]”。

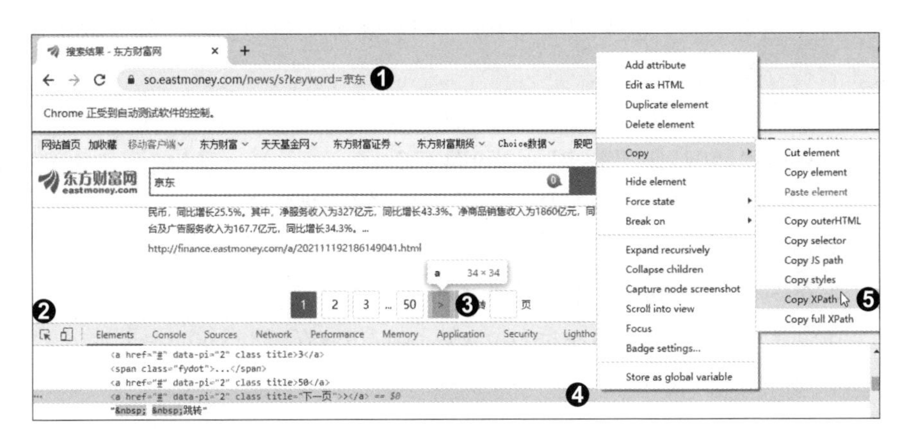

然后利用 XPath 表达式在模拟浏览器中定位“下一页”按钮并进行模拟单击，相应代码如下：

```
1  from selenium import webdriver
2  from selenium.webdriver.common.by import By
3  browser = webdriver.Chrome()
4  url = 'https://so.eastmoney.com/news/s?keyword=京东'
5  browser.get(url)
6  browser.find_element(By.XPATH, '//*[@id="app"]/div[3]/
   div[1]/div[5]/div/a[5]').click()
```

运行以上代码，会自动打开模拟浏览器并访问东方财富网的资讯搜索页面，然后自动单击“下一页”按钮，切换到第 2 页，如下图所示。

实现了自动翻页，就可以结合 for 语句实现多次自动翻页，并获取多页的网页源代码，相应代码如下：

```
1  from selenium import webdriver
2  from selenium.webdriver.common.by import By
3  import time
4  browser = webdriver.Chrome()
5  url = 'https://so.eastmoney.com/news/s?keyword=京东'
6  browser.get(url)
```

```
 7  time.sleep(3)
 8  code = browser.page_source
 9  for i in range(2):
10      browser.find_element(By.XPATH, '//*[@id="app"]/
        div[3]/div[1]/div[5]/div/a[5]').click()
11      time.sleep(3)
12      code = code + browser.page_source
```

第 8 行代码获取第 1 页的网页源代码，并将其存储到变量 code 中。

第 9～12 行代码依次单击两次“下一页”按钮，每单击一次按钮就等待 3 秒，让页面加载完全，然后获取当前页的源代码，并用“+”运算符拼接到变量 code 中。

运行以上代码后，变量 code 的值就是第 1～3 页的网页源代码。

4.1.2　编写正则表达式提取资讯数据

成功获得网页源代码后，还需要从源代码中提取资讯数据。这里使用正则表达式提取资讯的标题和日期。

先观察这些数据对应的网页源代码有什么样的规律。在谷歌浏览器中按【F12】键打开开发者工具，然后用元素选择工具在网页中选中第 1 页的第 1 条资讯的标题，对应的网页源代码如下图所示。

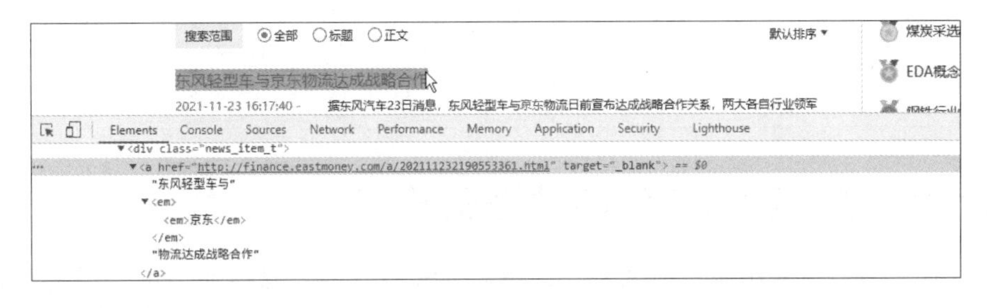

继续查看其他资讯标题的网页源代码，可总结出如下规律：

<div class="news_item_t".*?<a href=".*?" target="_blank">标题</a>

依据 Python 中输出的网页源代码对上述规律进行核准，可编写出提取资讯标题的正则表达式如下：

<div class="news_item_t".*?<a href=".*?" target="_blank">(.*?)</a>

用相同的方法编写出提取资讯日期的正则表达式，然后使用 findall() 函数根据正则表达式从网页源代码中提取数据，相应代码如下：

```
1  import re
2  p_title = '<div class="news_item_t".*?<a href=".*?" target="_blank">(.*?)</a>'
3  p_date = '<span class="news_item_time">(.*?)</span>'
4  title = re.findall(p_title, code, re.S)
5  date = re.findall(p_date, code, re.S)
6  print(title)
7  print(date)
```

部分网页源代码中存在换行符，而“(.*?)”默认不匹配换行符，所以在第 4 行和第 5 行代码中为 findall() 函数添加了参数 re.S，以强制匹配换行符，否则会提取不到内容。

运行以上代码，输出结果如下图所示，可以看到成功提取了资讯的标题和日期，这些数据分别保存在对应的列表中。

```
['东风轻型车与<em><em>京东</em></em>物流达成战略合作', '<em><em>京东</em></em>关联公司投资成立新公司 经营范围含互联网安全服务等', '互联网传媒行业周报:
阿里<em><em>京东</em></em>等发布三季度财报 美团推出货运物流业务', '<em><em>京东</em></em>发布Q3财报: 拓展全渠道布局 深入生活服务全场景', '商贸行业点评
: <em><em>京东</em></em>业绩超预期 后二选一时代履约能力及供应链运营优势构筑公司壁垒、持续成长动能充沛', '百度、阿里、<em><em>京东</em></em>、腾讯等被罚
', '恒指公司: 将<em><em>京东</em></em>等公司纳入恒指', '恒生指数公司公布季检结果 将华润啤酒、<em><em>京东</em></em>、网易等纳入恒指', '<em><em>京东
</em></em>三季度财报: 活跃用户数增至5.52亿 5年研发投入近750亿元', '<em><em>京东</em></em>总裁徐雷: 超市商品贡献最多新用户，京喜履约成本降5成', '徐雷任
总裁后<em><em>京东</em></em>首份“成绩单”: 三季度净收入增25.5%', '<em><em>京东</em></em>2021年第三季度净收入2187亿元 经营利润26亿元', '<em><em>京东
</em></em>2021年三季度经营利润率1.2% 近5年已在技术投入近750亿元', '<em><em>京东</em></em>第三季度营收2187亿元 同比增长25.5%', '<em><em>京东</em></em>
第三季度净营收2187亿元 超出预期', '<em><em>京东</em></em>第三季度净营收2187亿元', '估值200亿元! Z世代潮流零售企业闯关IPO 获<em><em>京东</em></em>、阿里
系投资', '超3491亿元!  <em><em>京东</em></em>11.11销售额再创新高 全心全力推动乡村振兴', '高端美妆需求强劲 <em><em>京东</em></em>“双11”265个美妆品牌累计
成交额同比去年超10倍', '企查查显示<em><em>京东</em></em>关联公司经营范围新增保健食品经营等', '生鲜赛道加码 <em><em>京东</em></em>联手MUJI無印良品推生鲜
复合店', '<em><em>京东</em></em>在厦门成立物流新公司 注册资本1000万元', '<em><em>京东</em></em>11.11实现93%区县和84%乡镇当日达和次日达', '11.11不熬夜
“晚8点”线下<em><em>京东</em></em>狂欢购', '探索供应链减碳路径 <em><em>京东</em></em>计划2030年碳排放量与2019年相比减少50%', '<em><em>京东</em></em>关
联公司成立新公司 注册资本2000万', '<em><em>京东</em></em>关联公司经营范围新增汽车新车销售', '吸引国际品牌入驻 <em><em>京东</em></em>公布两年超3100亿进
口采购成绩单', '<em><em>京东</em></em>超市发布全渠道能力全景图: 即时零售能力覆盖近380座城市 3万家门店', '“双11”首日<em><em>京东</em></em>小时购手机家电
销售同比增超10倍']
['2021-11-23 16:17:40 - ', '2021-11-23 15:41:22 - ', '2021-11-22 14:36:32 - ', '2021-11-22 08:39:09 - ', '2021-11-21 12:25:33 - ', '2021-11-20 13:45:48 - ',
 '2021-11-19 18:58:04 - ', '2021-11-19 18:49:16 - ', '2021-11-19 17:20:19 - ', '2021-11-19 05:25:24 - ', '2021-11-18 22:41:29 - ', '2021-11-18 17:41:53 - ',
 '2021-11-18 17:30:02 - ', '2021-11-18 17:11:01 - ', '2021-11-18 17:00:37 - ', '2021-11-18 17:00:23 - ', '2021-11-14 13:56:31 - ', '2021-11-13 13:59:29 - ',
 '2021-11-12 21:17:27 - ', '2021-11-12 14:38:48 - ', '2021-11-11 15:17:33 - ', '2021-11-10 14:05:06 - ', '2021-11-09 15:32:55 - ', '2021-11-08 08:24:20 - ',
 '2021-11-05 17:11:26 - ', '2021-11-04 17:24:46 - ', '2021-11-04 13:32:22 - ', '2021-11-03 18:16:15 - ', '2021-11-03 16:05:52 - ', '2021-11-02 19:03:07 - ']
```

4.1.3 整理和保存爬取的资讯数据

从上面的提取结果可以看到，数据中还含有一些不需要的信息，例如，标题数据中有“<em>”和“</em>”等标签，日期数据中有时间和“-”号。因此，接下来需要对数据进行清洗，相应代码如下：

```
1  for i in range(len(date)):
2      title[i] = re.sub('<.*?>', '', title[i])
```

```
    date[i] = date[i].split(' ')[0]
```

第 2 行代码使用 re 模块中的 sub() 函数根据正则表达式在标题字符串中进行查找和替换。函数的第 1 个参数是作为查找依据的正则表达式，这里设置为“<.*?>”，表示查找所有类似“<×××>”的子字符串；第 2 个参数是要替换为的内容，这里设置为空字符串，相当于将查找到的子字符串删除；第 3 个参数是要进行查找和替换操作的字符串，这里设置为从列表中提取的单个标题。

第 3 行代码先用 split() 函数以空格为分隔符拆分字符串，再从拆分字符串得到的列表中提取第 1 个元素，得到日期。假设原先提取的日期数据为 '2021-11-14 13:56:31 - '，那么用 split() 函数以空格为分隔符拆分后会得到列表 ['2021-11-14', '13:56:31', '-', '']，再用 [0] 提取列表的第 1 个元素，即可得到 '2021-11-14'。

为了更好地组织数据，将清洗后的两个列表转换为字典，再用 pandas 模块将字典转换为 DataFrame 格式的二维数据表格。相应代码如下：

```
import pandas as pd
data = {'新闻标题': title, '日期': date}
data = pd.DataFrame(data)
print(data)
```

第 2 行代码中的“新闻标题”和“日期”是字典的键，也是将要创建的二维数据表格的列名。

运行以上代码，结果如下图所示（部分内容从略）。

	新闻标题	日期
0	东风轻型车与京东物流达成战略合作	2021-11-23
1	京东关联公司投资成立新公司 经营范围含互联网安全服务等	2021-11-23
2	互联网传媒行业周报：阿里京东等发布三季度财报 美团推出货运物流业务	2021-11-22
3	京东发布Q3财报：拓展全渠道布局 深入生活服务全场景	2021-11-22
4	商贸行业点评：京东业绩超预期 后二选一时代履约能力及供应链运营优势构筑公司壁垒、持续成长动能充沛	2021-11-21
5	百度、阿里、京东、腾讯等被罚	2021-11-20
6	恒指公司：将京东等公司纳入恒指	2021-11-19
7	恒生指数公司公布季检结果 将华润啤酒、京东、网易等纳入恒指	2021-11-19
8	京东三季度财报：活跃用户数增至5.52亿 5年研发投入近750亿元	2021-11-19
9	京东总裁徐雷：超市商品贡献最多新用户，京喜履约成本降5成	2021-11-19

为便于查看和分析数据，使用 pandas 模块中的 to_excel() 函数将 Data-

Frame 中的数据写入 Excel 工作簿。相应代码如下：

```
1  data.to_excel('客户新闻.xlsx', index=False)
```

代码中的参数 index 设置为 False，表示写入时忽略 DataFrame 的行索引。如果想要关闭模拟浏览器窗口，可在最后加上如下代码：

```
1  browser.quit()
```

运行以上代码后，打开生成的工作簿“客户新闻.xlsx”，并适当调整列宽和格式，得到的数据表格如下图所示。

	A	B	C
1	新闻标题	日期	
2	东风轻型车与京东物流达成战略合作	2021-11-23	
3	京东关联公司投资成立新公司 经营范围含互联网安全服务等	2021-11-23	
4	互联网传媒行业周报：阿里京东等发布三季度财报 美团推出货运物流业务	2021-11-22	
5	京东发布Q3财报：拓展全渠道布局 深入生活服务全场景	2021-11-22	
6	商贸行业点评：京东业绩超预期 后二选一时代履约能力及供应链运营优势构筑公司壁垒、持续成长动能充沛	2021-11-21	
7	百度、阿里、京东、腾讯等被罚	2021-11-20	
8	恒指公司：将京东等公司纳入恒指	2021-11-19	
9	恒生指数公司公布季检结果 将华润啤酒、京东、网易等纳入恒指	2021-11-19	
10	京东三季度财报：活跃用户数增至5.52亿 5年研发投入近750亿元	2021-11-19	
11	京东总裁徐雷：超市商品贡献最多新用户，京喜履约成本降5成	2021-11-19	
12	徐雷任总裁后京东首份“成绩单”：三季度净收入增25.5%	2021-11-18	
13	京东2021年第三季度净收入2187亿元 经营利润26亿元	2021-11-18	
14	京东2021年三季度经营利润率1.2% 近5年已在技术投入近750亿元	2021-11-18	
15	京东第三季度营收2187亿元 同比增长25.5%	2021-11-18	

从东方财富网爬取客户资讯的完整代码如下：

```
1  from selenium import webdriver
2  from selenium.webdriver.common.by import By
3  import re
4  import time
5  import pandas as pd
6  browser = webdriver.Chrome()
7  url = 'https://so.eastmoney.com/news/s?keyword=京东'
8  browser.get(url)
9  time.sleep(3)
10 code = browser.page_source
```

```
11  for i in range(2):
12      browser.find_element(By.XPATH, '//*[@id="app"]/
        div[3]/div[1]/div[5]/div/a[5]').click()
13      time.sleep(3)
14      code = code + browser.page_source
15  p_title = '<div class="news_item_t".*?<a href=".*?"
    target="_blank">(.*?)</a>'
16  p_date = '<span class="news_item_time">(.*?)</span>'
17  title = re.findall(p_title, code, re.S)
18  date = re.findall(p_date, code, re.S)
19  for i in range(len(date)):
20      title[i] = re.sub('<.*?>', '', title[i])
21      date[i] = date[i].split(' ')[0]
22  data = {'新闻标题': title, '日期': date}
23  data = pd.DataFrame(data)
24  data.to_excel('客户新闻.xlsx', index=False)
25  browser.quit()
```

需要注意的是，东方财富网默认的资讯搜索方式是在资讯的标题和正文中搜索，搜索结果和关键词的相关性有可能不大。此时可尝试将搜索方式切换为在标题中搜索，代码中的网址要相应修改为 https://so.eastmoney.com/news/s?keyword=京东&type=title。

4.2　从京东商城爬取客户评价

◎ 代码文件：从京东商城爬取客户评价.py

电商网站的商品评价是我们了解品牌口碑和消费者喜好的重要渠道。本节将通过编写 Python 代码，从京东商城爬取指定商品的客户评价。

在开始爬取之前，需要先判断包含评价内容的页面是不是动态渲染出来的。以京东商城中销售的一款电饭煲为例，用谷歌浏览器打开该商品的详情页（https://item.jd.com/4023389.html），单击“商品评价”按钮，即可查看购买这款商品的客户发表的评价，如下图所示。

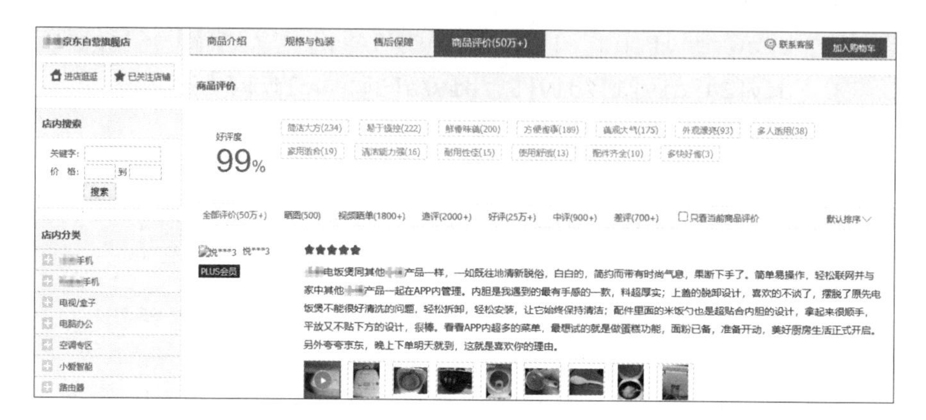

用右键快捷菜单查看该页面的网页源代码，并在其中搜索部分评价内容，会发现搜索不到，说明该页面很有可能是动态渲染出来的。因此，这里选择使用 Selenium 模块进行爬取。

4.2.1 爬取单页评价

从爬取单页的评价内容入手。首先导入相关模块，相应代码如下：

```
1  from selenium import webdriver
2  from selenium.webdriver.common.by import By
3  import time
4  import re
```

然后通过 Selenium 模块控制模拟浏览器访问指定网址，相应代码如下：

```
1  browser = webdriver.Chrome()
2  browser.maximize_window()
3  url = 'https://item.jd.com/4023389.html'
4  browser.get(url)
5  time.sleep(30)
```

第 2 行代码将打开的模拟浏览器窗口最大化，以避免“商品评价”按钮被其他网页元素遮挡。

京东商城有时需要登录才能查看评价，因此，第 5 行代码使用 time 模块的 sleep() 函数等待 30 秒，让用户有足够的时间在页面中手动登录自己的账户。

登录成功后，还需要模拟单击“商品评价”按钮，这里利用 XPath 表达式定位该按钮。❶用谷歌浏览器打开页面，按【F12】键打开开发者工具，❷单击元素选择工具按钮，❸选中“商品评价”按钮，❹然后在“Elements”选项卡中该按钮的源代码上右击，❺在弹出的快捷菜单中执行“Copy>Copy XPath”命令，如下图所示。把复制的 XPath 表达式粘贴到代码编辑器中，得到“商品评价”按钮的 XPath 表达式为“//*[@id="detail"]/div[1]/ul/li[5]”。

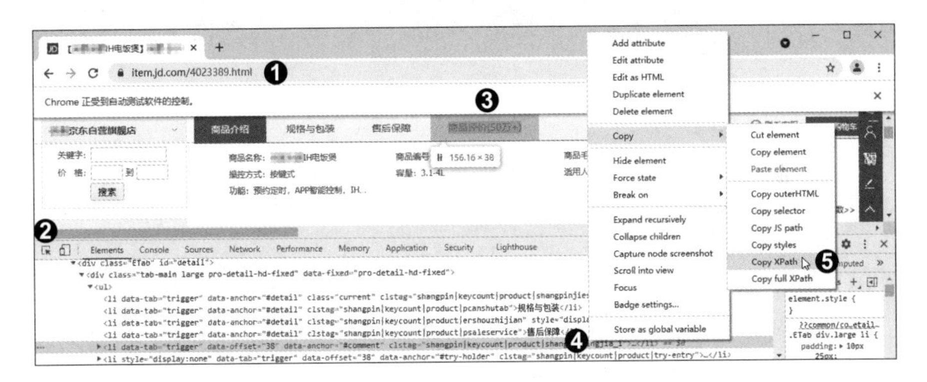

随后用 XPath 表达式定位“商品评价”按钮并进行模拟单击，再获取网页源代码，相应代码如下：

```
1  browser.find_element(By.XPATH, '//*[@id="detail"]/div[1]/
   ul/li[5]').click()
2  time.sleep(10)
3  code = browser.page_source
```

结合观察开发者工具中的网页源代码和用上述代码获得的网页源代码，发现包含评价内容的网页源代码有如下规律：

<p class="comment-con">评价内容</p>

由此可编写出用正则表达式提取评价内容的代码如下：

```
1  p_comment = '<p class="comment-con">(.*?)</p>'
2  comment = re.findall(p_comment, code, re.S)
3  print(comment)
```

运行以上代码，输出结果如下图所示，可以看到第 1 页评价内容爬取成功。

```
['电饭煲同其他产品一样，一如既往地清新脱俗，白白的，简约而带有时尚气息，果断下手了。简单易操作，轻松联网并与家中其他产品一起在APP内管理。内胆是我遇到的最有手感的一款，料超厚实；上盖的脱卸设计，喜欢的不谈了，摆脱了原先电饭煲不能很好清洗的问题，轻松拆卸，轻松安装，让它始终保持清洁；配件里面的米饭勺也是超贴合内胆的设计，拿起来很顺手，平放又不贴下方的设计，很棒。看看APP内超多的菜单，最想试的就是做蛋糕功能，面粉已备，准备开动，美好厨房生活正式开启。另外夸夸京东，晚上下单明天就到，这就是喜欢你的理由。', '客服态度很好，耐心解释电饭煲各种功能。物流配送也很快，竟然第二天就到了，十分意外。电饭煲颜值非常高，触控屏幕，操作方便，功能强大。这款电饭煲采取IH加热，受热均匀，可变压力，最高温度达到105度，煮出来的米饭确实晶莹剔透，当然好锅也需要好大米，用上五常大米煮饭更香。整体来说非常满意，后续看看使用情况再进行追评。', '纠结了很久最终买了的电饭煲，对于智能这方面真的做得很不错，电饭煲完全可以用手机操作，手机上的菜单也有非常多的种类，白色也没有想象中很容易脏，非常大气，对于岁数偏大的人群也是很友好，做出来的蛋糕超级好吃嘻嘻', '锅本体做得很有工艺水平，甚至听声音就像钟一样，整体做工水平都很棒，app操作很方便，就是前提得有网才行，做的饭熬粥都很好', '电饭煲很好，做工精细，设计合理，做饭好吃，老人能用，操作方便，推荐购买，妈妈非常喜欢', '外观简洁时尚，连电源线也跟传统的不一样，外壳平整，很容易清洁，内胆非常厚实。连上WiFi后，盖子上有实时时间显示，操作方便，目前只是用来煮饭。觉得之前的电饭煲煮的饭已经挺好吃的了，用了这个后发现更好吃，现在觉得吃饭也是一种享受了。', '一直想买个新电饭锅 正好赶上活动 的关注了好久了 终于剁手买了 收到后打开包装 通体洁白 一如既往地高端大气上档次 机身没得说  打开盖 锅体也是做工很好 通电试了一下 功能没问题 煮了一次米饭 闻到不错', '外形外观洋气时尚，简洁大方，白色的看着特别干净整洁；内胆容量一家人吃刚好合适，很完美；功能配置比较全面，按键清晰，显示清楚；操作面板清晰简洁，容易操作，上手快；蒸饭口感好，比普通电饭锅更香；其他特色就是能够连接手机，控制预约做饭，特别方便！！家里全是产品啦，忠实粉……', '前几天收到的雨伞，非常满意。电饭煲也收到有两天了，一直没时间做饭，今天终于开箱，做饭。<br>方方正正的外形，白色，明亮简洁干净。<br>3升的容量，一家三口足够用的。<br>功能配置齐全，操作非常简单。<br>煮好的泰米粒粒饱满，透亮，香气扑鼻，口感很好。<br>又是一次满意的购物。期待的产品都越做越好。<br>京东物流更是给力，凌晨下单，下午就收到。', '之前的 电饭煲服役7年终于罢工了，纠结了好些天最后还是决定换。<br>主要看中智能，厨房小白，要学习的烹饪方法太多了！这款电饭煲颜值担当！煮出来的饭也很香，粒粒饱满的样子！煮饭的同时蒸了鱼！']
```

部分评价内容包含多余的字符串“
”，还需进行数据清洗，相应代码如下：

```
for i in range(len(comment)):
    comment[i] = comment[i].replace('<br>', '')
    print(f'{i + 1}.{comment[i]}')
```

第 2 行代码用 replace() 函数将评价内容中的字符串“
”替换为空字符串，相当于将字符串“
”删除。

运行以上代码，输出结果如下图所示。

```
1.电饭煲同其他产品一样，一如既往地清新脱俗，白白的，简约而带有时尚气息，果断下手了。简单易操作，轻松联网并与家中其他产品一起在APP内管理。内胆是我遇到的最有手感的一款，料超厚实；上盖的脱卸设计，喜欢的不谈了，摆脱了原先电饭煲不能很好清洗的问题，轻松拆卸，轻松安装，让它始终保持清洁；配件里面的米饭勺也是超贴合内胆的设计，拿起来很顺手，平放又不贴下方的设计，很棒。看看APP内超多的菜单，最想试的就是做蛋糕功能，面粉已备，准备开动，美好厨房生活正式开启。另外夸夸京东，晚上下单明天就到，这就是喜欢你的理由。
2.客服态度很好，耐心解释电饭煲各种功能。物流配送也很快，竟然第二天就到了，十分意外。电饭煲颜值非常高，触控屏幕，操作方便，功能强大。这款电饭煲采取IH加热，受热均匀，可变压力，最高温度达到105度，煮出来的米饭确实晶莹剔透，当然好锅也需要好大米，用上五常大米煮饭更香。整体来说非常满意，后续看看使用情况再进行追评。
3.纠结了很久最终买了的电饭煲，对于智能这方面真的做得很不错，电饭煲完全可以用手机操作，手机上的菜单也有非常多的种类，白色也没有想象中很容易脏，非常大气，对于岁数偏大的人群也是很友好，做出来的蛋糕超级好吃嘻嘻
4.锅本体做得很有工艺水平，甚至听声音就像钟一样，整体做工水平都很棒，app操作很方便，就是前提得有网才行，做的饭熬粥都很好
5.电饭煲很好，做工精细，设计合理，做饭好吃，老人能用，操作方便，推荐购买，妈妈非常喜欢
6.外观简洁时尚，连电源线也跟传统的不一样，外壳平整，很容易清洁，内胆非常厚实。连上WiFi后，盖子上有实时时间显示，操作方便，目前只是用来煮饭。觉得之前的电饭煲煮的饭已经挺好吃的了，用了这个后发现更好吃，现在觉得吃饭也是一种享受了。
7.一直想买个新电饭锅 正好赶上活动 的关注了好久了 终于剁手买了 收到后打开包装 通体洁白 一如既往地高端大气上档次 机身没得说  打开盖 锅体也是做工很好 通电试了一下 功能没问题 煮了一次米饭 闻到不错
8.外形外观洋气时尚，简洁大方，白色的看着特别干净整洁；内胆容量一家人吃刚好合适，很完美；功能配置比较全面，按键清晰，显示清楚；操作面板清晰简洁，容易操作，上手快；蒸饭口感好，比普通电饭锅更香；其他特色就是能够连接手机，控制预约做饭，特别方便！！家里全是产品啦，忠实粉……
9.前几天收到的雨伞，非常满意。电饭煲也收到有两天了，一直没时间做饭，今天终于开箱，做饭。方方正正的外形，白色，明亮简洁干净。3升的容量，一家三口足够用的。功能配置齐全，操作非常简单。煮好的泰米粒粒饱满，透亮，香气扑鼻，口感很好。又是一次满意的购物。期待的产品都越做越好。京东物流更是给力，凌晨下单，下午就收到。
10.之前的电饭煲服役7年终于罢工了，纠结了好些天最后还是决定换。主要看中智能，厨房小白，要学习的烹饪方法太多了！这款电饭煲颜值担当！煮出来的饭也很香，粒粒饱满的样子！煮饭的同时蒸了鱼！
```

4.2.2 爬取多页评价

实现了单页评价的爬取，接着来实现多页评价的爬取。在当前评价区的下方单击“下一页”按钮可以翻页，那么多页爬取的基本思路就是用 Selenium 模块在模拟浏览器中定位“下一页”按钮并进行模拟单击。

定位按钮可以借助 XPath 表达式或 CSS 选择器。先尝试获取不同页面中

“下一页”按钮的 XPath 表达式，会发现第 1 页和之后页面的按钮的 XPath 表达式不同。下图所示分别为第 1 页和第 2 页的翻页按钮，这两组按钮中“下一页”按钮的 XPath 表达式是不一样的。

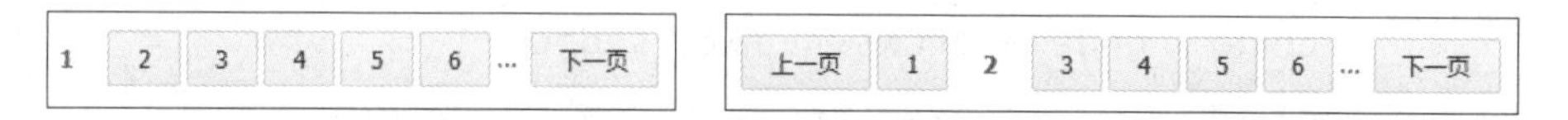

用 XPath 表达式定位按钮的方法行不通，所以再尝试获取按钮的 CSS 选择器。如下图所示，在第 1 页中按【F12】键打开开发者工具，❶单击元素选择工具按钮，❷选中“下一页”按钮，❸然后在“Elements”选项卡中该按钮的源代码上右击，❹在弹出的快捷菜单中执行“Copy>Copy selector”命令。把复制的 CSS 选择器粘贴到代码编辑器中，得到“#comment-0 > div.com-table-footer > div > div > a.ui-pager-next”。

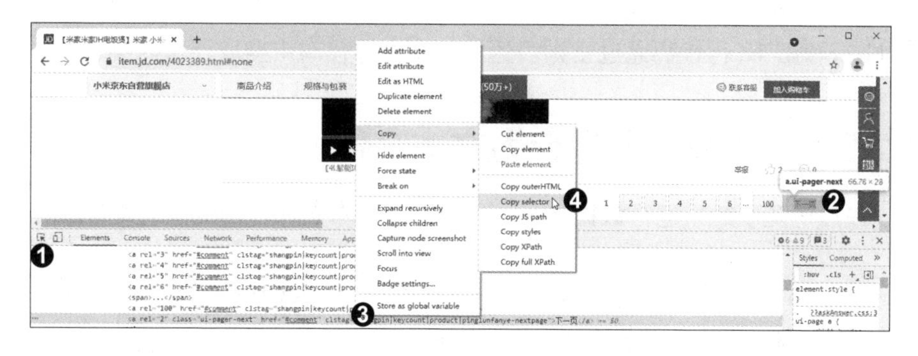

翻到评价区的其他页，用相同的方法获取“下一页”按钮的 CSS 选择器，会发现结果相同，这样就可以比较方便地实现自动翻页了。

爬取多页评价的核心代码如下：

```
1  url = 'https://item.jd.com/4023389.html'
2  browser.get(url)
3  time.sleep(30)
4  browser.find_element(By.XPATH, '//*[@id="detail"]/div[1]/
   ul/li[5]').click()
5  time.sleep(10)
6  code = browser.page_source
7  for j in range(5):
8      browser.find_element(By.CSS_SELECTOR, '#comment-0 >
```

```
        div.com-table-footer > div > div > a.ui-pager-next').
        click()
 9      time.sleep(10)
10      code = code + browser.page_source
11  p_comment = '<p class="comment-con">(.*?)</p>'
12  comment = re.findall(p_comment, code, re.S)
```

第 1～6 行代码用于获取第 1 页的网页源代码，并存入变量 code。

第 7～10 行代码用 for 语句构造的循环依次单击 5 次“下一页”按钮，每单击一次按钮就等待 10 秒，让页面加载完全，然后获取当前页的源代码，并用“+”运算符拼接到变量 code 中。

循环运行结束后，变量 code 的值就是第 1～6 页的网页源代码。随后用第 11 行和第 12 行代码通过正则表达式从网页源代码中提取评价内容。

4.2.3 将爬取结果保存为文本文件

最后对爬取结果进行数据清洗，再保存为文本文件，相应代码如下：

```
1  with open('客户评价.txt', mode='w', encoding='utf-8') as f:
2      for i in range(len(comment)):
3          comment[i] = comment[i].replace('<br>', '')
4          f.write(f'{i + 1}.{comment[i]}\n')
5  browser.quit()
```

运行以上代码，打开生成的文本文件“客户评价.txt”，可以看到爬取结果，如下图所示。

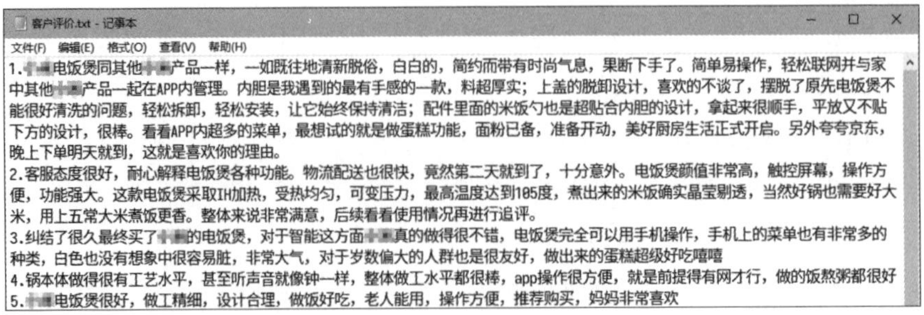

客户评价.txt - 记事本

文件(F) 编辑(E) 格式(O) 查看(V) 帮助(H)

1.电饭煲同其他产品一样，一如既往地清新脱俗，白白的，简约而带有时尚气息，果断下手了。简单易操作，轻松联网并与家中其他产品一起在APP内管理。内胆是我遇到的最有手感的一款，料超厚实；上盖的脱卸设计，喜欢的不谈了，摆脱了原先电饭煲不能很好清洗的问题，轻松拆卸，轻松安装，让它始终保持清洁；配件里面的米饭勺也是超贴合内胆的设计，拿起来很顺手，平放又不贴下方的设计，很棒。看看APP内超多的菜单，最想试的就是做蛋糕功能，面粉已备，准备开动，美好厨房生活正式开启。另外夸夸京东，晚上下单明天就到，这就是喜欢你的理由。
2.客服态度很好，耐心解释电饭煲各种功能。物流配送也很快，竟然第二天就到了，十分意外。电饭煲颜值非常高，触控屏幕，操作方便，功能强大。这款电饭煲采取IH加热，受热均匀，可变压力，最高温度达到105度，煮出来的米饭确实晶莹剔透，当然好锅也需要好大米，用上五常大米煮饭更香。整体来说非常满意，后续看看使用情况再进行追评。
3.纠结了很久最终买了的电饭煲，对于智能这方面真的做得很不错，电饭煲完全可以用手机操作，手机上的菜单也有非常多的种类，白色也没有想象中很容易脏，非常大气，对于岁数偏大的人群也是很友好，做出来的蛋糕超级好吃嘻嘻
4.锅本体做得很有工艺水平，甚至听声音就像钟一样，整体做工水平都很棒，app操作很方便，就是前提得有网才行，做的饭熬粥都很好
5.电饭煲很好，做工精细，设计合理，做饭好吃，老人能用，操作方便，推荐购买，妈妈非常喜欢

从京东商城爬取客户评价的完整代码如下：

```
1   from selenium import webdriver
2   from selenium.webdriver.common.by import By
3   import time
4   import re
5   browser = webdriver.Chrome()
6   browser.maximize_window()
7   url = 'https://item.jd.com/4023389.html'
8   browser.get(url)
9   time.sleep(30)
10  browser.find_element(By.XPATH, '//*[@id="detail"]/div[1]/
    ul/li[5]').click()
11  time.sleep(10)
12  code = browser.page_source
13  for j in range(5):
14      browser.find_element(By.CSS_SELECTOR, '#comment-0 >
        div.com-table-footer > div > div > a.ui-pager-next').
        click()
15      time.sleep(10)
16      code = code + browser.page_source
17  p_comment = '<p class="comment-con">(.*?)</p>'
18  comment = re.findall(p_comment, code, re.S)
19  with open('客户评价.txt', mode='w', encoding='utf-8') as f:
20      for i in range(len(comment)):
21          comment[i] = comment[i].replace('<br>', '')
22          f.write(f'{i + 1}.{comment[i]}\n')
23  browser.quit()
```

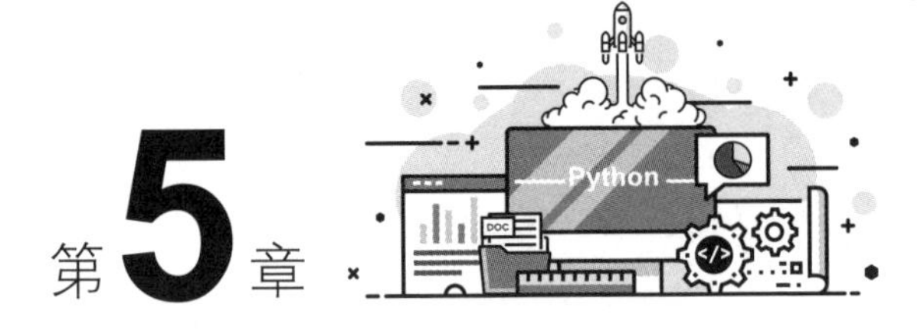

第5章 采集产品数据

通过采集和分析市场上的产品数据，可以追踪市场需求的变化，更加科学地进行产品定价决策、促销活动策划、营销计划制定等市场营销活动。

从实体店采集产品数据通常难度较大，成本较高。而电商网站的产品数据则具有更新及时、较易获取、真实性高等优点，是相当好的数据来源。本章以从当当网和淘宝网爬取产品数据为例，介绍利用 Python 采集产品数据的方法。

5.1　从当当网爬取产品数据

◎　代码文件：从当当网爬取产品数据.py

图书的产品数据对于出版社编辑制定选题开发方向、图书销售商制定进货计划具有很高的参考价值。本节将通过编写 Python 代码，从当当网爬取图书的产品数据。

用谷歌浏览器打开当当网，❶在搜索框中输入关键词，如“Python”，按【Enter】键，❷然后设置筛选条件，这里先指定出版社为“机械工业出版社”，❸再勾选“当当发货”复选框，❹可看到筛选结果的总页数，且当前位于第 1 页，如下图所示。

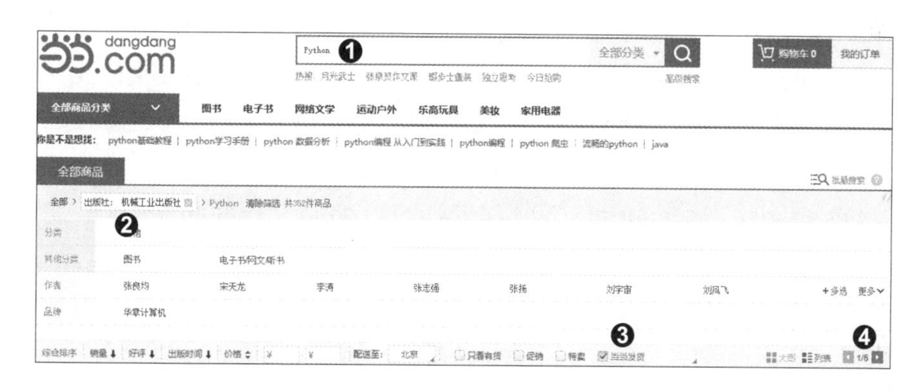

用右键快捷菜单查看该页面的网页源代码，并在其中搜索部分图书的信息，会发现可以搜索到，说明该页面不是动态渲染出来的。因此，这里选择使用 Requests 模块进行爬取。

此时地址栏中显示的网址为 http://search.dangdang.com/?key=Python&act=input&att=s8589934592:8589934622&filter=0|0|0|0|0|1|0|0|0|0|0|0|0|0#J_tab。但将该网址复制、粘贴到代码编辑器中后，会变成 http://search.dangdang.com/?key=Python&act=input&att=s8589934592%3A8589934622&filter=0%7C0%7C0%7C0%7C0%7C1%7C0%7C0%7C0%7C0%7C0%7C0%7C0%7C0#J_tab。有时将一些包含中文字符的网址复制、粘贴到代码编辑器中，也会得到类似的结果。这是因为网址只能包含英文字母、数字和一些特定符号，所以浏览器会对网址中此范围之外的字符进行转换。

对于爬虫实战而言，无须深究其中的原理，可以直接使用经过浏览器转换的网址。如果觉得转换后的网址不便于分析和编程，也可以借助一些在线工具进行解码。在百度中搜索“URL 解码工具”，在搜索结果中选择一个工具页面并打开，将经过浏览器转换的网址粘贴进去，单击解码按钮，即可将网址恢复为未经浏览器转换的形式，再复制、粘贴到代码编辑器中使用。本节将使用未经浏览器转换的网址爬取数据。

5.1.1 爬取单页产品数据

先使用 Requests 模块访问第 1 页并获取网页源代码，相应代码如下：

```
1  import requests
2  url = 'http://search.dangdang.com/?key=Python&act=input
   &att=s8589934592:8589934622&filter=0|0|0|0|0|1|0|0|0|0|
   0|0|0|0|0#J_tab'
3  headers = {'User-Agent': 'Mozilla/5.0 (Windows NT 10.0;
   Win64; x64) AppleWebKit/537.36 (KHTML, like Gecko)
   Chrome/94.0.4606.81 Safari/537.36'}
4  response = requests.get(url=url, headers=headers)
5  code = response.text
6  print(code)
```

运行以上代码，输出结果如下图所示，可以看到其中包含图书产品的数据，说明网页源代码获取成功。

```
<a title=" 利用Python进行数据分析（原书第2版）" ddclick="act=normalResult_picture&pos=25312917_0_1_q" class="pic" name="itemlist-picture"
dd_name="单品图片" href="//product.dangdang.com/25312917.html" target="_blank" ><img src='//img3m7.ddimg.cn/3/33/25312917-1_b_9.jpg' alt=' 利用Python进行数据分析（原书第2版）' /><p class="cool_label"></p></a><p class="name" name="title" ><a title=" 利用Python进行数据分析（原书第2版） Python数据分析经典畅销书全新升级，第1版中文版累计销售100000册 Python pandas创始人亲自执笔，Python语言的核心开发人员鼎立推荐 针对Python 3.6进行全面修订和更新" href="//product.dangdang.com/25312917.html"
ddclick="act=normalResult_title&pos=25312917_0_1_q" name="itemlist-title" dd_name="单品标题" target="_blank" > 利用<font class="skcolor_ljg">Python</font>进行数据分析（原书第2版） Python数据分析经典畅销书全新升级，第1版中文版累计销售100000册 Python pandas创始人亲自执笔，Python语言的核心开发人员鼎立推荐 针对Python 3.6进行全面修订和更新
</a></p><p class="detail" >阅读本书可以获得一份关于在Python下操作、处理、清洗、规整数据集的完整说明。本书第二版针对Python 3.6进行了更新，并增加实际案例向你展示如何高效地解决一系列数据分析问题。你将在阅读过程中学习到*版本的pandas、NumPy、IPython和Jupyter。 本书由Wes McKinney创作，他是Python pandas项目的创始人。本书是对Python数据科学工具的实操化、现代化的介绍，非常适合刚学Python的数据分析师或刚学数据科学以及科学计算的Python编程者。数据文件和相关的材料可以在GitHub上找到： 1 使用IPython shell和Jupyter notebook进行探索性计算 1 学习NumPy(Numerical Python)的基础和高级特性 1 入门pandas库中的数据分析工具 1 使用灵活工具对数据进行载入、清洗、变换、合并和重塑 1 使用matplotlib创建富含信息的可视化 1 将pandas的groupby功能应用于对数据集的切片、分块和汇总 1 分析</p><p class="price" > <span class="search_now_price">&yen;77.40</span><a
class="search_discount" style="text-decoration:none;">定价：</a><span class="search_pre_price">&yen;119.00</span><span class="search_discount"> (6.51折)
</span><a href="//product.dangdang.com/1901075837.html" ddclick=act=normalResult_EBookPrice&pos=1901075837_0_1act=ddclicktemplate&pos=25312917_0_1_q
```

随后使用正则表达式在网页源代码中提取需要的数据，这里要提取书名和销售价。结合开发者工具和前面的输出结果观察这些数据对应的网页源代码并寻找规律，然后根据找到的规律编写正则表达式。具体方法在第 4 章介绍过，这里不再赘述。

先来提取书名，相应代码如下：

```
1  import re
2  p_name = '<p class="name".*?><a title="(.*?)"'
3  name = re.findall(p_name, code)
4  print(len(name))
5  print(name)
```

第 4 行代码用于获取提取出的书名列表的长度，即书名的个数。

运行以上代码，结果如下图所示，可以看到提取了 60 个书名，相关数据保存在一个列表中。部分书名的开头有多余的空格，需进行数据清洗。

```
60
[' 利用Python进行数据分析（原书第2版） Python数据分析经典畅销书全新升级，第1版中文版累计销售100000册 Python pandas创始人亲自执笔，Python语言的核心开发人员鼎立推荐 针对Python 3.6进行全面修订和更新', ' 超简单：用Python让Excel飞起来 让excel化繁为简，零基础学python，用python实现办公自动化，减少重复工作。一书在手，数据不愁，用Python操控Excel让工作更高效，办公自动化典型场景应用，零基础办公人士学编程的不二', ' Python学习手册（原书第5版） 零基础学Python3，Python编程从入门到实践，详解利用Python进行数据分析、机器学习、网络爬虫的Python编程语言基础，完整覆盖Python核心技术，助你快速入门并进行项目开发实战', ' 零基础学Python爬虫 数据分析与可视化从入门到精通 零基础学Python入门与提高轻松上手，网络爬虫，大数据分析与可视化，量化金融，网络爬虫从入门到精通，Excel自动化办公、自然语言NLP中文分词基础、机器学习基础、深度学习基础，附赠超值基础讲解视频', ' 让工作化繁为简：用Python实现办公自动化 超简单用python让Excel、word、ppt飞起来、零基础学python、网络爬虫、让繁琐的工作自动化，用python实现办公自动化，减少重复工作。一书在手，工作不愁，比excel vba更好用', ' Python深度学习：基于PyTorch 业内公认的深度学习入门实战好书！资深AI专家20余年工作经验总结，从工具、技术、算法、实战4个维度全面讲解深度学习，重点突出、循序渐进、用图说话，配全套代码、数据和学习PPT。', ' Python数据分析与挖掘实战（第2版） 公认经典，第1版销售10万余册，100余所高校用作教材；提供上机环境、源代码、建模数据、教学PPT', ' 精通Twisted：Python事件驱动及异步编程 Python社区领袖们所贡献的Twisted生态系统认证指南，详细介绍Python事件驱动编程及异步编程', ' Effective Python：编写高质量Python代码的90个有效方法(原书第2版） Python编程进阶必备手册，根据Python 3.8全面更新并新增31条高效建议！帮你掌握真正的Pythonic编程方式，写出高质量代码|进阶到编程高手的程序员修炼之道和代码整洁之道', ' 趣学Python算法100例 【专为Python初学者量身打造！详解100个趣味编程算法实例，培养编程兴趣，拓宽编程思维，提高编程能力和算法设计能力。实例代码完备，注释详尽，均通过了测试可以正常运行】', ' Python进阶编程：编写更高效 优雅的Python代码 蟒蛇书进阶版，基于Python3.8，Python编程进阶，陈斌、史海峰、李道兵等15位专家力荐，结合源码讲解语法和高级知识，给出编码风格建议', ' Python代码整洁之道：编写优雅的代码 重构既有代码的设计，教你写出优雅整洁的高质量Python3代码。从程序员进阶到编程高手的Python程序员修炼之道|Python编程进阶学习手册', ' 深入浅出Pandas：利用Python进行数据处理与分析 《Python编程：从入门到实践》《零基础学Python》《利用Python进行数据分析》学习伴侣，用好Python必备', '
```

再来提取产品的销售价，相应代码如下：

```
1  p_sale_price = '<span class="search_now_price">&yen;
   (.*?)</span>'
2  sale_price = re.findall(p_sale_price, code)
3  print(len(sale_price))
4  print(sale_price)
```

运行以上代码，结果如下图所示，可以看到提取了 60 个销售价，相关数据也保存在一个列表中。

```
60
['77.40', '45.40', '142.40', '58.40', '55.00', '58.70', '52.10', '68.30', '85.10', '68.30', '64.50', '54.50', '68.30', '65.30', '49.50', '45.80', '57.90', '66.70',
 '61.40', '84.00', '61.90', '69.10', '41.60', '82.10', '68.30', '77.50', '68.80', '113.20', '71.80', '68.30', '100.10', '56.70', '61.30', '82.10', '40.70', '45.50',
 '75.40', '61.40', '53.50', '58.70', '102.80', '78.50', '59.20', '39.00', '66.70', '131.30', '61.30', '57.90', '58.70', '89.20', '32.30', '70.30', '44.50', '75.20',
 '30.00', '69.10', '63.90', '56.70', '75.20', '41.20']
```

两个列表的长度相同，说明完整地提取到了所需数据。如果两个列表的长度不同，那么需要回到网页源代码中进行检查，看看是否因为正则表达式编写错误导致遗漏了部分数据。

5.1.2 清洗和保存产品数据

提取完数据，下一步就要进行数据的清洗和保存。前面提取出的书名开头有多余的空格，可以用 strip() 函数删除，相应代码如下：

```
1  for i in range(len(name)):
2      name[i] = name[i].strip()
3  print(name)
```

运行以上代码，得到的书名列表如下图所示。

```
['利用Python进行数据分析（原书第2版） Python数据分析经典畅销书全新升级，第1版中文版累计销售100000册 Python pandas创始人亲自执笔，Python语言的核心开发人员鼎立推荐 针对Python
 3.6进行全面修订和更新', '超简单：用Python让Excel飞起来 让excel化繁为简，零基础学python，用python实现办公自动化，减少重复工作。一书在手，数据不愁，用Python操控Excel让工作更
 高效，办公自动化典型场景应用，零基础办公人士学编程的不二', 'Python学习手册（原书第5版） 零基础学Python3，Python编程从入门到实践，详解利用Python进行数据分析、机器学习、网络爬
 虫的Python编程语言基础，完整覆盖Python核心技术，助你快速入门并进行项目开发实战', '零基础学Python爬虫 数据分析与可视化从入门到精通 零基础学Python入门与提高轻松上手，网络爬虫
 ，大数据分析与可视化，量化金融，网络爬虫从入门到精通，Excel自动化办公、自然语言NLP中文分词基础、机器学习基础、深度学习基础，附赠超值基础讲解视频', '让工作化繁为简：用Python实
 现办公自动化 超简单用python让Excel、word、ppt飞起来、零基础学python、网络爬虫、让繁琐的工作自动化，用python实现办公自动化，减少重复工作。一书在手，工作不愁，比excel vba更好
 用', 'Python深度学习：基于PyTorch 业内公认的深度学习入门实战好书！资深AI专家20余年工作经验总结，从工具、技术、算法、实战4个维度全面讲解深度学习，重点突出、循序渐进、用图说话
 ，配全套代码、数据和学习PPT。', 'Python数据分析与挖掘实战（第2版） 公认经典，第1版销售10万余册，100余所高校用作教材；提供上机环境、源代码、建模数据、教学PPT', '精通Twisted
 ：Python事件驱动及异步编程 Python社区领袖们所贡献的Twisted生态系统认证指南，详细介绍Python事件驱动编程及异步编程', 'Effective Python：编写高质量Python代码的90个有效方法(原
 书第2版） Python编程进阶必备手册，根据Python 3.8全面更新并新增31条高效建议！帮你掌握真正的Pythonic编程方式，写出高质量代码|进阶到编程高手的程序员修炼之道和代码整洁之道', '趣
```

为了更好地组织数据，将两个列表转换为字典，再用 pandas 模块将字典转换为 DataFrame 格式的二维数据表格。相应代码如下：

```
1  import pandas as pd
2  data = {'书名': name, '销售价': sale_price}
3  data = pd.DataFrame(data)
4  print(data)
```

第 2 行代码中的“书名”和“销售价”是字典的键，也是将要创建的二维数据表格的列名。

运行以上代码，结果如下图所示。

```
                                                  书名      销售价
0  利用Python进行数据分析（原书第2版） Python数据分析经典畅销书全新升级，第1版中...   77.40
1  超简单：用Python让Excel飞起来 让excel化繁为简，零基础学python，用py...   45.40
2  Python学习手册（原书第5版） 零基础学Python3，Python编程从入门到实践，详...  142.40
3  零基础学Python爬虫 数据分析与可视化从入门到精通 零基础学Python入门与提高轻松上...   58.40
4  让工作化繁为简：用Python实现办公自动化 超简单用python让Excel、word、p...   55.00
5  Python深度学习：基于PyTorch 业内公认的深度学习入门实战好书！资深AI专家20余...   58.70
6  Python数据分析与挖掘实战（第2版） 公认经典，第1版销售10万余册，100余所高校用作...   52.10
7  精通Twisted：Python事件驱动及异步编程 Python社区领袖们所贡献的Twist...   68.30
```

为便于查看和分析数据，使用 pandas 模块中的 to_excel() 函数将 DataFrame 中的数据写入 Excel 工作簿。相应代码如下：

```
1    data.to_excel('图书数据(单页).xlsx', index=False)
```

代码中的参数 index 设置为 False，表示写入时忽略 DataFrame 的行索引。

运行以上代码后，打开生成的工作簿“图书数据 (单页).xlsx”，并适当调整列宽和格式，得到的数据表格如下图所示。

	A	B
1	书名	销售价
2	利用Python进行数据分析（原书第2版） Python数据分析经典畅销书全新升级，第1版中文版累计销售100000册 Python pandas创始人亲自执笔，Python语言的核心开发人员鼎立推荐 针对Pytho	¥77.40
3	超简单：用Python让Excel飞起来 让excel化繁为简，零基础学python，用python实现办公自动化，减少重复工作。一书在手，数据不愁，用Python操控Excel让工作更高效，办公自动化典型场景	¥45.40
4	Python学习手册（原书第5版） 零基础学Python3，Python编程从入门到实践，详解利用Python进行数据分析、机器学习、网络爬虫的Python编程语言基础，完整覆盖Python核心技术，助你快速	¥142.40
5	零基础学Python爬虫 数据分析与可视化从入门到精通 零基础学Python入门与提高轻松上手，网络爬虫，大数据分析与可视化，量化金融，网络爬虫从入门到精通，Excel自动化办公、自然语言NL	¥58.40
6	让工作化繁为简：用Python实现办公自动化 超简单用python让Excel、word、ppt飞起来、零基础学python、网络爬虫、让繁琐的工作自动化，用python实现办公自动化，减少重复工作。一书在手	¥55.00
7	Python深度学习：基于PyTorch 业内公认的深度学习入门实战好书！资深AI专家20余年工作经验总结，从工具、技术、算法、实战4个维度全面讲解深度学习，重点突出、循序渐进、用图说话，配	¥58.70
8	Python数据分析与挖掘实战（第2版） 公认经典，第1版销售10万余册，100余所高校用作教材；提供上机环境、源代码、建模数据、教学PPT	¥52.10
9	精通Twisted：Python事件驱动及异步编程 Python社区领袖们所贡献的Twisted生态系统认证指南，详细介绍Python事件驱动编程及异步编程	¥68.30
10	Effective Python：编写高质量Python代码的90个有效方法(原书第2版) Python编程进阶必备手册，根据Python 3.8全面更新并新增31条高效建议！帮你掌握真正的Pythonic编程方式，写出高	¥85.10
11	趣学Python算法100例 【专为Python初学者量身打造！详解100个趣味编程算法实例，培养编程兴趣，拓宽编程思维，提高编程能力和算法设计能力。实例代码完备，注释详尽，均通过了测试可以	¥68.30
12	Python进阶编程：编写更高效 优雅的Python代码 蟒蛇书进阶版，基于Python3.8，Python编程进阶，陈斌、史海峰、李道兵等15位专家力荐，结合源码讲解语法和高级知识，给出编码风格建议	¥64.50
13	Python代码整洁之道：编写优雅的代码 重构既有代码的设计，教你写出优雅整洁的高质量Python3代码。从程序员进阶到编程高手的Python程序员修炼之道|Python编程进阶学习手册	¥54.50
14	深入浅出Pandas：利用Python进行数据处理与分析 《Python编程：从入门到实践》《零基础学Python》《利用Python进行数据分析》学习伴侣，用好Python必备	¥68.30
15	Python安全攻防：渗透测试实战指南 MS08067安全实验室 出品 全方位掌握渗透测试编程	¥65.30
16	Python机器学习：数据建模与分析 薛薇老师新作，内容系统全面，案例丰富，配套资源全，全彩呈现数据建模可视化图像	¥49.50
17	物联网应用设计与实战：基于AVR单片机和Python 物联网设备设计制作以及实践操作指南	¥45.80
18	Python自动化测试入门与进阶实战 【腾讯、字节跳动和叫叫学院等公司的4位大咖力荐！结合典型测试场景，详解基于Python的Web和App自动化测试，搭建自研自动化测试平台提高测试效率，降低	¥57.90
19	Python+Excel职场办公数据分析 49个案例+330分钟视频讲解:编程小白必看数据分析宝典	¥66.70
20	Python金融数据分析（原书第2版） 不仅涵盖核心的金融理论及相关数学概念，还详细讲解行业使用的先进金融模型及Python解决方案	¥61.40

5.1.3　爬取多页产品数据

实现了单页产品数据的爬取，接着来实现多页产品数据的爬取。假设要爬取前 6 页的产品数据。

先来寻找每一页网址的规律。前面已经知道第 1 页的网址为 http://search.dangdang.com/?key=Python&act=input&att=s8589934592:8589934622&filter=0|0|0|0|0|1|0|0|0|0|0|0|0|0|0#J_tab，暂时看不出规律。

切换至第 2 页，网址变为 http://search.dangdang.com/?key=Python&act=input&att=s8589934592:8589934622&filter=0|0|0|0|0|1|0|0|0|0|0|0|0|0|0&page_index=2#J_tab。

切换至第 3 页，网址变为 http://search.dangdang.com/?key=Python&act=input&att=s8589934592:8589934622&filter=0|0|0|0|0|1|0|0|0|0|0|0|0|0|0&page_index=3#J_tab。

继续查看其他页的网址，可总结出如下所示的网址格式：

http://search.dangdang.com/?key=Python&act=input&
att=s8589934592:8589934622&filter=0|0|0|0|0|1|0|0|0|0|0|0|0|0|0
&page_index=页码#J_tab

根据该格式，猜测第 1 页的网址也可能为 http://search.dangdang.com/?key=Python&act=input&att=s8589934592:8589934622&filter=0|0|0|0|0|1|0|0|0|0|0|0|0|0|0&page_index=1#J_tab。在浏览器中打开这个网址，可以看到的确是第 1 页的内容，说明这个格式是有效的。

为了更方便地实现批量爬取，先编写一个自定义函数 dangdang()，用于爬取指定页码的数据。相应代码如下：

```
1  def dangdang(page):
2      url = f'http://search.dangdang.com/?key=Python&act=input&att=s8589934592:8589934622&filter=0|0|0|0|0|1|0|0|0|0|0|0|0|0|0&page_index={page}#J_tab'
3      headers = {'User-Agent': 'Mozilla/5.0 (Windows NT 10.0; Win64; x64) AppleWebKit/537.36 (KHTML, like Gecko) Chrome/94.0.4606.81 Safari/537.36'}
4      response = requests.get(url=url, headers=headers)
5      code = response.text
6      p_name = '<p class="name".*?><a title="(.*?)"'
7      p_sale_price = '<span class="search_now_price">&yen;(.*?)</span>'
8      name = re.findall(p_name, code)
9      sale_price = re.findall(p_sale_price, code)
10     for i in range(len(name)):
11         name[i] = name[i].strip()
12     data = {'书名': name, '销售价': sale_price}
13     data = pd.DataFrame(data)
14     return data
```

该函数只有一个参数 page，代表要爬取的页码。第 2 行代码用 f-string 方法将参数 page 的值拼接到网址字符串中。函数的返回值是一个包含单页产品数据的 DataFrame。

接下来就可以使用 for 语句循环调用函数，爬取多页数据。相应代码如下：

```
1  all_data = pd.DataFrame()
```

```
2   for i in range(1, 7):
3       all_data = all_data.append(dangdang(i))
4   all_data.to_excel('图书数据(多页).xlsx', index=False)
```

第 1 行代码创建了一个空的 DataFrame，用于汇总数据。

第 2 行代码表示爬取第 1～6 页的数据。读者可根据需求修改页码范围，但要注意页码不能大于搜索结果的总页数。

第 3 行代码中的 append() 函数用于纵向拼接 DataFrame，即将爬取的每一页数据追加到第 1 行代码创建的 DataFrame 中。

第 4 行代码将爬取的多页产品数据导出为工作簿“图书数据 (多页).xlsx”。

运行以上代码后，打开生成的工作簿“图书数据 (多页).xlsx”，并适当调整列宽和格式，为便于浏览还可冻结首行，得到的数据表格如下图所示。

	A	B
1	书名	销售价
101	实用卷积神经网络：运用Python实现高级深度学习模型 卷积神经网络模型实践，运用Python实践	¥53.50
102	从零开始学Selenium自动化测试（基于Python·视频教学版） 【作者的测试课程全网观看人次超过1000万，资深测试工程师10年经验分享，51CTO副总裁等4位大咖力荐！内容全	¥72.60
103	Python 深度学习	¥49.90
104	从零开始学Python数据分析（视频教学版） 【图解教学，400分钟视频手把手带小白一周轻松入门Python数据分析！详解NumPy、pandas、matplotlib库3大模块及9个案例；详	¥59.10
105	大数据的Python基础	¥34.80
106	零基础学Python（第2版） 零基础学Python编程，从基本概念到完整项目开发，助您快速入门Python编程	¥68.30
107	Python安全攻防：渗透测试实战指南	¥49.00
108	超简单：用Python让Excel飞起来	¥12.99
109	Python自动化运维：技术与最佳实践	¥7.49
110	Python3智能数据分析快速入门 10余年大数据挖掘与分析专家撰写，为Python和AI零基础读者量身打造，系统讲解Python3智能数据分析。本书版权已输出至英国Taylor&Franci	¥92.40
111	Effective Python：编写高质量Python代码的59个有效方法 【本书已更新至第2版】Python编程进阶必读之作，教你写出高质量Python代码。是进阶到编程高手的程序员修炼之	¥45.80
112	超好玩的Python少儿编程 10多个案例+180分钟视频讲解	¥74.20
113	Python机器学习系统构建（原书第3版） 面向数据科学家、机器学习开发人员详细讲解如何使用scikit-learn、TensorFlow等工具库构建高效的智能系统	¥76.80
114	Python进阶编程：编写更高效、优雅的Python代码	¥77.40
115	大数据分析实用教程——基于Python实现 Python大数据分析、机器学习、可视化、sklearn，matplotlib，微课版	¥66.10
116	Python语言程序设计 面向入门级读者，深入浅出地介绍Python的编程知识和用Python解决实际问题的方法	¥40.90
117	Python自然语言处理实战：核心技术与算法	¥44.85
118	Python Flask Web开发入门与项目实战	¥49.00
119	Python量化投资：技术、模型与策略	¥37.50
120	Python数据分析与挖掘实战(第2版)	¥51.35
121	Python自动化测试入门与进阶实战	¥47.40

从当当网爬取产品数据的完整代码如下：

```
1   import requests
2   import re
3   import pandas as pd
4   def dangdang(page):
5       url = f'http://search.dangdang.com/?key=Python&act
        =input&att=s8589934592:8589934622&filter=0|0|0|0|0|
        1|0|0|0|0|0|0|0|0|0&page_index={page}#J_tab'
6       headers = {'User-Agent': 'Mozilla/5.0 (Windows NT
        10.0; Win64; x64) AppleWebKit/537.36 (KHTML, like
```

```
        Gecko) Chrome/94.0.4606.81 Safari/537.36'}
 7      response = requests.get(url=url, headers=headers)
 8      code = response.text
 9      p_name = '<p class="name".*?><a title="(.*?)"'
10      p_sale_price = '<span class="search_now_price">
        &yen;(.*?)</span>'
11      name = re.findall(p_name, code)
12      sale_price = re.findall(p_sale_price, code)
13      for i in range(len(name)):
14          name[i] = name[i].strip()
15      data = {'书名': name, '销售价': sale_price}
16      data = pd.DataFrame(data)
17      return data
18  all_data = pd.DataFrame()
19  for i in range(1, 7):
20      all_data = all_data.append(dangdang(i))
21  all_data.to_excel('图书数据(多页).xlsx', index=False)
```

需要说明的是，本节限于篇幅只爬取了书名和销售价。实际工作中需要爬取的数据种类会更多，如图书的定价（原价）、折扣、评论数等，但是爬取的原理和思路都是一样的。感兴趣的读者可以根据实际工作需求举一反三，自己动手编写代码，爬取更多种类的数据。

5.2 从淘宝网爬取产品数据

◎ 代码文件：从淘宝网爬取产品数据.py

淘宝网是一个综合电商平台，所销售的商品种类非常丰富。从淘宝网采集的产品数据对于网店选品、买家行为分析等有很大的帮助。本节将通过编写 Python 代码，从淘宝网爬取手机的产品数据。

用谷歌浏览器打开淘宝网（https://www.taobao.com/），❶搜索“手机”，❷然后设置排序方式为“销量从高到低”，❸再设置价格范围，❹可以看到筛选结果

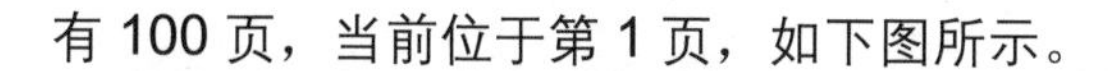
有 100 页，当前位于第 1 页，如下图所示。

此时地址栏中显示的网址为 https://s.taobao.com/search?q=手机&imgfile=&commend=all&ssid=s5-e&search_type=item&sourceId=tb.index&spm=a21bo.jianhua.201856-taobao-item.1&ie=utf8&initiative_id=tbindexz_20170306&sort=sale-desc&filter=reserve_price[1000,]，看起来比较复杂。仔细观察可以发现，网址中的“?”号后有很多以“&”号连接的内容，这些内容称为网址的参数。很多参数不是必需的，可尝试将某个“&”号及其连接的参数删除，如果网址还能正常打开，则说明该参数不是必需的，可删除该参数以简化网址。

对第 1 页的网址进行简化，得到 https://s.taobao.com/search?q=手机&sort=sale-desc&filter=reserve_price[1000,]。下面就基于这个网址来爬取数据。

5.2.1　爬取单页产品数据

从爬取单页产品数据入手。因为淘宝网有时需要登录才能查看内容，所以选择使用 Selenium 模块获取网页源代码。相应代码如下：

```
1  from selenium import webdriver
2  import time
3  import re
4  browser = webdriver.Chrome()
5  browser.maximize_window()
```

```
6   url = 'https://s.taobao.com/search?q=手机&sort=sale-desc
    &filter=reserve_price[1000,]'
7   browser.get(url)
8   time.sleep(30)
9   code = browser.page_source
10  print(code)
```

第 8 行代码使用 time 模块的 sleep() 函数等待 30 秒，让用户有足够的时间在页面中手动登录自己的账户。

运行以上代码，得到的网页源代码如下图所示。可以看到其中包含要爬取的产品数据，说明网页源代码获取成功。


```
g_page_config = {"pageName":"mainsrp","mods":{"shopcombotip":{"status":"hide"},"phonenav":{"status":"hide"},"debugbar":{"status":"hide"},
"shopcombo":{"status":"hide"},"itemlist":{"status":"show","data":{"postFeeText":"运费","trace":"msrp_auction",
"auctions":[{"i2iTags":{"samestyle":{"url":"/search?type\u003dsamestyle\u0026app\u003di2i\u0026rec_type\u003d\u0026uniqpid\u003d849824600\u0026nid\u003d637860923312
"},"similar":{"url":""}},"p4pTags":[],"nid":"637860923312","category":"1512","pid":"849824600","title":"【至高优惠200】 K40 骁龙870 120Hz屏幕智能游戏电竞拍照
5g\u003cspan class\u003dH\u003e手机\u003c/span\u003e官方旗舰店官网 k40","raw_title":"【至高优惠200】 K40 骁龙870 120Hz屏幕智能游戏电竞拍照5g手机
官方旗舰店官网 k40","pic_url":"//g-search2.alicdn.com/img/bao/uploaded/i4/i3/1714128138/O1CN01aGEu7V29zFsZzM04Z_!!0-item_pic.jpg","detail_url":"//detail
.tmall.com/item.htm?id\u003d637860923312\u0026ns\u003d1\u0026abbucket\u003d11","view_price":"1999.00","view_fee":"0.00","item_loc":"北京","view_sales":"4.0万+人收货
","comment_count":"57055","user_id":"1714128138","nick":"官方旗舰店","shopcard":{"levelClasses":[{"levelClass":"icon-supple-level-jinguan"},
{"levelClass":"icon-supple-level-jinguan"},{"levelClass":"icon-supple-level-jinguan"},{"levelClass":"icon-supple-level-jinguan"},
{"levelClass":"icon-supple-level-jinguan"}],"isTmall":true,"delivery":[491,1,1358],"description":[488,1,836],"service":[488,1,1153],
"encryptedUserId":"UvFcYMmHyOmHGONTT","sellerCredit":20,"totalRate":10000},"icon":[{"title":"尚天猫，就购了","dom_class":"icon-service-tianmao","position":"1",
"show_type":"0","icon_category":"baobei","outer_text":"0","html":"","icon_key":"icon-service-tianmao","trace":"srpservice","traceIdx":0,"innerText":"天猫宝贝
","url":"//www.tmall.com/"}],"comment_url":"//detail.tmall.com/item.htm?id\u003d637860923312\u0026ns\u003d1\u0026abbucket\u003d11\u0026on_comment\u003d1",
"shopLink":"//store.taobao.com/shop/view_shop.htm?user_number_id\u003d1714128138","risk":""},
{"i2iTags":{"samestyle":{"url":"/search?type\u003dsamestyle\u0026app\u003di2i\u0026rec_type\u003d\u0026uniqpid\u003d1869603200\u0026nid\u003d643131629762"},
"similar":{"url":""}},"p4pTags":[],"nid":"643131629762","category":"1512","pid":"1869603200","title":"【新品特惠100】 Note 10Pro 5G智能\u003cspan
class\u003dH\u003e手机\u003c/span\u003e学生天玑1100官方旗舰店官方旗舰note105g","raw_title":"【新品特惠100】 Note 10Pro 5G智能手机学生天玑1100官方旗
舰店官方旗舰note105g","pic_url":"//g-search3.alicdn.com/img/bao/uploaded/i4/i4/1714128138/O1CN0104z5hm29zFsLjQQMT_!!0-item_pic.jpg","detail_url":"//detail
.tmall.com/item.htm?id\u003d643131629762\u0026ns\u003d1\u0026abbucket\u003d11","view_price":"1599.00","view_fee":"0.00","item_loc":"北京","view_sales":"3.5万+人收货
","comment_count":"37859","user_id":"1714128138","nick":"官方旗舰店","shopcard":{"levelClasses":[{"levelClass":"icon-supple-level-jinguan"},
```


随后编写正则表达式提取产品名称，相应代码如下：

```
1   p_title = '"raw_title":"(.*?)"'
2   title = re.findall(p_title, code)
3   print(title)
```

运行以上代码，得到包含当前页产品名称的列表，如下图所示。


```
['【至高优惠200】 K40 骁龙870 120Hz屏幕智能游戏电竞拍照5g手机 官方旗舰店官网 k40', '【新品特惠100】 Note 10Pro 5G智能手机学生天玑1100官方旗舰店
官方旗舰note105g', '【评价晒单赢手机壳】 50 5G手机大内存全面屏高通骁龙官方旗舰店智能手机V40新款30', '【新品大电量】 Note 10 5G 手机 note10大
电量5g全面屏 官方旗舰店pro官网正品', '【评价晒单赢好礼*】 Play5T新品上市手机8+128GB大内存学生新款游戏拍照官网 官方旗舰店', '【至高省100 入会赠延保/背包】
Neo5高通骁龙870 5g游戏 新款手机官方旗舰店 neo5 noe5新品', '【24期免息+指定整点赠移动电源】 Reno6 星黛紫5G拍照智能手机65W闪充官方旗舰店正品 reno
reno6', '【 购机享6期免息】 11青春版5G手机轻薄学生拍照游戏手机新款骁龙780G 官方旗舰店 5g手机官网', '【至高优惠340元】 K7x 5G手机闪充学生游戏拍照老年智能大电
池手机 手机官方旗舰店官网正品 k7x', '【至高省200 赢无线耳机/背包】 Z3新品骁龙5g学生游戏拍照手机 官方旗舰店官网正品 iqooz3', ' xr x xsmax
xsmax xr x手机', '【低至1199元】 Q3 骁龙750G120Hz电竞屏30W闪充5000mAh大电池5G手机学生游戏正品性价比官方正品q3', ' XR国行
xr XR全新 xr手机', '【下单立减200元】 K9手机新款超级闪充5G智能学生游戏超长待机拍照手机 手机官方旗舰店官网正品k9', '【至高立省300元】 GT Neo闪
速版 天玑1200游戏65W智慧闪充学生智能拍照5G手机性价比旗舰正品gtneo', '【赠169元耳机 享24期免息】 10S 5g手机骁龙870对称式立体声智能拍照游戏 官方旗舰店 手机', '【3期
免息 入会赠背包】 Neo5活力版高通骁龙870 5g游戏 智能新品手机官方旗舰店 neo5 noe5', '【3期免息整点赠延保】 Y70t 5G新款时尚智能学生手机大内存大电池 官
方旗舰店官网 正品老人机手机', '官网 畅享20 SE 5G新品手机官方旗舰店正品畅想20se全', '【晒单赢定制手机壳*】 50 SE 5G手机66W超级快充120Hz全视屏1亿像素超清
影像拍照新款 同款', '【爆款特惠200】 Note 9 Pro一亿手机游戏官网骁龙750G学生拍照屏幕智能 官方', '【至高优惠200】 Note 9 拍照智能机手机全面
```

继续编写正则表达式提取产品的收货人数、评论数、价格、商家地址。相应代码如下：

```
p_count = '"view_sales":"(.*?)人收货"'
count = re.findall(p_count, code)
p_comment = '"comment_count":"(.*?)"'
comment = re.findall(p_comment, code)
p_price = '"view_price":"(.*?)"'
price = re.findall(p_price, code)
p_location = '"item_loc":"(.*?)"'
location = re.findall(p_location, code)
print(count)
print(comment)
print(price)
print(location)
```

运行以上代码，输出结果如下图所示。

```
['4.0万+', '3.5万+', '2.5万+', '2.5万+', '2.0万+', '1.5万+', '1.0万+', '1.0万+', '1.0万+', '1.0万+', '1.0万+', '1.0万+', '1.0万+', '1.0万+', '9500+', '9500+', '9000+',
 '8000+', '8000+', '8000+', '8000+', '7500+', '7000+', '7000+', '6500+', '6000+', '6000+', '6000+', '6000+', '6000+', '5500+', '5000+', '5000+', '5000+', '5000+',
 '4942', '4606', '4569', '4217', '4130', '4057', '3867', '3733', '3709']
['57055', '37859', '25408', '15180', '9538', '36165', '7766', '15318', '27189', '19657', '46206', '2658', '4081', '15714', '36489', '28456', '21884', '3594', '7510',
 '2886', '63318', '50825', '9488', '22534', '6543', '12909', '12161', '8996', '50659', '8927', '5432', '2042', '49944', '9139', '10617', '7222', '36953', '12036',
 '1188', '1359', '1065', '2891', '3372', '6208']
['1999.00', '1599.00', '2699.00', '1099.00', '1199.00', '2699.00', '2799.00', '2099.00', '1499.00', '1799.00', '3000.00', '1399.00', '2119.00', '1999.00', '1899.00',
 '2999.00', '2299.00', '1299.00', '1018.00', '2399.00', '1399.00', '1199.00', '2000.00', '1498.00', '3699.00', '1300.00', '4469.00', '1250.00', '3799.00',
 '2390.00', '2599.00', '1200.00', '2199.00', '2210.00', '1999.00', '2799.00', '3598.00', '2899.00', '6599.00', '2799.00', '2300.00', '2320.00', '3198.00', '1588.00']
['北京', '北京', '广东 深圳', '北京', '广东 深圳', '广东 东莞', '广东 东莞', '北京', '广东 东莞', '广东 东莞', '广东 深圳', '广东 东莞', '广东 深圳', '广东 东莞', '广东 东
莞', '北京', '广东 东莞', '广东 东莞', '广东 深圳', '广东 深圳', '北京', '北京', '广东 深圳', '广东 东莞', '广东 深圳', '广东 深圳', '北京', '上海', '北京', '浙江 金华',
 '广东 东莞', '广东 深圳', '广东 深圳', '广东 广州', '北京', '广东 东莞', '广东 东莞', '广东 东莞', '广东 深圳', '广东 东莞', '广东 深圳', '广东 深圳', '广东 东莞', '广东
深圳']
```

5.2.2 清洗和整理产品数据

从前面的提取结果来看，收货人数有多种格式，如“4.0 万+”“9500+”“4942”等，不便于统计，需要进行清洗。相应代码如下：

```
for c in range(len(count)):
    count[c] = count[c].replace('+', '')
    if '万' in count[c]:
        count[c] = count[c].replace('万', '')
```

```
5        count[c] = str(float(count[c]) * 10000)
6    print(count)
```

第 2 行代码用 replace() 函数将评论人数中的字符“+”替换为空字符串，相当于删除字符“+”。

第 3～5 行代码的作用为：如果评论人数含有字符“万”，则删除该字符，然后用 float() 函数将字符串转换成浮点型数字，乘以 10000 后，再用 str() 函数转换为字符串。这几行代码可以实现将“4.0 万+”转换为“40000.0”的效果。

运行以上代码，得到如下图所示的列表。

```
['40000.0', '35000.0', '25000.0', '25000.0', '20000.0', '15000.0', '10000.0', '10000.0', '10000.0', '10000.0', '10000.0', '10000.0', '10000.0', '10000.0', '9500',
 '9500', '9000', '8000', '8000', '8000', '8000', '7500', '7000', '7000', '6500', '6000', '6000', '6000', '6000', '6000', '5500', '5000', '5000', '5000', '5000',
 '4942', '4606', '4569', '4217', '4130', '4057', '3867', '3733', '3709']
```

为了更好地组织数据，通常需要将清洗好的多个列表整合为 DataFrame 格式的二维数据表格。前面的案例是用列表创建字典，再将字典转换成 DataFrame，这里则要介绍另一种方法。

先将多个列表整合成一个嵌套列表，相应代码如下：

```
data = []
for i in range(len(title)):
    data.append([title[i], count[i], comment[i], price[i],
    location[i]])
print(data)
```

运行以上代码，得到如下图所示的嵌套列表。外层的大列表的每一个元素都是一个小列表，每个小列表中的元素则分别是产品名称、销量、评论数、价格、商家地址等数据。

```
[['【至高优惠200】[illegible] K40 骁龙870 120Hz屏幕智能游戏电竞拍照5g手机[illegible]官方旗舰店官网[illegible]k40[illegible]', '40000.0', '57055', '1999.00', '北京'], ['【新品特惠100】[illegible]
 Note 10Pro 5G智能手机学生天玑1100官方旗舰店[illegible]官方旗舰note105g', '35000.0', '37859', '1599.00', '北京'], ['【评价晒单赢手机壳】[illegible]50 5G手机大内存全面屏高通
 骁龙官方旗舰店智能手机V40新款30[illegible]', '25000.0', '25408', '2699.00', '广东 深圳'], ['【新品大电量】[illegible] Note 10 5G 手机[illegible]note10大电量5g全面屏[illegible]官方旗舰店pro官网正品
 ', '25000.0', '15180', '1099.00', '北京'], ['【评价晒单赢好礼*】[illegible]Play5T新品上市手机8+128GB大内存学生新款游戏拍照官网[illegible]官方旗舰店', '20000.0', '9538',
 '1199.00', '广东 深圳'], ['【至高省100 入会赠延保/背包】[illegible] Neo5高通骁龙870 5g游戏[illegible]新款手机官方旗舰店[illegible]neo5 noe5新品', '15000.0', '36165', '2699.00', '广东 东
 莞'], ['【24期免息+指定整点赠移动电源】[illegible] Reno6 星黛紫5G拍照智能手机65W闪充官方旗舰店正品 reno [illegible]reno6', '10000.0', '7766', '2799.00', '广东 东莞'], ['【 购机享6期免
 息】[illegible]11青春版5G手机轻薄学生拍照游戏手机新款骁龙780G[illegible]官方旗舰店[illegible]5g手机官网', '10000.0', '15318', '2099.00', '北京'], ['【至高优惠340元】[illegible]K7x 5G手机闪充学生游戏
 拍照老年智能大电池手机[illegible]手机官方旗舰店官网正品[illegible] k7x', '10000.0', '27189', '1499.00', '广东 东莞'], ['【至高省200 赢无线耳机/背包】[illegible] Z3新品骁龙5g学生游戏拍照
 手机[illegible]官方旗舰店官网正品[illegible]z3', '10000.0', '19657', '1799.00', '广东 东莞'], ['[illegible] xr x xsmax [illegible]xsmax [illegible]xr [illegible] x手机', '10000.0', '46206',
 '3000.00', '广东 深圳'], ['【低至1199元】[illegible]Q3 骁龙750G120Hz电竞屏30W闪充5000mAh大电池5G手机学生游戏正品性价比官方正品q3', '10000.0', '2658', '1399.00', '广东 东
 莞'], ['[illegible] XR国行[illegible]xr[illegible]XR全新[illegible] xr手机', '10000.0', '4081', '2119.00', '广东 深圳'], ['【下单立减200元】[illegible]K9手机新款超级闪充5G智能学生游戏超长
 待机拍照手机[illegible]手机官方旗舰店官网正品k9', '10000.0', '15714', '1999.00', '广东 东莞'], ['【至高立省300元】[illegible]GT Neo闪速版 天玑1200游戏65W智慧闪充学生智能拍照5G手
 机性价比旗舰正品gtneo', '9500', '36489', '1899.00', '广东 东莞'], ['【赠169元耳机 享24期免息】[illegible]10S 5g手机骁龙870对称式立体声智能拍照游戏[illegible]官方旗舰店[illegible]手机',
 '9500', '28456', '2999.00', '北京'], ['【3期免息 入会赠背包】[illegible] Neo5活力版高通骁龙870 5g游戏[illegible]智能新品手机官方旗舰店[illegible]neo5 noe5', '9000', '21884', '2299.00',
```

随后使用 pandas 模块将列表转换为 DataFrame，相应代码如下：

```
1  import pandas as pd
2  data = pd.DataFrame(data, columns=['产品名称', '销量', '评
   论数', '价格', '商家地址'])
3  print(data)
```

运行以上代码，输出结果如下图所示。

```
                                          产品名称       销量  ...      价格   商家地址
0   【至高优惠200】 K40 骁龙870 120Hz屏幕智能游戏电竞拍照5g手机小...  40000.0  ...  1999.00     北京
1   【新品特惠100】 Note 10Pro 5G智能手机学生天玑1100官方旗...  35000.0  ...  1599.00     北京
2   【评价晒单赢手机壳】50 5G手机大内存全面屏高通骁龙官方旗舰店智能手机V4...  25000.0  ...  2699.00  广东 深圳
3   【新品大电量】 Note 10 5G 手机 note10大电量5g全面屏 官方...  25000.0  ...  1099.00     北京
4   【评价晒单赢好礼*】Play5T新品上市手机8+128GB大内存学生新款游戏...  20000.0  ...  1199.00  广东 深圳
5   【至高省100 入会赠延保/背包】 Neo5高通骁龙870 5g游戏 新...  15000.0  ...  2699.00  广东 东莞
6   【24期免息+指定整点赠移动电源】 Reno6 星黛紫5G拍照智能手机65W闪充官方...  10000.0  ...  2799.00  广东 东莞
7   【 购机享6期免息】 11青春版5G手机轻薄学生拍照游戏手机新款骁龙780G 官方旗舰店...  10000.0  ...  2099.00     北京
8   【至高优惠340元】K7x 5G手机闪充学生游戏拍照老年智能大电池手机 手机官...  10000.0  ...  1499.00  广东 东莞
9   【至高省200 赢无线耳机/背包】 Z3新品骁龙5g学生游戏拍照手机 官...  10000.0  ...  1799.00  广东 东莞
10   xr x xsmax xsmax xr ...  10000.0  ...  3000.00  广东 深圳
11  【低至1199元】Q3 骁龙750G120Hz电竞屏30W闪充5000mAh...  10000.0  ...  1399.00  广东 东莞
12     XR国行 xr XR全新 xr手机  10000.0  ...  2119.00  广东 深圳
13  【下单立减200元】K9手机新款超级闪充5G智能学生游戏超长待机拍照手机 手机...  10000.0  ...  1999.00  广东 东莞
```

5.2.3 爬取多页产品数据

实现了单页产品数据的爬取，接着来实现多页产品数据的爬取。先来寻找每一页网址的规律，需要说明的是，以下出现的网址均经过简化处理。

前面已经知道第 1 页的网址为 https://s.taobao.com/search?q=手机&sort=sale-desc&filter=reserve_price[1000,]，暂时看不出规律。

切换至第 2 页，网址变为 https://s.taobao.com/search?q=手机&sort=sale-desc&filter=reserve_price[1000,]&s=44。

切换至第 3 页，网址变为 https://s.taobao.com/search?q=手机&sort=sale-desc&filter=reserve_price[1000,]&s=88。

继续查看其他页的网址，可总结出如下所示的网址格式：

https://s.taobao.com/search?q=手机&sort=sale-desc&
filter=reserve_price[1000,]&s=(页码－1)*44

根据该格式，猜测第 1 页的网址也可能为 https://s.taobao.com/search?q=手机&sort=sale-desc&filter=reserve_price[1000,]&s=0。在浏览器中打开这个网

址，可以看到的确是第 1 页的内容，说明这个格式是有效的。

为了更方便地实现批量爬取，先编写一个自定义函数 taobao()，用于爬取指定页码的数据。相应代码如下：

```
1   def taobao(bs, page):
2       url = f'https://s.taobao.com/search?q=手机&sort=sale-
        desc&filter=reserve_price[1000,]&s={(page - 1) * 44}'
3       bs.get(url)
4       time.sleep(10)
5       code = bs.page_source
6       p_title = '"raw_title":"(.*?)"'
7       p_count = '"view_sales":"(.*?)人收货"'
8       p_comment = '"comment_count":"(.*?)"'
9       p_price = '"view_price":"(.*?)"'
10      p_location = '"item_loc":"(.*?)"'
11      title = re.findall(p_title, code)
12      count = re.findall(p_count, code)
13      comment = re.findall(p_comment, code)
14      price = re.findall(p_price, code)
15      location = re.findall(p_location, code)
16      for c in range(len(count)):
17          count[c] = count[c].replace('+', '')
18          if '万' in count[c]:
19              count[c] = count[c].replace('万', '')
20              count[c] = str(float(count[c]) * 10000)
21      data = []
22      for i in range(len(title)):
23          data.append([title[i], count[i], comment[i],
            price[i], location[i]])
24      data = pd.DataFrame(data, columns=['产品名称', '销
        量', '评论数', '价格', '商家地址'])
25      return data
```

该函数有两个参数：第 1 个参数 bs 代表一个已经打开的模拟浏览器窗口；第 2 个参数 page 代表要爬取的页码。函数的返回值是一个包含单页产品数据的 DataFrame。

接下来就可以使用 for 语句循环调用函数，爬取多页数据。相应代码如下：

```
1  browser = webdriver.Chrome()
2  browser.maximize_window()
3  url = 'https://login.taobao.com/'
4  browser.get(url)
5  time.sleep(30)
6  all_data = pd.DataFrame()
7  for j in range(1, 4):
8      all_data = all_data.append(taobao(browser, j))
```

第 1～5 行代码用于启动模拟浏览器并打开淘宝网的登录页面，然后暂停 30 秒，让用户完成手动登录。

第 7 行代码表示爬取第 1～3 页的数据，读者可根据需求修改页码范围。

第 8 行代码将已登录了账号的模拟浏览器窗口和要爬取的页码传入自定义函数 taobao()，爬取单页数据，再追加到第 6 行代码创建的 DataFrame 中。

最后将爬取的多页数据保存为 Excel 工作簿“产品数据.xlsx”，并关闭模拟浏览器。相应代码如下：

```
1  all_data.to_excel('产品数据.xlsx', index=False)
2  browser.quit()
```

运行以上代码后，打开生成的工作簿“产品数据.xlsx”，并适当调整列宽和格式，得到的数据表格如下图所示。

	A	B	C	D	E
1	产品名称	销量	评论数	价格	商家地址
2	【至高优惠200】 K40 骁龙870 120Hz屏幕智能游戏电竞拍照5g手机 官方旗舰店官网 k40	40000	57055	¥1,999	北京
3	【新品特惠100】 Note 10Pro 5G智能手机学生天玑1100官方旗舰店 官方旗舰note105g	35000	37859	¥1,599	北京
4	【评价晒单赢手机壳】 50 5G手机大内存全面屏高通骁龙官方旗舰店智能手机V40新款30	25000	25408	¥2,699	广东 深圳
5	【新品大电量】 Note 10 5G 手机 note10大电量5g全面屏 官方旗舰店pro官网正品	25000	15180	¥1,099	北京
6	【评价晒单赢好礼*】 Play5T新品上市手机8+128GB大内存学生新款游戏拍照官网 官方旗舰店	20000	9538	¥1,199	广东 深圳
7	【至高省100 入会赠延保/背包】 Neo5高通骁龙870 5g游戏 新款手机官方旗舰店 neo5 noe5新品	15000	36165	¥2,699	广东 东莞
8	【24期免息+指定整点赠移动电源】 Reno6 星黛紫5G拍照智能手机65W闪充官方旗舰店正品 reno reno6	10000	7766	¥2,799	广东 东莞
9	【 购机享6期免息】 11青春版5G手机轻薄学生拍照游戏手机新款骁龙780G 官方旗舰店 5g手机官网	10000	15318	¥2,099	北京
10	【至高优惠340元】 K7x 5G手机闪充学生游戏拍照老年智能大电池手机 手机官方旗舰店官网正品 k7x	10000	27189	¥1,499	广东 东莞
11	【至高省200 赢无线耳机/背包】 Z3新品骁龙5g学生游戏拍照手机 官方旗舰店官网正品 z3	10000	19657	¥1,799	广东 东莞
12	xr x xsmax xsmax xr x手机	10000	46206	¥3,000	广东 深圳
13	【低至1199元】 Q3 骁龙750G120Hz电竞屏30W闪充5000mAh大电池5G手机学生游戏正品性价比官方正品q3	10000	2658	¥1,399	广东 东莞
14	XR国行 xr XR全新 xr手机	10000	4081	¥2,119	广东 深圳

从淘宝网爬取多页产品数据的完整代码如下：

```
1   from selenium import webdriver
2   import time
3   import re
4   import pandas as pd
5   def taobao(bs, page):
6       url = f'https://s.taobao.com/search?q=手机&sort=sale-
        desc&filter=reserve_price[1000,]&s={(page - 1) * 44}'
7       bs.get(url)
8       time.sleep(10)
9       code = bs.page_source
10      p_title = '"raw_title":"(.*?)"'
11      p_count = '"view_sales":"(.*?)人收货"'
12      p_comment = '"comment_count":"(.*?)"'
13      p_price = '"view_price":"(.*?)"'
14      p_location = '"item_loc":"(.*?)"'
15      title = re.findall(p_title, code)
16      count = re.findall(p_count, code)
17      comment = re.findall(p_comment, code)
18      price = re.findall(p_price, code)
19      location = re.findall(p_location, code)
20      for c in range(len(count)):
21          count[c] = count[c].replace('+', '')
22          if '万' in count[c]:
23              count[c] = count[c].replace('万', '')
24              count[c] = str(float(count[c]) * 10000)
25      data = []
26      for i in range(len(title)):
27          data.append([title[i], count[i], comment[i],
            price[i], location[i]])
28      data = pd.DataFrame(data, columns=['产品名称', '销
```

```
    量', '评论数', '价格', '商家地址'])
29      return data
30  browser = webdriver.Chrome()
31  browser.maximize_window()
32  url = 'https://login.taobao.com/'
33  browser.get(url)
34  time.sleep(30)
35  all_data = pd.DataFrame()
36  for j in range(1, 4):
37      all_data = all_data.append(taobao(browser, j))
38  all_data.to_excel('手机产品数据.xlsx', index=False)
39  browser.quit()
```

第6章

营销常用文档制作

在现代办公流程中，职场人士常常要与各种电子文档打交道，市场营销人员也不例外。Microsoft Office 等办公自动化软件的广泛应用已经大大降低了文档编辑与制作的难度，但是仍然存在一些机械性和重复性的烦琐操作，需要耗费不少时间和精力。

本章将以整理产品信息表、批量处理产品销售明细表、批量制作产品出库清单和批量制作采购合同为例，讲解如何利用 Python 提高文档制作的工作效率。

6.1　整理产品信息表

◎ 代码文件：整理产品信息表.py

产品信息表汇集了产品的各种特征数据，如编号、名称、尺寸、价格等。为便于查询和使用，产品信息表中的数据必须准确和完整。本节将通过编写 Python 代码，在多个产品信息表中进行文本替换、数据分列、边框设置。

工作簿“产品信息表.xlsx”中有 5 个工作表，其中前两个工作表“床头柜”和“电脑桌”的内容如下两图所示。

	A	B	C	D	E	F	G	H	I	J
1	序号	产品编号	产品名称	产品尺寸(cm)	重量(kg)	风格	颜色	材质	层数(层)	价格
2	1	10001220001	床头柜	48*40*52	19.00	中式	米黄色	全实木	3	328
3	2	10001220002	床头柜	60*45*60	14.60	现代简约	白色	板木结合	3	299
4	3	10001220003	床头柜	40*40*52	5.45	现代中式	米黄色	板木结合	1	89
5	4	10001220004	床头柜	45*35*50	13.48	现代简约	白色	铁制	2	189
6	5	10001220005	床头柜	60*45*60	16.69	现代简约	黄色	板木结合	3	199
7	6	10001220006	床头柜	60*45*60	16.69	现代中式	紫色	铁制	3	199
8	7	10001220007	床头柜	50*40*50	10.00	现代简约	卡其色	板木结合	3	245
9	8	10001220008	床头柜	60*30*50	20.00	小清新	原木色	全实木	2	669
10	9	10001220009	床头柜	50*30*60	16.90	地中海	灰色	铁制	2	369
11	10	10001220010	床头柜	30*20*50	15.00	现代中式	蓝色	竹制	3	328
12	11	10001220011	床头柜	50*40*48	20.00	工业风	原木色	布艺	3	199
13	12	10001220012	床头柜	48*40*52	19.00	简约	茶色	皮质	3	254

床头柜 | 电脑桌 | 茶几 | 餐桌 | 电视柜

	A	B	C	D	E	F	G	H	I	J
1	序号	产品编号	产品名称	产品尺寸(cm)	产品承重(kg)	产品净重(kg)	风格	颜色	材质	价格
2	1	20001220001	电脑桌	80*60*75	150.00	16.00	轻奢	深色	金属	269
3	2	20001220002	电脑桌	100*60*75	150.00	17.00	现代简约	深色	金属	289
4	3	20001220003	电脑桌	120*60*75	150.00	18.00	现代简约	深色	金属	319
5	4	20001220004	电脑桌	140*60*75	150.00	19.00	现代简约	深色	金属	339
6	5	20001220005	电脑桌	160*60*75	150.00	20.00	现代简约	深色	金属	359
7	6	20001220006	电脑桌	120*60*75	80.00	8.00	现代简约	棕色	板木结合	169
8	7	20001220007	电脑桌	120*60*75	400.00	60.00	现代中式	棕色	板木结合	1250
9	8	20001220008	电脑桌	140*70*75	400.00	65.00	现代中式	棕色	板木结合	1710
10	9	20001220009	电脑桌	160*70*75	400.00	70.00	现代中式	棕色	板木结合	1990
11	10	20001220010	电脑桌	180*70*75	400.00	75.00	现代中式	棕色	板木结合	2190
12	11	20001220011	电脑桌	200*70*75	400.00	80.00	现代中式	棕色	板木结合	2390
13	12	20001220012	电脑桌	220*80*75	400.00	85.00	现代简约	棕色	板木结合	2690

床头柜 | 电脑桌 | 茶几 | 餐桌 | 电视柜

现在要将 5 个工作表中的单元格数据“板木结合”都替换为“复合板材”，并将“产品尺寸 (cm)”列拆分为 3 列，然后为表格添加边框线。下面通过编写 Python 代码来快速完成这些工作。

6.1.1　替换单元格数据

首先导入需要用到的模块，相应代码如下：

```
1   import xlwings as xw
```

这行代码导入 xlwings 模块并简写为 xw。xlwings 模块用于操控 Excel 读写和编辑工作簿，可以使用命令“pip install xlwings”安装该模块。需要注意的是，xlwings 模块只支持 Windows 和 macOS，并且要求系统中安装了 Excel 软件。

然后打开工作簿，并获取工作簿中的所有工作表。相应代码如下：

```
1  app = xw.App(visible=True, add_book=False)
2  wb = app.books.open('产品信息表.xlsx')
3  ws = wb.sheets
```

第 1 行代码用于启动 Excel 程序。其中的 App 是 xlwings 模块中的对象，该对象有两个常用初始化参数：参数 visible 用于设置 Excel 程序窗口的可见性，为 True 时表示显示窗口，为 False 时表示隐藏窗口；参数 add_book 用于设置启动 Excel 程序后是否新建工作簿，为 True 时表示新建，为 False 时表示不新建。

第 2 行代码用于打开工作簿“产品信息表.xlsx”。其中的 open() 是 xlwings 模块中 Books 对象的函数，用于打开工作簿。括号里的参数是工作簿的文件路径，这里设置的是相对路径，读者可根据实际需求修改为绝对路径。

第 3 行代码用于获取工作簿中的所有工作表。其中的 sheets 是 xlwings 模块中 Book 对象的属性，用于返回工作簿中的所有工作表。

接下来使用 for 语句遍历获得的工作表，然后批量替换数据。相应代码如下：

```
1  for i in ws:
2      table = i.range('A1').expand('table')
3      table.api.Replace('板木结合', '复合板材')
```

第 1 行代码用于遍历工作簿中的所有工作表。

第 2 行代码用于在工作表中选取含有数据的单元格区域。其中的 range() 是 xlwings 模块中 Sheet 对象的函数，用于在工作表中选取单元格区域，并返回一个 Range 对象。这里的 range('A1') 表示选取单元格 A1。expand() 则是 Range 对象的函数，用于向指定方向扩展单元格区域，直到遇到空白单元格为止。该函数的参数值可为 'table'、'down'、'right'，分别表示向右下角扩展、向下扩展、向右扩展。因此，这行代码表示以单元格 A1 为起点，向右下角扩展单元格区域的选取范围，从而选取含有数据的单元格区域。

第 3 行代码用于将所选单元格区域中所有的“板木结合”替换为“复合板

材”，读者可根据实际需求修改查找和替换的关键词。这里通过 api 属性调用 Excel VBA 中的 Replace() 函数来完成查找和替换。需要注意的是，这行代码使用 Replace() 函数的方式只能完成精确查找和替换。如果要实现模糊查找和替换，可在 Replace() 函数的括号中添加第 3 个参数，其值为 2。

完成替换后，还需要保存工作簿。相应代码如下：

```
1  wb.save('产品信息表1.xlsx')
2  wb.close()
3  app.quit()
```

第 1 行代码用于将替换了数据的工作簿另存为“产品信息表1.xlsx”。其中的 save() 是 xlwings 模块中 Book 对象的函数，用于保存工作簿。该函数的参数为工作簿的保存路径，如果路径指向的工作簿已经存在，则会直接将其覆盖。

第 2 行代码用于关闭工作簿。其中的 close() 也是 Book 对象的函数，该函数没有参数。

第 3 行代码用于退出 Excel 程序。其中的 quit() 是 xlwings 模块中 App 对象的函数，该函数没有参数。

运行以上代码后，打开生成的工作簿“产品信息表1.xlsx”，切换至任意一个工作表，可看到其中的“板木结合”都被替换为“复合板材”。

	A	B	C	D	E	F	G	H	I	J
1	序号	产品编号	产品名称	产品尺寸(cm)	重量(kg)	风格	颜色	材质	层数(层)	价格
2	1	10001220001	床头柜	48*40*52	19.00	中式	米黄色	全实木	3	328
3	2	10001220002	床头柜	60*45*60	14.60	现代简约	白色	复合板材	3	299
4	3	10001220003	床头柜	40*40*52	5.45	现代中式	米黄色	复合板材	1	89
5	4	10001220004	床头柜	45*35*50	13.48	现代简约	白色	铁制	2	189
6	5	10001220005	床头柜	60*45*60	16.69	现代简约	黄色	复合板材	3	199
7	6	10001220006	床头柜	60*45*60	16.69	现代中式	紫色	铁制	3	199
8	7	10001220007	床头柜	50*40*50	10.00	现代简约	卡其色	复合板材	3	245
9	8	10001220008	床头柜	60*30*50	20.00	小清新	原木色	全实木	2	669
10	9	10001220009	床头柜	50*30*60	16.90	地中海	灰色	铁制	2	369
11	10	10001220010	床头柜	30*20*50	15.00	现代中式	蓝色	竹制	3	328
12	11	10001220011	床头柜	50*40*48	20.00	工业风	原木色	布艺	3	199
13	12	10001220012	床头柜	48*40*52	19.00	简约	茶色	皮质	3	254

床头柜　电脑桌　茶几　餐桌　电视柜

就绪

6.1.2　拆分列数据

所有工作表的“产品尺寸 (cm)”列的数字都是用“*”号分隔开的，可以根据此符号将该列拆分为 3 列。相应代码如下：

```
1  for i in ws:
```

```
2        for j in range(3):
3            i.range('E:E').insert(shift='right', copy_origin=
             'format_from_left_or_above')
4        size_col = i.range('D1').expand('down')
5        size_col.api.TextToColumns(Destination=i.range('E1').
         api, Other=True, OtherChar='*')
6        i.range('E1:G1').value = ['长(cm)', '宽(cm)', '高(cm)']
7        i.range('D:D').delete()
```

第 2 行和第 3 行代码插入 3 个空白列，用于放置分列后的数据。因为所有工作表的“产品尺寸 (cm)”列都位于 D 列，所以第 3 行代码先用 range() 函数选取 E 列，再用 Range 对象的 insert() 函数在 E 列的左侧插入空白列。insert() 函数的参数 shift 设置为 'right'，表示插入新列后原有列向右移动；参数 copy_origin 设置为 'format_from_left_or_above'，表示新列的格式从左侧的列复制。

第 4 行代码选取 D 列中含有数据的单元格区域。第 5 行代码通过 api 属性调用 Excel VBA 中的 TextToColumns() 函数对所选单元格区域进行分列，相当于应用了 Excel 功能区中“数据”选项卡下“数据工具”组中的“分列”功能。TextToColumns() 函数的参数 Destination 用于设置放置分列后数据的位置，这里设置为单元格 E1，即前面插入的 3 列左上角的单元格；参数 Other 设置为 True，表示启用自定义分隔符；参数 OtherChar 用于指定分隔符，这里根据本案例的实际情况设置为 '*'。

第 6 行代码为分列后的数据写入新的表头。

完成数据分列后，“产品尺寸 (cm)”列（D 列）就没有用处了，所以用第 7 行代码将该列删除。

6.1.3 为表格添加边框线

为了让产品信息表更加美观，还需要为表格添加边框线。相应代码如下：

```
1    for i in ws:
2        table = i.range('A1').expand('table')
3        for b in range(7, 13):
```

```
4          table.api.Borders(b).LineStyle = 1
5          table.api.Borders(b).Weight = 2
```

第2行代码用于选中工作表中含有数据的单元格区域，即要设置边框样式的单元格区域。

第3～5行代码用于为所选单元格区域添加边框线，设置线型为实线、粗细为细线。下面详细讲解设置边框线的原理。

第4行和第5行代码通过api属性调用Excel VBA中的Borders集合对象来设置边框样式。Borders集合对象是单元格区域各条边框的集合，通过括号中的数字可以指定不同的边框，如下表所示。

数字	说明	数字	说明
5	区域中每个单元格从左上角至右下角的对角线	9	整个区域的底边框
6	区域中每个单元格从左下角至右上角的对角线	10	整个区域的右边框
7	整个区域的左边框	11	区域中所有单元格的垂直边框（不包括整个区域的左边框和右边框）
8	整个区域的顶边框	12	区域中所有单元格的水平边框（不包括整个区域的顶边框和底边框）

通过数字指定边框后，再分别通过边框的LineStyle和Weight属性设置边框的线型和粗细。LineStyle属性可取的值如下表所示。

属性值	线型	示例	属性值	线型	示例
1	实线	————————	-4115	短线式虚线	-----------
4	点划线	-·-·-·-·-·-·-·	-4118	点式虚线	…………………
5	双点划线	-··-··-··-··-··	-4119	双实线	══════
13	斜点划线	-·-·-·-·-·-·-·	-4142	无线	（无）

Weight属性可取的值如下表所示。

属性值	1	2	-4138	4
粗细	最细	细	中等	最粗

运行以上代码后，打开生成的工作簿“产品信息表1.xlsx”，可以看到拆分列数据并设置单元格边框的表格效果，如下两图所示。

	A	B	C	D	E	F	G	H	I	J	K	L
1	序号	产品编号	产品名称	长(cm)	宽(cm)	高(cm)	重量(kg)	风格	颜色	材质	层数(层)	价格
2	1	10001220001	床头柜	48	40	52	19.00	中式	米黄色	全实木	3	328
3	2	10001220002	床头柜	60	45	60	14.60	现代简约	白色	复合板材	3	299
4	3	10001220003	床头柜	40	40	52	5.45	现代中式	米黄色	复合板材	1	89
5	4	10001220004	床头柜	45	35	50	13.48	现代简约	白色	铁制	2	189
6	5	10001220005	床头柜	60	45	60	16.69	现代简约	黄色	复合板材	3	199
7	6	10001220006	床头柜	60	45	60	16.69	现代中式	紫色	铁制	3	199
8	7	10001220007	床头柜	50	40	50	10.00	现代简约	卡其色	复合板材	3	245
9	8	10001220008	床头柜	60	30	50	20.00	小清新	原木色	全实木	2	669
10	9	10001220009	床头柜	50	30	60	16.90	地中海	灰色	铁制	2	369
11	10	10001220010	床头柜	30	20	50	15.00	现代中式	蓝色	竹制	3	328
12	11	10001220011	床头柜	50	40	48	20.00	工业风	原木色	布艺	3	199
13	12	10001220012	床头柜	48	40	52	19.00	简约	茶色	皮质	3	254

床头柜 | 电脑桌 | 茶几 | 餐桌 | 电视柜

	A	B	C	D	E	F	G	H	I	J	K	L
1	序号	产品编号	产品名称	长(cm)	宽(cm)	高(cm)	产品承重(kg)	产品净重(kg)	风格	颜色	材质	价格
2	1	20001220001	电脑桌	80	60	75	150.00	16.00	轻奢	深色	金属	269
3	2	20001220002	电脑桌	100	60	75	150.00	17.00	现代简约	深色	金属	289
4	3	20001220003	电脑桌	120	60	75	150.00	18.00	现代简约	深色	金属	319
5	4	20001220004	电脑桌	140	60	75	150.00	19.00	现代简约	深色	金属	339
6	5	20001220005	电脑桌	160	60	75	150.00	20.00	现代简约	深色	金属	359
7	6	20001220006	电脑桌	120	60	75	80.00	8.00	现代简约	棕色	复合板材	169
8	7	20001220007	电脑桌	120	60	75	400.00	60.00	现代中式	棕色	复合板材	1250
9	8	20001220008	电脑桌	140	70	75	400.00	65.00	现代中式	棕色	复合板材	1710
10	9	20001220009	电脑桌	160	70	75	400.00	70.00	现代中式	棕色	复合板材	1990
11	10	20001220010	电脑桌	180	70	75	400.00	75.00	现代中式	棕色	复合板材	2190
12	11	20001220011	电脑桌	200	70	75	400.00	80.00	现代中式	棕色	复合板材	2390
13	12	20001220012	电脑桌	220	80	75	400.00	85.00	现代简约	棕色	复合板材	2690

床头柜 | 电脑桌 | 茶几 | 餐桌 | 电视柜

整理产品信息表的完整代码如下：

```
import xlwings as xw
app = xw.App(visible=True, add_book=False)
wb = app.books.open('产品信息表.xlsx')
ws = wb.sheets
for i in ws:
    table = i.range('A1').expand('table')
    table.api.Replace('板木结合', '复合板材')
    for j in range(3):
        i.range('E:E').insert(shift='right', copy_origin=
        'format_from_left_or_above')
    size_col = i.range('D1').expand('down')
    size_col.api.TextToColumns(Destination=i.range('E1').
    api, Other=True, OtherChar='*')
    i.range('E1:G1').value = ['长(cm)', '宽(cm)', '高(cm)']
    i.range('D:D').delete()
    table = i.range('A1').expand('table')
    for b in range(7, 13):
```

```
16              table.api.Borders(b).LineStyle = 1
17              table.api.Borders(b).Weight = 2
18      wb.save('产品信息表1.xlsx')
19      wb.close()
20      app.quit()
```

6.2　批量处理产品销售明细表

◎ 代码文件：批量处理产品销售明细表.py

产品的销售明细数据几乎每天都会产生，经过日积月累，其数量会越来越多。本节将通过编写 Python 代码，快速完成产品销售明细数据的批量处理。

如下图所示，文件夹“产品销售明细表”下有 12 个工作簿，分别包含各月的产品销售明细数据。

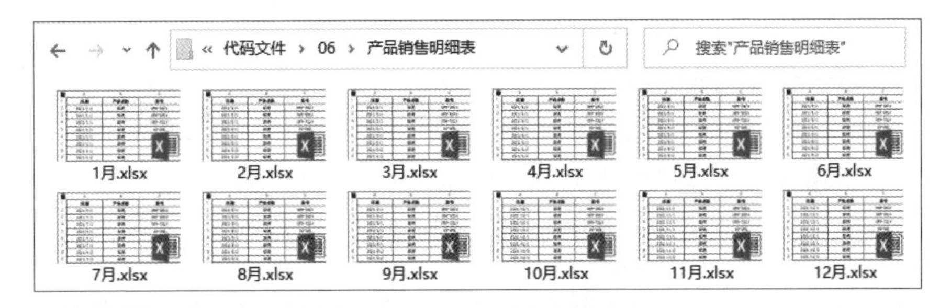

打开文件夹下的任意两个工作簿，如“1 月”和“7 月”，可以看到工作表中某些型号产品的销售量和销售额数据缺失，而某些型号产品存在重复的销售记录，如下两图所示。

	A	B	C	D	E	F	G
1	日期	产品名称	型号	单位	单价	销售量	销售额
2	2021/1/1	空调	KFR-35GW	台	¥1,299.00	20	¥25,980.00
3	2021/1/1	空调	KFR-26GW	台	¥2,999.00	10	¥29,990.00
4	2021/1/1	空调	KFR-72LW	台	¥5,899.00	26	¥153,374.00
5	2021/1/1	空调	KS-06S	台	¥1,699.00		
6	2021/1/1	空调	KFR-50LW	台	¥3,999.00	30	¥119,970.00
7	2021/1/1	空调	KFR-50LW	台	¥3,999.00	30	¥119,970.00
8	2021/1/1	空调	KS-10X	台	¥469.00	45	¥21,105.00
9	2021/1/2	空调	KFR-35GW	台	¥1,299.00	80	¥103,920.00
10	2021/1/2	空调	KFR-35GW	台	¥1,299.00	80	¥103,920.00
11	2021/1/2	空调	KFR-26GW	台	¥2,999.00		

1月

	A	B	C	D	E	F	G
1	日期	产品名称	型号	单位	单价	销售量	销售额
2	2021/7/1	空调	KFR-35GW	台	¥1,299.00	60	¥77,940.00
3	2021/7/1	空调	KFR-26GW	台	¥2,999.00	50	¥149,950.00
4	2021/7/1	空调	KFR-72LW	台	¥5,899.00	26	¥153,374.00
5	2021/7/1	空调	KS-06S	台	¥1,699.00	98	¥166,502.00
6	2021/7/1	空调	KFR-50LW	台	¥3,999.00	30	¥119,970.00
7	2021/7/1	空调	KS-10X	台	¥469.00	45	¥21,105.00
8	2021/7/2	空调	KFR-35GW	台	¥1,299.00		
9	2021/7/2	空调	KFR-26GW	台	¥2,999.00	60	¥179,940.00
10	2021/7/2	空调	KFR-72LW	台	¥5,899.00	10	¥58,990.00
11	2021/7/2	空调	KS-06S	台	¥1,699.00	25	¥42,475.00

7月

下面对这 12 个工作簿中的数据进行处理，包括填充缺失值、删除重复值、数据排序和统计。

6.2.1 处理缺失值和重复值

首先导入需要的模块，然后罗列文件夹中工作簿的文件路径，并启动 Excel 程序，相应代码如下：

```
1  from pathlib import Path
2  import pandas as pd
3  import xlwings as xw
4  file_path = Path('F:\\代码文件\\06\\产品销售明细表')
5  file_list = list(file_path.glob('*.xlsx'))
6  app = xw.App(visible=True, add_book=False)
```

第 1～3 行代码用于导入 pathlib 模块、pandas 模块和 xlwings 模块。其中 pathlib 模块是 Python 的内置模块，用于完成文件和文件夹路径的相关操作。

第 4 行代码创建了一个路径对象，指向要打开的工作簿所在的文件夹。第 5 行代码使用路径对象的 glob() 函数获取该文件夹下所有扩展名为“.xlsx”的文件的路径，然后用 list() 函数转换成列表。

第 6 行代码用于启动 Excel 程序，但不新建工作簿。

随后依次打开文件夹中的工作簿，并读取数据。相应代码如下：

```
1  for i in file_list:
2      if i.name.startswith('~$'):
3          continue
```

```
4       wb = app.books.open(i)
5       ws = wb.sheets[0]
6       data = ws.range('A1').expand('table').options(pd.
        DataFrame, index=False).value
```

第 1 行代码用 for 语句遍历列表中的文件路径。

第 2 行代码判断路径指向的文件的文件名（i.name）是否以字符串 '~$' 开头，如果是，则执行第 3 行代码中的 continue 语句，提前中止本轮循环。Excel 会在打开一个工作簿的同时生成一个文件名以 '~$' 开头的临时文件，当 Excel 正常退出时，该临时文件会被自动删除，而 Excel 非正常退出时，该临时文件会被保留。这里的判断操作就是为了跳过这类临时文件。

第 4 行代码用于打开路径指向的工作簿。

第 5 行代码用于选取工作簿的第 1 个工作表。

第 6 行代码用于读取工作表中的数据，这里从单元格 A1 开始向右下角扩展单元格区域，随后将读取的数据转换为 DataFrame 格式。

得到 DataFrame 格式的数据后，就可以利用 pandas 模块处理数据了。先来处理缺失值，相应代码如下：

```
1       data['销售量'].fillna(0, inplace=True)
2       data['销售额'].fillna(0, inplace=True)
```

这两行代码使用 fillna() 函数分别在“销售量”列和“销售额”列的空白单元格中填充零值，读者可根据实际需求修改要填充的值。fillna() 函数的第 1 个参数为要填充的值，第 2 个参数 inplace 用于设置是否在原数据中进行操作。这里将参数 inplace 设置为 True，表示直接修改原数据；如果设置为 False 或省略该参数，则不改变原数据，而是返回修改后的新数据。

再来处理重复值，相应代码如下：

```
1       data = data.drop_duplicates()
```

这行代码使用 drop_duplicates() 函数删除数据中的重复行。

处理好数据后，就可以将数据写入工作表，然后保存并关闭工作簿。相应代码如下：

```
1        ws.clear_contents()
2        ws.range('A1').options(index=False).value = data
3        wb.save()
4        wb.close()
5    app.quit()
```

第 1 行代码中的 clear_contents() 函数用于清除工作表的内容并保留格式设置。第 2 行代码用于将排序后的数据写入工作表。

运行以上代码后，打开文件夹“产品销售明细表”中的任意一个工作簿，如“1 月.xlsx”，可看到工作表中的重复行被删除，且“销售量”列和“销售额”列的空白单元格中都填充了零值，如下图所示。

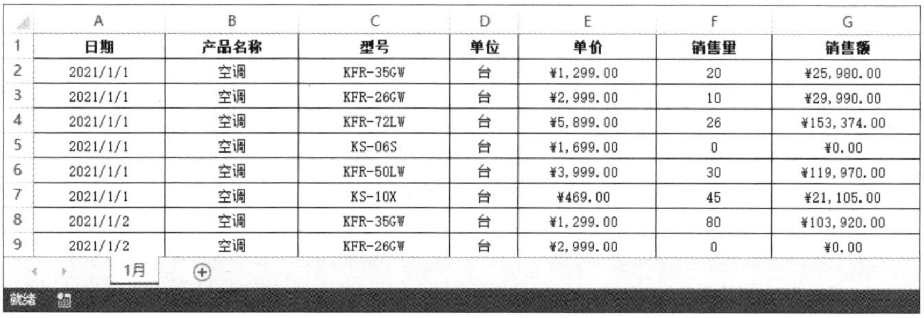

	A	B	C	D	E	F	G
1	日期	产品名称	型号	单位	单价	销售量	销售额
2	2021/1/1	空调	KFR-35GW	台	¥1,299.00	20	¥25,980.00
3	2021/1/1	空调	KFR-26GW	台	¥2,999.00	10	¥29,990.00
4	2021/1/1	空调	KFR-72LW	台	¥5,899.00	26	¥153,374.00
5	2021/1/1	空调	KS-06S	台	¥1,699.00	0	¥0.00
6	2021/1/1	空调	KFR-50LW	台	¥3,999.00	30	¥119,970.00
7	2021/1/1	空调	KS-10X	台	¥469.00	45	¥21,105.00
8	2021/1/2	空调	KFR-35GW	台	¥1,299.00	80	¥103,920.00
9	2021/1/2	空调	KFR-26GW	台	¥2,999.00	0	¥0.00

1月

就绪

6.2.2 数据排序和统计

完成了数据的处理后，我们还可以对数据进行一些简单的分析，如排序和统计。先对“销售量”列的数据进行排序，相应代码如下：

```
1        data = data.sort_values(by='销售量', ascending=False)
2        ws.clear_contents()
3        ws.range('A1').options(index=False).value = data
```

第 1 行代码用于对“销售量”列的数据做降序排序，读者可根据实际需求修改列名。如果要做升序排序，则将参数 ascending 设置为 True。如果想要先按“销售量”列做降序排序，遇到相同的销售量时再按“销售额”列做降序排序，可将该行代码修改为“data = data.sort_values(by=['销售量', '销售额'], ascending=False)”。

然后通过制作数据透视表统计每个月各型号产品的销售量总和及销售额总和。相应代码如下：

```
1    pivot = pd.pivot_table(data, values=['销售量', '销售额'], index=['型号'], aggfunc={'销售量': 'sum', '销售额': 'sum'}, fill_value=0, margins=True, margins_name='合计')
2    ws1 = wb.sheets.add(name='统计表')
3    ws1.range('A1').value = pivot
4    ws1.autofit()
```

第 1 行代码使用 pandas 模块中的 pivot_table() 函数创建数据透视表。函数的第 1 个参数用于指定数据透视表的数据源；参数 values 用于指定值字段，这里设置为“销售量”列和“销售额”列；参数 index 用于指定行字段，这里设置为“型号”列；参数 aggfunc 用于指定汇总计算的方式，即汇总计算的函数，如 'sum'（求和）、'mean'（求平均值），如果要为各个值字段分别设置汇总方式，可用字典的形式给出参数，其中字典的键是值字段的列名，字典的值是计算函数；参数 fill_value 用于指定填充缺失值的内容，默认不填充；参数 margins 用于设置是否显示总计行和总计列，设置为 True 表示显示，设置为 False 表示不显示；参数 margins_name 用于设置总计行和总计列的名称，这里设置为“合计”。

第 2 行代码用于在工作簿中新增一个工作表，并命名为“统计表”。

第 3 行代码用于将创建的数据透视表写入新工作表。

第 4 行代码使用 xlwings 模块中 Sheet 对象的 autofit() 函数自动设置新工作表的行高和列宽，以让数据透视表的内容显示完全。

运行以上代码，打开工作簿“1 月.xlsx”，在工作表“1 月”中可看到按“销售量”列对数据做降序排序的效果，如下图所示。

	A	B	C	D	E	F	G
1	日期	产品名称	型号	单位	单价	销售量	销售额
2	2021/1/12	空调	KFR-50LW	台	¥3,999.00	120	¥479,880.00
3	2021/1/14	空调	KFR-26GW	台	¥2,999.00	100	¥299,900.00
4	2021/1/11	空调	KFR-35GW	台	¥1,299.00	100	¥129,900.00
5	2021/1/22	空调	KFR-26GW	台	¥2,999.00	100	¥299,900.00
6	2021/1/12	空调	KFR-72LW	台	¥5,899.00	98	¥578,102.00
7	2021/1/2	空调	KFR-35GW	台	¥1,299.00	80	¥103,920.00
8	2021/1/31	空调	KFR-35GW	台	¥1,299.00	80	¥103,920.00
9	2021/1/15	空调	KFR-35GW	台	¥1,299.00	80	¥103,920.00
10	2021/1/27	空调	KS-06S	台	¥1,699.00	78	¥132,522.00
11	2021/1/24	空调	KFR-72LW	台	¥5,899.00	78	¥460,122.00

统计表　1月

就绪

切换至工作表“统计表”，可以看到制作的数据透视表，其中列出了 1 月各型号产品的销售量总和及销售额总和，如右图所示。

	A	B	C
1	型号	销售量	销售额
2	KFR-26GW	993	¥2,978,007.00
3	KFR-35GW	1114	¥1,447,086.00
4	KFR-50LW	1044	¥4,174,956.00
5	KFR-72LW	1230	¥7,255,770.00
6	KS-06S	1066	¥1,811,134.00
7	KS-10X	926	¥434,294.00
8	合计	6373	18101247
9			

统计表 1月

批量处理产品销售明细表的完整代码如下：

```
from pathlib import Path
import pandas as pd
import xlwings as xw
file_path = Path('F:\\代码文件\\06\\产品销售明细表')
file_list = list(file_path.glob('*.xlsx'))
app = xw.App(visible=True, add_book=False)
for i in file_list:
    if i.name.startswith('~$'):
        continue
    wb = app.books.open(i)
    ws = wb.sheets[0]
    data = ws.range('A1').expand('table').options(pd.DataFrame, index=False).value
    data['销售量'].fillna(0, inplace=True)
    data['销售额'].fillna(0, inplace=True)
    data = data.drop_duplicates()
    data = data.sort_values(by='销售量', ascending=False)
    ws.clear_contents()
    ws.range('A1').options(index=False).value = data
    pivot = pd.pivot_table(data, values=['销售量', '销售额'], index=['型号'], aggfunc={'销售量': 'sum', '销售额': 'sum'}, fill_value=0, margins=True, margins_name='合计')
    ws1 = wb.sheets.add(name='统计表')
    ws1.range('A1').value = pivot
```

```
22        ws1.autofit()
23        wb.save()
24        wb.close()
25    app.quit()
```

6.3　批量制作产品出库清单

◎ 代码文件：批量制作产品出库清单.py

为便于查看出库信息，每天的产品出库记录都会存放在同一个表格中。例如，下图所示的工作簿“产品出库统计表.xlsx”的工作表“Sheet1”中就存放着 2021 年 1 月所有的出库记录。

序号	出库日期	客户名	出库单号	产品名称	规格型号	出库单价	出库数量	单位
1	2021/1/1	魅力生活电器店	2021010001	冰箱	BCD-121W	¥1,820	120	台
2	2021/1/1	丰东电器店	2021010002	冰箱	BCD-121W	¥1,820	150	台
3	2021/1/1	元立电器店	2021010003	洗衣机	XQG80-HBD1426	¥2,360	100	台
4	2021/1/1	花蔓电器店	2021010004	微波炉	M1-230E	¥360	50	台
5	2021/1/1	凯龙电器店	2021010005	冰箱	BCD-120A	¥1,820	200	台
6	2021/1/1	红星星电器店	2021010006	电饭煲	GF-LP100YC	¥159	360	台
7	2021/1/2	奥特莱电器店	2021010007	电吹风	AH7600I	¥166	400	个
8	2021/1/2	山木电器店	2021010008	洗衣机	XQG80-HBD1426	¥2,360	500	台
9	2021/1/2	晶质生活电器店	2021010009	微波炉	M3-208E	¥360	80	台
10	2021/1/2	春光好电器店	2021010010	冰箱	BCD-182	¥1,820	60	台
11	2021/1/2	恒丰电器店	2021010011	洗衣机	XQG80-HBD1426	¥2,360	90	台
12	2021/1/2	源城电器店	2021010012	电吹风	AH7600I	¥166	40	个
13	2021/1/2	宇光电器店	2021010013	微波炉	M1-230E	¥360	20	台

Sheet1

现在要将出库记录按出库日期分类整理成多张出库清单，使用的模板存放在工作簿“产品出库清单模板.xlsx”的工作表“模板”中，如下图所示。如果手动完成，就要不停地复制和粘贴，十分枯燥，而且容易出错。下面通过编写 Python 代码来快速完成这类工作。

产品出库清单

出库日期：

序号	客户名	出库单号	产品名称	规格型号	出库单价	出库数量	单位
1							
2							
3							
4							
5							
6							
7							
8							
9							
10							

模板

6.3.1 按照日期进行数据分组

先从工作簿“产品出库统计表.xlsx”中读取数据，并按照“出库日期”列对数据进行分组。相应代码如下：

```
1  import pandas as pd
2  data = pd.read_excel('产品出库统计表.xlsx', sheet_name=0, index_col=0)
3  a = data.groupby(by='出库日期')
```

第 2 行代码使用 pandas 模块中的 read_excel() 函数从工作簿“产品出库统计表.xlsx”中读取数据，并创建相应的 DataFrame 对象。其中参数 sheet_name 设置为 0，表示读取第 1 个工作表的数据；参数 index_col 设置为 0，表示用第 1 列（即“序号”列）的内容作为行标签。读取结果如下图所示。

序号	出库日期	客户名	出库单号	产品名称	规格型号	出库单价	出库数量	单位
1	2021-01-01	魅力生活电器店	2021010001	冰箱	BCD-121W	1820	120	台
2	2021-01-01	丰东电器店	2021010002	冰箱	BCD-121W	1820	150	台
3	2021-01-01	元立电器店	2021010003	洗衣机	XQG80-HBD1426	2360	100	台
4	2021-01-01	花蔓电器店	2021010004	微波炉	M1-230E	360	50	台
5	2021-01-01	凯龙电器店	2021010005	冰箱	BCD-120A	1820	200	台
...	...	...	...	...	...	...	...	...
127	2021-01-31	百花电器店	2021010127	电吹风	AH7600I	166	40	个
128	2021-01-31	日盛电器店	2021010128	微波炉	M1-230E	360	50	台
129	2021-01-31	莱盈电器店	2021010129	冰箱	BCD-182	1820	70	台
130	2021-01-31	中天电器店	2021010130	洗衣机	XQG80-HBD1426	2360	60	台
131	2021-01-31	鑫昌电器店	2021010131	电吹风	AH7600I	166	100	个

第 3 行代码使用 DataFrame 对象的 groupby() 函数对数据进行分组。其中参数 by 用于指定作为分组依据的列，其值可以是单个列标签，也可以是包含多个列标签的列表。

如果要查看分组结果，可用 for 语句遍历分组后的数据。相应代码如下：

```
1  for gp_name, gp_data in a:
```

```
2        print(gp_name)
3        print(gp_data)
```

在第 1 行代码中，循环变量 gp_name 代表分组的标签，gp_data 代表分组中的数据（一个 DataFrame 对象）。例如，一组数据的分组标签如下：

```
1    2021-01-05 00:00:00
```

这组数据的具体内容如下图所示。

序号	出库日期	客户名	出库单号	产品名称	规格型号	出库单价	出库数量	单位
31	2021-01-05	中天电器店	2021010031	洗衣机	XQG80-HBD1426	2360	90	台
32	2021-01-05	鑫昌电器店	2021010032	电吹风	AH7600I	166	40	个
33	2021-01-05	新长弘电器店	2021010033	微波炉	M1-230E	360	20	台
34	2021-01-05	华江电器店	2021010034	冰箱	BCD-121W	1820	30	台
35	2021-01-05	千邦电器店	2021010035	洗衣机	XQG80-HBD1426	2360	60	台

6.3.2　将分组后的数据分别写入工作表

按出库日期完成数据的分组后，就可以将各组数据分别写入工作表。由于要套用指定的模板，还需要借助 xlwings 模块。

先启动 Excel 程序，并打开模板工作簿“产品出库清单模板.xlsx”。相应代码如下：

```
1    import xlwings as xw
2    app = xw.App(visible=True, add_book=False)
3    wb = app.books.open('产品出库清单模板.xlsx')
```

然后复制工作表“模板”并命名为某个出库日期，再将与该日期相关的数据写入复制的工作表。相应代码如下：

```
1    for gp_name, gp_data in a:
2        ws_name = gp_name.strftime('%m-%d')
```

```
3      ws_copy = wb.sheets['模板'].copy(after=wb.sheets[-1],
       name=ws_name)
4      gp_data = gp_data.drop(columns='出库日期')
5      ws_copy.range('B4').options(index=False, header=False).
       value = gp_data
6      ws_copy.range('F2').value = gp_name.strftime('%Y-%m-
       %d')
7  wb.save('产品出库清单.xlsx')
```

第 2 行代码使用 strftime() 函数将分组标签转换为“月-日”形式的字符串。

第 3 行代码使用 xlwings 模块中 Sheet 对象的 copy() 函数对工作表“模板”进行复制。其中参数 after 用于设置将复制的工作表放在哪个工作表之后，这里设置为 wb.sheets[-1]，表示放置在最后一个工作表之后。如果要放置在某个工作表之前，可使用参数 before 进行设置。参数 name 用于设置复制工作表的名称，这里设置为第 2 行代码生成的字符串。

第 4 行代码在取出的分组数据中删除“出库日期”列。

第 5 行代码将处理好的分组数据写入复制工作表，写入的起始位置为单元格 B4。options() 函数用于设置写入选项，其中参数 index 和 header 均设置为 False，分别表示不写入行标签和列标签。

第 6 行代码同样使用 strftime() 函数将分组标签转换为“年-月-日”形式的字符串，并写入单元格 F2。

所有分组数据写入完毕后，用第 7 行代码另存工作簿。

运行以上代码后，打开生成的工作簿“产品出库清单.xlsx”，可看到除了原有的工作表“模板”，还有以日期命名的多个工作表。这些工作表中的表格与工作表“模板”中的表格拥有相同的格式，并且填写了来自工作簿“产品出库统计表.xlsx”中对应出库日期的数据，如下图所示。

	A	B	C	D	E	F	G	H
1	产品出库清单							
2					出库日期：	2021-01-05		
3	序号	客户名	出库单号	产品名称	规格型号	出库单价	出库数量	单位
4	1	中天电器店	2021010031	洗衣机	XQG80-HBD1426	2360	90	台
5	2	鑫昌电器店	2021010032	电吹风	AH7600I	166	40	个
6	3	新长弘电器店	2021010033	微波炉	M1-230E	360	20	台
7	4	华江电器店	2021010034	冰箱	BCD-121W	1820	30	台
8	5	千邦电器店	2021010035	洗衣机	XQG80-HBD1426	2360	60	台
9	6							

模板 | 01-01 | 01-02 | 01-03 | 01-04 | 01-05 | 01-06 | 01-07 | 01-08 | 01-09 | 01-10 | 01-11 | 01-12 | 01-13

6.3.3　将各个工作表分别保存为工作簿

6.3.2 节将所有产品出库清单工作表放在同一个工作簿中，接下来要将这些工作表分别保存为独立的工作簿。相应代码如下：

```
1  for x in wb.sheets:
2      wb_new = app.books.add()
3      ws_new = wb_new.sheets[0]
4      x.copy(before=ws_new)
5      wb_new.save(f'每日产品出库清单\\{x.name}.xlsx')
6      wb_new.close()
7  wb.close()
8  app.quit()
```

第 2 行代码用于新建一个工作簿。

第 3 行代码在新建工作簿中选取第 1 个工作表，作为确定复制工作表位置的参照物。

第 4 行代码用于将工作簿"产品出库清单.xlsx"的当前工作表复制到第 3 行代码选取的工作表之前。

第 5 行代码用于保存新建工作簿。保存位置为文件夹"每日产品出库清单"，该文件夹需提前创建；文件名为当前工作表的名称，此名称利用 Sheet 对象的 name 属性获取。

运行以上代码后，在文件夹"每日产品出库清单"中可看到拆分出的多个工作簿，除了工作簿"模板.xlsx"，其他工作簿均以出库日期命名，如下图所示。

打开任意两个以出库日期命名的工作簿，可以看到工作簿中的第 1 个工作表均以出库日期命名，且工作表中的内容为相应出库日期的产品出库记录，如下页两图所示。

产品出库清单

出库日期：2021-01-04

序号	客户名	出库单号	产品名称	规格型号	出库单价	出库数量	单位
1	龙发电器店	2021010022	冰箱	BCD-121W	1820	150	台
2	福森电器店	2021010023	洗衣机	XQG80-HBD1426	2360	100	台
3	梅安电器店	2021010024	微波炉	M1-230E	360	50	台
4	科宏电器店	2021010025	冰箱	BCD-120A	1820	200	台
5	美亿星电器店	2021010026	电饭煲	GF-LP100YC	159	360	台
6	悠悠一品电器店	2021010027	电吹风	AH7600I	166	400	个
7	百花电器店	2021010028	洗衣机	XQG80-HBD1426	2360	500	台
8	日盛电器店	2021010029	微波炉	M3-208E	360	80	台
9	莱盈电器店	2021010030	冰箱	BCD-182	1820	60	台
10							

01-04 Sheet1

产品出库清单

出库日期：2021-01-16

序号	客户名	出库单号	产品名称	规格型号	出库单价	出库数量	单位
1	峰洁电器店	2021010082	冰箱	BCD-121W	1820	150	台
2	新长弘电器店	2021010083	洗衣机	XQG80-HBD1426	2360	100	台
3	华江电器店	2021010084	微波炉	M1-230E	360	50	台
4	千邦电器店	2021010085	冰箱	BCD-120A	1820	200	台
5	科宏电器店	2021010086	电饭煲	GF-LP100YC	159	360	台
6	美亿星电器店	2021010087	电吹风	AH7600I	166	400	个
7							
8							
9							
10							

01-16 Sheet1

批量制作产品出库清单的完整代码如下：

```
1   import pandas as pd
2   import xlwings as xw
3   data = pd.read_excel('产品出库统计表.xlsx', sheet_name=0,
    index_col=0)
4   a = data.groupby(by='出库日期')
5   app = xw.App(visible=True, add_book=False)
6   wb = app.books.open('产品出库清单模板.xlsx')
7   for gp_name, gp_data in a:
8       ws_name = gp_name.strftime('%m-%d')
9       ws_copy = wb.sheets['模板'].copy(after=wb.sheets[-1],
        name=ws_name)
10      gp_data = gp_data.drop(columns='出库日期')
11      ws_copy.range('B4').options(index=False, header=False).
        value = gp_data
12      ws_copy.range('F2').value = gp_name.strftime('%Y-%m-
```

```
        %d')
13  wb.save('产品出库清单.xlsx')
14  for x in wb.sheets:
15      wb_new = app.books.add()
16      ws_new = wb_new.sheets[0]
17      x.copy(before=ws_new)
18      wb_new.save(f'每日产品出库清单\\{x.name}.xlsx')
19      wb_new.close()
20  wb.close()
21  app.quit()
```

6.4　批量制作采购合同

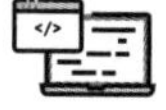

◎ 代码文件：批量制作采购合同.py

采购合同一般会有一个固定的模板，制作时再根据实际情况更改模板的部分内容，如产品名称、采购数量等。下图所示为要套用的模板文件“合同模板.docx”的内容，所有需要替换的字段都用“【】”标识，如“【合同编号】”“【客户】”“【产品名称】”等。

采购合同

合同编号：【合同编号】

甲方：【客户】

乙方：HSJ 有限公司

经甲乙双方友好协商后，特订立本合同，以便双方共同遵守。

一、采购的产品名称、数量、单价和金额

产品名称	数量（台）	单价（元/台）	金额（元）
【产品名称】	【数量】	【单价】	【金额】
合计	大写：【大写金额】元整		小写：【金额】元

二、质量要求

乙方须按甲方指定的产品名称、数量、单价等要求及时供货，乙方供货不符合要求的，甲方有权立即退货。乙方有义务向甲方提供甲方所需的有关产品的资料。

三、付款方式

甲方应在乙方货到之日验收合格后一次性付清全款。

四、其他约定

本合同一式两份，由甲乙双方各持一份，该合同经双方当事人签字盖章后生效。

甲方（公章）：【客户】

法定代表人（签字）：

要填充到模板中的具体信息则存储在工作簿“合同信息.xlsx”中，如下图所示。各列的列名为“合同编号”“客户”“产品名称”等字段名，与模板中的字段名保持一致。各列中的数据则为用于替换的具体信息。

	A	B	C	D	E	F	G
1	【合同编号】	【客户】	【产品名称】	【数量】	【单价】	【金额】	【大写金额】
2	20210001	A001有限公司	电视机	20	2215	44300	肆万肆仟叁佰
3	20210002	A002有限公司	空调	60	3412	204720	贰拾万肆仟柒佰贰拾
4	20210003	A003有限公司	洗衣机	30	2788	83640	捌万叁仟陆佰肆拾
5	20210004	A004有限公司	电视机	70	2215	155050	壹拾伍万伍仟零伍拾
6	20210005	A005有限公司	空调	80	3412	272960	贰拾柒万贰仟玖佰陆拾
7	20210006	A006有限公司	电视机	100	2215	221500	贰拾贰万壹仟伍佰
8	20210007	A007有限公司	洗衣机	30	2788	83640	捌万叁仟陆佰肆拾
9	20210008	A008有限公司	冰箱	40	1388	55520	伍万伍仟伍佰贰拾
10	20210009	A009有限公司	电视机	50	2215	110750	壹拾壹万零柒佰伍拾
11	20210010	A010有限公司	电视机	10	2215	22150	贰万贰仟壹佰伍拾

合同信息

下面通过编写 Python 代码，从工作簿中读取数据，然后在模板文档中查找对应的字段进行替换，批量生成多个合同文档，再将合同文档批量转换为 PDF 文件。

6.4.1 读取合同信息并创建相关文件夹

先用 pandas 模块读取工作簿中存储的合同信息，相应代码如下：

```
1 import pandas as pd
2 data = pd.read_excel('F:\\代码文件\\06\\合同信息.xlsx',
  sheet_name='合同信息')
```

然后用 pathlib 模块创建文件夹，用于存放生成的合同文档。相应代码如下：

```
1 from pathlib import Path
2 doc_folder = Path('F:\\代码文件\\06\\Word采购合同')
3 if not doc_folder.exists():
4     doc_folder.mkdir(parents=True)
```

第 2 行代码创建了一个路径对象，指向文件夹“F:\代码文件\06\Word 采购合同”。

第 3 行代码用路径对象的 exists() 函数判断该文件夹是否存在。如果不存在，则执行第 4 行代码，用路径对象的 mkdir() 函数创建该文件夹。其中参数 parents 设置为 True，表示自动创建任何不存在的上级文件夹。

6.4.2　在模板中查找和替换关键词生成合同文档

接下来根据读取的合同信息在模板文档中进行查找和替换，生成合同文档。首先启动 Word 程序，相应代码如下：

```
1  import win32com.client as win32
2  word = win32.gencache.EnsureDispatch('Word.Application')
```

第 1 行代码导入 pywin32 模块并简写为 win32。pywin32 是一个第三方模块，用于在 Windows 下操控应用程序，可使用命令“pip install pywin32”来安装。需要注意的是，安装模块时使用“pywin32”的名称，在代码中导入模块时则要使用“win32com”的名称。

第 2 行代码用于打开一个 Word 程序窗口。

然后开始按行遍历前面读取的合同信息，相应代码如下：

```
1  for r in range(data.shape[0]):
2      row = data.iloc[r]
```

在第 1 行代码中，先用 DataFrame 对象的 shape 属性返回一个元组，元组中有两个元素，分别代表数据的行数和列数，再用 [0] 取出第 1 个元素，得到数据的行数。因此，r 会从 0 依次变化到行数 -1，即对应每行数据的行索引号。

第 2 行代码使用 DataFrame 对象的 iloc 属性根据行索引号取出一行数据。

接着用 Word 程序打开模板文档，根据合同信息进行关键词的查找和替换。相应代码如下：

```
1      temp_doc = word.Documents.Open('F:\\代码文件\\06\\合
       同模板.docx')  # 此处的路径须为绝对路径
2      for old, new in zip(row.index, row.values):
3          findobj = word.Selection.Find
4          findobj.ClearFormatting()
5          findobj.Replacement.ClearFormatting()
6          findobj.Execute(FindText=str(old), ReplaceWith=
           str(new), Replace=2)
```

第 1 行代码使用前面启动的 Word 程序打开模板文档。

第 2 行代码使用 zip() 函数将列名和当前行中各列的数据一一配对，此时变量 old 代表列名，如“【合同编号】”，而变量 new 代表列数据，如“20210001”。

第 3 行代码创建了一个 Find 对象，用于完成查找和替换。

第 4 行和第 5 行代码分别用于清除查找文本和替换文本的格式设置，表示查找和替换文本时不限制格式。

第 6 行代码使用 Find 对象的 Execute() 函数执行查找和替换。其中参数 FindText 和 ReplaceWith 分别用于设置查找和替换的关键词，关键词须为字符串，所以这里使用 str() 函数转换数据类型；参数 Replace 用于设置查找和替换的方式，这里设置为 2，表示全部替换。

完成查找和替换后，保存生成的合同文档。相应代码如下：

```
1        file_name = f'{row["【客户】"]}合同.docx'
2        doc_file = doc_folder / file_name
3        temp_doc.SaveAs(str(doc_file), FileFormat=16)
4        temp_doc.Close()
```

第 1 行代码用于从当前行数据中取出“【客户】”列的数据，构造一个文件名。

第 2 行代码将构造的文件名拼接在合同文档文件夹路径的末尾，得到一个完整的文件路径。

第 3 行代码使用 SaveAs() 函数根据第 2 行代码创建的文件路径另存当前文档。其中参数 FileFormat 用于设置保存格式，这里设置为 16，表示保存为“.docx”格式文件。

第 4 行代码使用 Close() 函数关闭当前文档。

运行以上代码后，在文件夹“Word 采购合同”中可以看到批量生成的合同文档，如下图所示。

打开任意一个合同文档，可以看到对应的字段被替换为工作表中的行内容，如下图所示。

采购合同

合同编号：20210005

甲方：A005 有限公司

乙方：HSJ 有限公司

经甲乙双方友好协商后，特订立本合同，以便双方共同遵守。

一、采购的产品名称、数量、单价和金额

产品名称	数量（台）	单价（元/台）	金额（元）
空调	80	3412	272960
合计	大写：贰拾柒万贰仟玖佰陆拾元整		小写：272960 元

二、质量要求

乙方须按甲方指定的产品名称、数量、单价等要求及时供货，乙方供货不符合要求的，甲方有权立即退货。乙方有义务向甲方提供甲方所需的有关产品的资料。

三、付款方式

甲方应在乙方货到之日验收合格后一次性付清全款。

四、其他约定

本合同一式两份，由甲乙双方各持一份，该合同经双方当事人签字盖章后生效。

甲方（公章）：A005 有限公司

法定代表人（签字）：

6.4.3　将合同文档批量转换为 PDF 文件

如果不希望制作好的 Word 文档被别人随意修改、复制或打印，或者想要避免因操作系统或软件版本的不同导致的排版混乱，可以将 Word 文档转换为 PDF 文件。下面就将前面生成的合同文档批量转换为 PDF 文件。

首先进行相关文件和文件夹路径的操作，相应代码如下：

```
1  pdf_folder = Path('F:\\代码文件\\06\\PDF采购合同')
2  if not pdf_folder.exists():
3      pdf_folder.mkdir(parents=True)
4  file_list = list(doc_folder.glob('*.docx'))
```

第 1～3 行代码用于自动创建文件夹，存放生成的 PDF 文件。

第 4 行代码用于获取合同文档文件夹下所有“.docx”格式文件的路径。

然后逐个打开合同文档并另存为 PDF 文件，相应代码如下：

```
1  for w in file_list:
2      pdf_file = pdf_folder / w.with_suffix('.pdf').name
3      if not (pdf_file.exists() or w.stem.startswith('~$')):
4          doc1 = word.Documents.Open(str(w))
5          doc1.SaveAs(str(pdf_file), FileFormat=17)
6          doc1.Close()
7  word.Quit()
```

第 2 行代码用于构造一个 PDF 文件的保存路径。这里先使用路径对象的 with_suffix() 函数将合同文档路径的扩展名更改为“.pdf”，然后使用路径对象的 name 属性获取 PDF 文件的全名，再拼接到 PDF 文件夹路径的末尾，得到一个完整的 PDF 文件路径。

第 3 行代码进行判断，只有同时满足两个条件，才执行第 4～6 行代码。这两个条件为：PDF 文件不存在；要打开的合同文档不是文件名以“~$”开头的临时文件。

第 4 行代码用于打开合同文档。第 5 行代码使用 SaveAs() 函数另存当前文档，其中参数 FileFormat 设置为 17，表示保存为 PDF 文件。第 6 行代码用于关闭合同文档。

第 7 行代码用于退出 Word 程序。

运行以上代码后，打开文件夹“PDF 采购合同”，可以看到批量转换生成的 PDF 文件，如下图所示。各个 PDF 文件的内容和版面效果与前面生成的合同文档相同，这里不再展示。

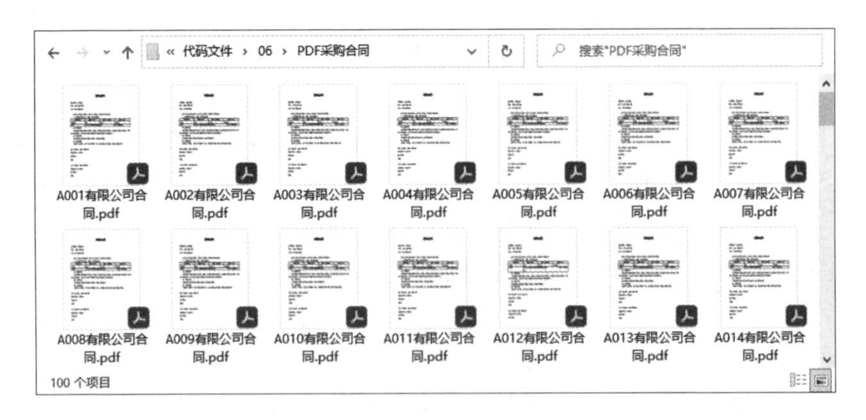

批量制作采购合同的完整代码如下：

```
1  import pandas as pd
2  from pathlib import Path
3  import win32com.client as win32
4  data = pd.read_excel('F:\\代码文件\\06\\合同信息.xlsx',
   sheet_name='合同信息')
5  doc_folder = Path('F:\\代码文件\\06\\Word采购合同')
6  if not doc_folder.exists():
7      doc_folder.mkdir(parents=True)
8  word = win32.gencache.EnsureDispatch('Word.Application')
9  for r in range(data.shape[0]):
10     row = data.iloc[r]
11     temp_doc = word.Documents.Open('F:\\代码文件\\06\\合
       同模板.docx')
12     for old, new in zip(row.index, row.values):
13         findobj = word.Selection.Find
14         findobj.ClearFormatting()
15         findobj.Replacement.ClearFormatting()
16         findobj.Execute(FindText=str(old), ReplaceWith=
           str(new), Replace=2)
17     file_name = f'{row["【客户】"]}合同.docx'
18     doc_file = doc_folder / file_name
19     temp_doc.SaveAs(str(doc_file), FileFormat=16)
20     temp_doc.Close()
21 pdf_folder = Path('F:\\代码文件\\06\\PDF采购合同')
22 if not pdf_folder.exists():
23     pdf_folder.mkdir(parents=True)
24 file_list = list(doc_folder.glob('*.docx'))
25 for w in file_list:
26     pdf_file = pdf_folder / w.with_suffix('.pdf').name
27     if not (pdf_file.exists() or w.stem.startswith('~$')):
```

```
28         doc1 = word.Documents.Open(str(w))
29         doc1.SaveAs(str(pdf_file), FileFormat=17)
30         doc1.Close()
31 word.Quit()
```

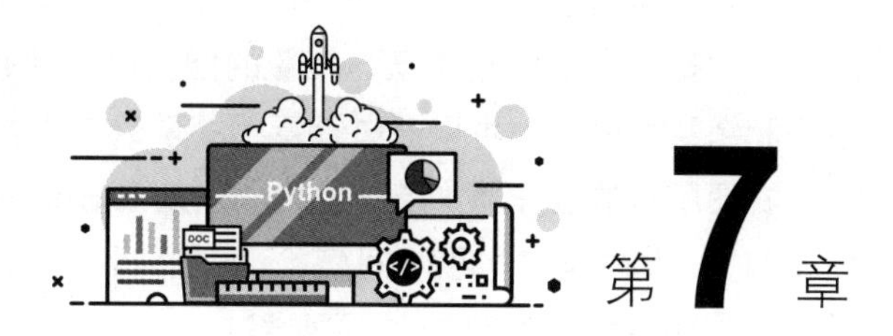

第7章 销售数据分析

为了让收集和存储的数据得到有效的利用，市场营销人员必须对数据进行分析和可视化展现，以便于挖掘数据背后的规律和隐含的信息，从而制定出科学性、针对性和可行性较强的营销策略。

本章将以产品价格和销量的相关性分析、产品销售数据分析、员工销售业绩分析为例，讲解如何利用 Python 分析销售数据。

7.1 产品价格和销量的相关性分析

◎ 代码文件：产品价格和销量的相关性分析.py

在不考虑市场环境突变等特殊因素时，产品销量通常会随着价格的增长而降低。但是并不是价格越低，销量的增长情况就越理想。如果要更精确地探寻价格和销量的关系，可以通过计算相关系数并进行一元回归分析来完成。

右图所示的工作簿“产品价格和销量汇总表.xlsx”中记录了某产品在 2016 年 1 月至 2021 年 11 月期间每个月的平均单价和平均销量数据。下面通过编写 Python 代码，分析价格（自变量）和销量（因变量）之间的相关性，并建立线性回归方程。

	A	B	C
1	月份	平均单价（元/kg）	平均销量（kg）
2	2016年1月	3.62	2800
3	2016年2月	3.85	3690
4	2016年3月	3.85	2660
5	2016年4月	3.87	2569
6	2016年5月	3.45	3640
7	2016年6月	3.37	4120
8	2016年7月	3.18	4521
9	2016年8月	3.02	4890
10	2016年9月	3.09	5694
11	2016年10月	3.09	5100
12	2016年11月	2.99	5200

Sheet1

先来加载数据，相应代码如下：

```
1  import pandas as pd
2  data = pd.read_excel('产品价格和销量汇总表.xlsx', index_col=
   '月份')
3  X = data[['平均单价（元/kg）']]
4  Y = data['平均销量（kg）']
```

第 2 行代码用于从工作簿中读取数据。第 3 行和第 4 行代码分别从读取的数据中选取自变量（价格）和因变量（销量）的实际值。在选取自变量数据时，必须写成二维结构形式，即大列表里包含小列表的形式。

然后使用 Matplotlib 模块绘制散点图，以便直观地观察自变量和因变量的关系。相应代码如下：

```
1  import matplotlib.pyplot as plt
2  plt.rcParams['font.sans-serif'] = ['SimHei']
3  plt.rcParams['axes.unicode_minus'] = False
4  plt.scatter(X, Y)
5  plt.xlabel('平均单价（元/kg）')
```

```
6   plt.ylabel('平均销量（kg）')
7   plt.show()
```

第 1 行代码用于导入 Matplotlib 模块的子模块 pyplot，并简写为 plt。Matplotlib 模块是一个专门用于绘制图表的第三方模块，可使用命令“pip install matplotlib”安装该模块。

第 2 行和第 3 行代码用于解决 Matplotlib 模块在绘图时默认不支持显示中文字符的问题。

第 4 行代码使用 Matplotlib 模块中的 scatter() 函数绘制散点图，以可视化的方式展现自变量和因变量的实际值。

第 5 行和第 6 行代码分别使用 Matplotlib 模块中的 xlabel() 函数和 ylabel() 函数为图表添加 x 轴标题和 y 轴标题。

第 7 行代码使用 Matplotlib 模块中的 show() 函数显示绘制的图表。

代码的运行结果如下图所示。

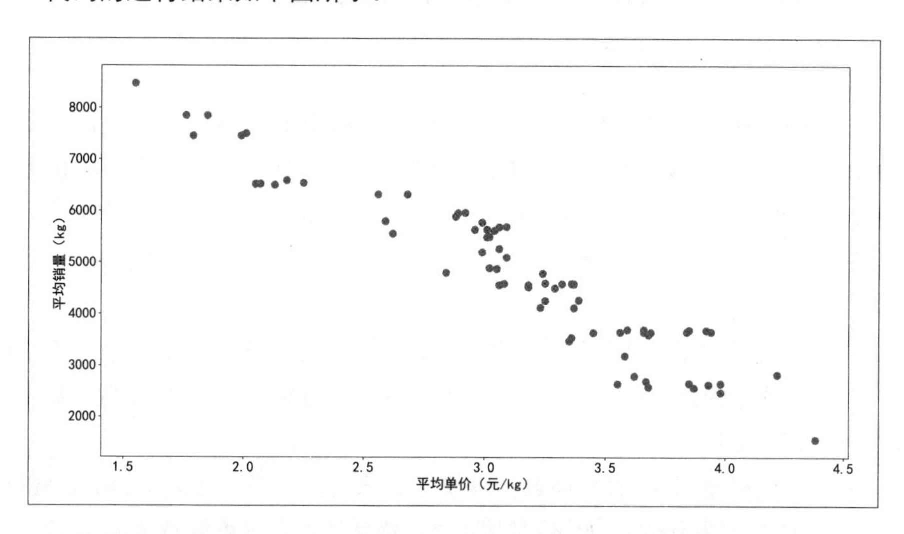

从散点图可以看出，自变量和因变量之间有比较明显的线性相关性。下面来计算自变量和因变量之间的线性相关系数，相应代码如下：

```
1   corr = data.corr()
2   print(corr)
```

第 1 行代码使用 corr() 函数生成数据的相关系数矩阵，该矩阵包含任意两个变量之间的相关系数。

代码运行结果如下：

```
1                    平均单价（元/kg）      平均销量（kg）
2  平均单价（元/kg）      1.000000          -0.949269
3  平均销量（kg）        -0.949269           1.000000
```

从运行结果可以看出，价格和销量之间的相关系数约为 -0.95，很接近 -1，说明价格和销量之间具有较强的线性负相关性，即价格越高，销量也就越低。

下面来建立线性回归分析模型，相应代码如下：

```
1  from sklearn import linear_model
2  model = linear_model.LinearRegression()
3  model.fit(X.to_numpy(), Y.to_numpy())
4  r = model.score(X.to_numpy(), Y.to_numpy())
5  print('R-squared:', r)
```

第 1 行代码导入 Scikit-Learn 模块中的 LinearRegression() 函数，其中的 sklearn 是 Scikit-Learn 模块的简称。Scikit-Learn 模块是一个包含各种机器学习常用算法的第三方模块，可以使用命令“pip install sklearn”安装该模块。

第 2 行代码使用 LinearRegression() 函数构造了一个初始的线性回归分析模型，并命名为 model。

第 3 行代码使用 fit() 函数基于前面选取的自变量和因变量数据完成模型的拟合。需要注意的是，这里要使用 pandas 模块中的 to_numpy() 函数将数据转换为 NumPy 数组。

第 4 行代码使用 score() 函数计算模型的 R^2 值，用于评估模型的拟合程度。R^2 值的取值范围为 0～1，R^2 值越接近 1，模型的拟合程度就越高。

代码的运行结果如下：

```
1  R-squared: 0.901111206837139
```

从运行结果可以看出，模型的 R^2 值约为 0.901，很接近 1，说明模型的拟合程度还是比较高的。

随后利用 Matplotlib 模块绘制散点图和拟合曲线，以便直观地展示模型的拟合程度，相应代码如下：

```
1  plt.scatter(X, Y)
2  Y_pred = model.predict(X.to_numpy())
3  plt.plot(X, Y_pred)
4  plt.xlabel('平均单价（元/kg）')
5  plt.ylabel('平均销量（kg）')
6  plt.show()
```

第 1 行代码使用 Matplotlib 模块中的 scatter() 函数根据自变量和因变量的实际值绘制散点图。

第 2 行代码使用 predict() 函数根据自变量的实际值计算因变量的预测值。

第 3 行代码使用 Matplotlib 模块中的 plot() 函数绘制折线图，以可视化的方式展现模型的预测值。

代码的运行结果如下图所示。

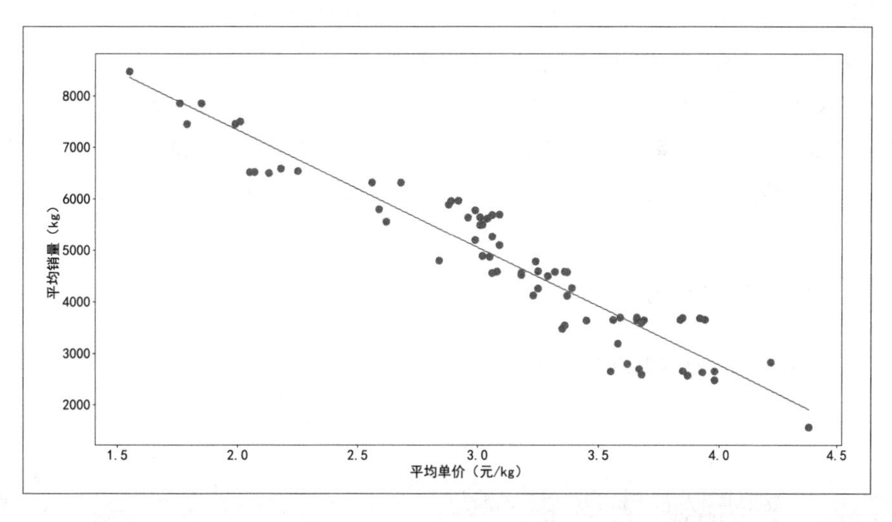

从上图可以看出，散点（实际值）比较均匀地分布在折线（预测值）的两侧，同样说明模型的拟合程度较高。

因为模型的拟合程度较高，所以可以使用该模型进行预测。相应代码如下：

```
1  y = model.predict([[3.26], [2.66], [1.96]])
2  print(y)
```

第 1 行代码同样使用 predict() 函数预测价格（单位：元 /kg）分别为 3.26、2.66、1.96 时的销量。

代码运行结果如下：

```
[4463.68805071 5830.60821016 7425.34839619]
```

我们还可以获取拟合模型的参数，即一元线性回归方程的回归系数 a 和截距 b，并输出方程。相应代码如下：

```
a = model.coef_[0]
b = model.intercept_
equation = f'y={a:.2f}x{b:+.2f}'
print(equation)
```

第 1 行代码用于获取回归系数 a。其中的 coef_ 属性返回的是一个列表，这里通过索引号 0 来提取列表的第 1 个元素，即回归系数 a。

第 2 行代码使用 intercept_ 属性获取截距 b。

第 3 行代码使用 f-string 方法将获得的 a 和 b 拼接成表示方程的字符串。其中“{a:.2f}”表示将变量 a 的值显示为浮点型数字，保留两位小数；“{b:+.2f}”同样表示将变量 b 的值显示为浮点型数字，保留两位小数，并且始终显示数值的正负号。

代码运行结果如下：

```
y=-2278.20x+11890.62
```

7.2 产品销售数据分析

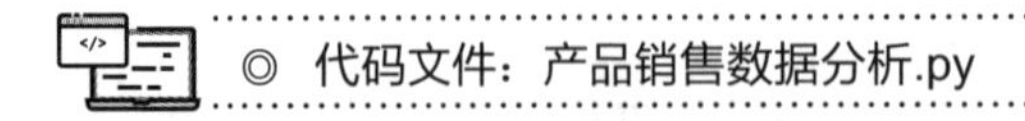

◎ 代码文件：产品销售数据分析.py

通过分析产品的销售数据，市场营销人员可以了解企业的产品销售情况，从而更好地制定市场营销策略。本节将通过编写 Python 代码，对产品的销售数据进行合并、分组汇总、筛选等处理，并绘制图表来帮助分析数据。

工作簿“产品销售表.xlsx”中有两个工作表“销售订单表”和“产品信息表”，其中分别存放着某化妆品企业 2021 年的产品销售明细数据和产品的基本信息，如下两图所示。

	A	B	C	D	E	F	G
1	序号	订单编号	订单日期	产品编号	订购单价	订购数量	销售额
2	1	A1220001	2021/1/1	E003	¥225	200	¥45,000.00
3	2	A1220002	2021/1/1	E004	¥247	100	¥24,700.00
4	3	A1220003	2021/1/1	E005	¥269	50	¥13,450.00
5	4	A1220004	2021/1/4	E006	¥369	60	¥22,140.00
6	5	A1220005	2021/1/4	F001	¥159	80	¥12,720.00
7	6	A1220006	2021/1/4	F002	¥169	250	¥42,250.00
8	7	A1220007	2021/1/4	F003	¥282	300	¥84,600.00
9	8	A1220008	2021/1/4	F004	¥180	1000	¥180,000.00
10	9	A1220009	2021/1/6	F005	¥66	60	¥3,960.00
11	10	A1220010	2021/1/6	F006	¥69	400	¥27,600.00
12	11	A1220011	2021/1/6	G001	¥36	200	¥7,200.00
13	12	A1220012	2021/1/6	G002	¥38	600	¥22,800.00

销售订单表　产品信息表

	A	B	C	D	E	F
1	产品编号	产品名称	销售单价	产品小类	产品大类	
2	A001	提亮补水乳液	¥225	乳液	护肤品	
3	A002	去黄焕肤清爽乳液	¥365	乳液	护肤品	
4	A003	补水控油乳液	¥158	乳液	护肤品	
5	A004	补水保湿乳液	¥169	乳液	护肤品	
6	A005	修复补水乳液	¥129	乳液	护肤品	
7	A006	光感修护保湿乳液	¥399	乳液	护肤品	
8	B001	水动力防晒霜	¥229	防晒霜	护肤品	
9	B002	敏感肌防晒霜	¥66	防晒霜	护肤品	
10	B003	水润保湿隔离防晒霜	¥39	防晒霜	护肤品	
11	B004	防水防紫外线防晒霜	¥278	防晒霜	护肤品	
12	B005	抗蓝光防紫外线防晒霜	¥159	防晒霜	护肤品	
13	B006	养肌提亮防晒霜	¥225	防晒霜	护肤品	

销售订单表　产品信息表

下面通过编写 Python 代码，对上述数据进行 3 个方面的分析：每月销售额变化趋势、每月各产品大类的销售额对比、全年各产品小类的销售额对比。

7.2.1　绘制折线图分析每月销售额变化趋势

首先，还是使用 pandas 模块的 read_excel() 函数读取工作簿数据。从第 1 个工作表“销售订单表”中读取数据的代码如下：

```
1  import pandas as pd
2  data1 = pd.read_excel('产品销售表.xlsx', sheet_name='销售
   订单表')
3  print(data1.head())
```

第 3 行代码中的 head() 函数用于在 DataFrame 中选取开头几行数据，以了解数据的概况。在函数的括号中可以输入数值来指定行数，这里没有指定行数，表示选取 5 行。

代码运行结果如下图所示。

	序号	订单编号	订单日期	产品编号	订购单价	订购数量	销售额
0	1	A1220001	2021-01-01	E003	225	200	45000
1	2	A1220002	2021-01-01	E004	247	100	24700
2	3	A1220003	2021-01-01	E005	269	50	13450
3	4	A1220004	2021-01-04	E006	369	60	22140
4	5	A1220005	2021-01-04	F001	159	80	12720

从第 2 个工作表“产品信息表”中读取数据的代码如下：

```
1  data2 = pd.read_excel('产品销售表.xlsx', sheet_name='产品
   信息表')
2  print(data2.head())
```

代码运行结果如下图所示。

	产品编号	产品名称	销售单价	产品小类	产品大类
0	A001	提亮补水乳液	225	乳液	护肤品
1	A002	去黄焕肤清爽乳液	365	乳液	护肤品
2	A003	补水控油乳液	158	乳液	护肤品
3	A004	补水保湿乳液	169	乳液	护肤品
4	A005	修复补水乳液	129	乳液	护肤品

然后合并从两个工作表中读取的数据，相应代码如下：

```
1  all_data = pd.merge(data1, data2, on='产品编号', how=
   'left')
```

```
2   all_data['月份'] = all_data['订单日期'].dt.month
3   print(all_data.head())
```

第1行代码使用pandas模块中的merge()函数合并数据表。该函数可以按照指定的列对两个数据表进行关联查询和数据合并。第1个和第2个参数是要合并的两个数据表（通常为DataFrame对象），第1个表称为“左表”，第2个表称为“右表”。参数on用于指定依据哪一列进行合并操作，这里设置为“产品编号”列。参数how用于指定合并方式：默认值为'inner'，表示保留两个表共有的内容，即取交集；设置为'outer'表示保留两个表的所有内容，即取并集；设置为'left'或'right'则分别表示保留左表（第1个表）的全部内容或者保留右表（第2个表）的全部内容。

第2行代码用于从“订单日期”列中提取月份，作为新的一列添加到表中，列名为“月份”。其中的dt.month属性用于返回日期数据中的月份。

运行以上代码，可得到如下图所示的明细数据总表。

	序号	订单编号	订单日期	产品编号	订购单价	订购数量	销售额	产品名称	销售单价	产品小类	产品大类	月份
0	1	A1220001	2021-01-01	E003	225	200	45000	眼袋紧致眼霜	225	眼霜	护肤品	1
1	2	A1220002	2021-01-01	E004	247	100	24700	淡化黑眼圈眼霜	247	眼霜	护肤品	1
2	3	A1220003	2021-01-01	E005	269	50	13450	消浮肿熬夜淡化黑眼圈眼霜	269	眼霜	护肤品	1
3	4	A1220004	2021-01-04	E006	369	60	22140	塑颜抗皱眼霜	369	眼霜	护肤品	1
4	5	A1220005	2021-01-04	F001	159	80	12720	修护睡眠补水面膜	159	面膜	护肤品	1

随后统计每月的销售额，相应代码如下：

```
1   all_data1 = all_data.groupby(by='月份', as_index=False)
    ['销售额'].sum()
2   print(all_data1)
```

第1行代码先用groupby()函数根据“月份”列对前面得到的数据总表进行分组，然后从分组结果中选取“销售额”列，使用sum()函数对数据进行分组求和。

groupby()函数的参数by是分组的依据；参数as_index为True时，表示将分组标签作为分组汇总结果的行标签，如果为False，则使用从0开始的整数序列作为行标签。

除了使用 sum() 函数进行求和，还可使用 mean()、max()、min()、count() 等函数进行求平均值、求最大值、求最小值、计数等汇总计算。

代码运行结果如下：

```
1	    月份	销售额
2	0	1	4417670
3	1	2	4344310
4	2	3	7203710
5	3	4	5661310
6	4	5	6033690
7	5	6	3502030
8	6	7	3861830
9	7	8	2175140
10	8	9	1882630
11	9	10	3691410
12	10	11	4015460
13	11	12	5694490
```

完成了数据的读取、合并和分组汇总后，就可以通过绘制折线图来分析每月销售额的变化趋势了。相应代码如下：

```
1	import matplotlib.pyplot as plt
2	plt.rcParams['font.sans-serif'] = ['Microsoft YaHei']
3	plt.rcParams['axes.unicode_minus'] = False
4	plt.figure(figsize=(12, 5))
5	x = all_data1['月份']
6	y = all_data1['销售额'] / 10000
7	plt.plot(x, y, color='k', linewidth=3, linestyle='sol-
	id', marker='d', markersize=8)
8	plt.title('每月销售额趋势图', fontsize=24)
9	plt.xlabel('月份', fontsize=12)
10	plt.ylabel('销售额(万元)', fontsize=12)
11	plt.xticks(range(13))
```

```
12  plt.ylim(0, 800)
13  props = dict(boxstyle='round', facecolor='m', alpha=
    0.8)
14  for a, b in zip(x, y):
15      plt.text(a, b - 60, f'{b:.2f}', ha='center', va=
        'center', color='w', size=12, bbox=props)
16  plt.show()
```

第 2 行代码设置图表中文本的默认字体为“微软雅黑”。

第 4 行代码使用 figure() 函数创建一个绘图窗口。其中的“figsize=(12, 5)”表示窗口的宽度和高度分别为 12 英寸（1 英寸＝ 2.54 厘米）和 5 英寸。

第 5 行和第 6 行代码分别从前面的分组汇总结果中提取“月份”列的数据作为图表的 x 坐标值，提取“销售额”列的数据作为图表的 y 坐标值。其中“销售额”列的数据数量级较大，不便于阅读，因此将其统一除以 10000，即将单位从“元”转换为“万元”。

第 7 行代码使用 plot() 函数绘制折线图。参数 color 用于设置折线的颜色，这里的 'k' 代表黑色；参数 linewidth 用于设置折线的粗细（单位：点）；参数 linestyle 用于设置折线的线型，这里的 'solid' 代表实线；参数 marker 用于设置数据标记的样式，这里的 'd' 代表菱形；参数 markersize 用于设置数据标记的大小（单位：点）。

第 8 行代码使用 title() 函数设置图表标题。其中的参数 fontsize 用于设置标题文本的字体大小。

第 9 行和第 10 行代码分别用于设置 x 轴和 y 轴的标题。其中的参数 fontsize 同样用于设置标题文本的字体大小。

第 11 行代码先用 range() 函数生成 0～12 的整数序列，再用 xticks() 函数将这个整数序列设置成 x 轴的刻度。

第 12 行代码使用 ylim() 函数将 y 轴的刻度范围设置为 0～800。

第 13～15 行代码用于为折线图添加数据标签。

第 13 行代码创建了一个字典用于定义文本框的样式。字典中的键值对为格式的参数名和参数值：其中参数 boxstyle 用于设置文本框的形状，这里的 'round' 代表圆角矩形；参数 facecolor 用于设置文本框的填充颜色，这里的 'm' 代表洋红色；参数 alpha 用于设置文本框的不透明度，取值范围为 0～1，0 为完全透明，1 为完全不透明。

第 14 行代码用 zip() 函数将数据点的 x 坐标值和 y 坐标值逐个配对打包成一个个元组，即 (1, 441.767)、(2, 434.431)、(3, 720.371)……的形式，作为数据标签的坐标。

第 15 行代码使用 text() 函数在图表的指定坐标位置添加文本作为数据标签。第 1 个和第 2 个参数分别用于设置文本的 x 坐标和 y 坐标，这里将第 2 个参数减去一个固定值，表示将数据标签适当向下偏移，以免遮挡数据标记；第 3 个参数用于设置文本的内容，这里的 “f'{b:.2f}'” 表示用 f-string 将销售额值设置成保留两位小数的浮点型数字格式；参数 ha 是 horizontal alignment 的简写，表示文本在水平方向的位置，可取的值有 'center'、'right'、'left'；参数 va 是 vertical alignment 的简写，表示文本在垂直方向的位置，可取的值有 'center'、'top'、'bottom' 等；参数 color 用于设置文本的颜色，这里的 'w' 代表白色；参数 size 用于设置文本的字体大小；参数 bbox 用于设置文本框的样式，这里设置为第 13 行代码创建的样式字典。

第 16 行代码用于显示绘制的图表。

运行以上代码，可看到如下图所示的折线图（具体的颜色效果请读者自行运行代码后查看）。从图中可以看出，销售额在 3 月达到最高，随后开始呈下降趋势，9 月后销售额又呈上升趋势。

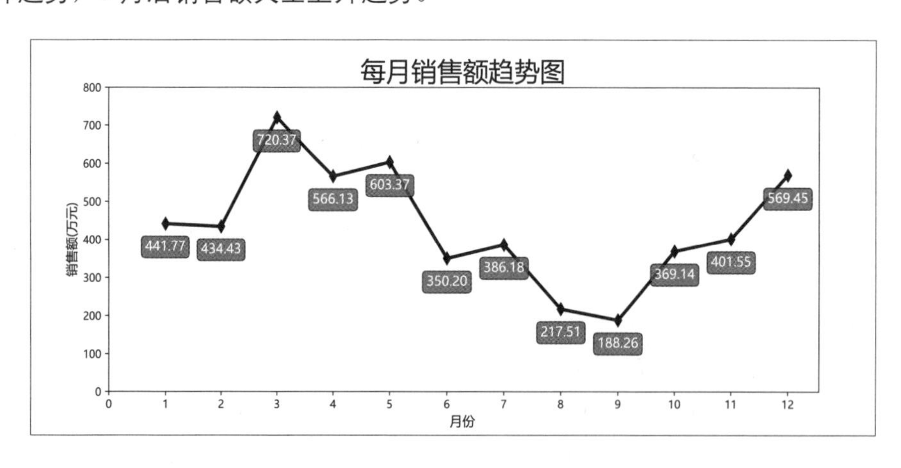

7.2.2 绘制柱形图对比每月各产品大类的销售额

先基于前面得到的明细数据总表，按照月份和产品大类对销售额进行分组汇总。相应代码如下：

```
all_data2 = all_data.groupby(by=['月份', '产品大类'], as_index=False)['销售额'].sum()
```

然后从分组汇总结果中筛选出要比较的产品大类的数据。这里假设要比较“护肤品”和“彩妆”的销售额，相应代码如下：

```
list1 = all_data2[all_data2['产品大类'] == '护肤品']
list2 = all_data2[all_data2['产品大类'] == '彩妆']
```

以“护肤品”为例，筛选结果如下：

```
      月份      产品大类      销售额
1     1        护肤品        3620170
3     2        护肤品        3606330
5     3        护肤品        5057970
7     4        护肤品        4298900
9     5        护肤品        3412170
11    6        护肤品        2507990
13    7        护肤品        2041180
15    8        护肤品        763610
17    9        护肤品        1132840
19    10       护肤品        3098770
21    11       护肤品        2859750
23    12       护肤品        2936930
```

最后使用 Matplotlib 模块绘制柱形图，对比不同产品大类的月度销售额。相应代码如下：

```
import matplotlib.pyplot as plt
plt.rcParams['font.sans-serif'] = ['Microsoft YaHei']
plt.rcParams['axes.unicode_minus'] = False
plt.figure(figsize=(12, 5))
x = list1['月份']
```

```
6  y1 = list1['销售额'] / 10000
7  y2 = list2['销售额'] / 10000
8  bar_width = 0.4
9  plt.bar(x - bar_width / 2, y1, width=bar_width, color=
   'y', label='护肤品')
10 plt.bar(x + bar_width / 2, y2, width=bar_width, color=
   'k', label='彩妆')
11 plt.title('护肤品和彩妆月度销售额对比图', fontsize=24)
12 plt.xlabel('月份', fontsize=12)
13 plt.ylabel('销售额(万元)', fontsize=12)
14 plt.legend(loc='upper right', fontsize=10)
15 plt.xticks(range(13))
16 plt.ylim(0, 600)
17 for a, b in zip(x, y1):
18     plt.text(a, b, f'{b:.2f}', ha='right', va='bottom',
       size=8)
19 for m, n in zip(x, y2):
20     plt.text(m, n, f'{n:.2f}', ha='left', va='bottom',
       size=8)
21 plt.show()
```

第 5 行代码从前面的筛选结果中提取月份值，作为图表的 x 坐标值。

第 6 行和第 7 行代码分别从前面的筛选结果中提取“护肤品”和“彩妆”的销售额，作为图表的两组 y 坐标值。这里同样对数值做了处理，将单位从“元”转换为“万元”。

第 8 行代码用于设置柱形图中柱子的宽度。

第 9 行和第 10 行代码使用 Matplotlib 模块中的 bar() 函数分别绘制“护肤品”和“彩妆”的柱形图。其中根据柱子的宽度对 x 坐标值相应做了增减，以避免每个月中的两根柱子重叠在一起。

第 14 行代码使用 Matplotlib 模块中的 legend() 函数为图表添加图例。其中参数 loc 用于设置图例的位置，这里的 'upper right' 表示图表右上角。

第 17～20 行代码分别为两个柱形图添加数据标签。

运行以上代码，可看到如下图所示的柱形图（具体的颜色效果请读者自行运行代码后查看）。从图中可以看出，几乎每个月的护肤品销售额都明显高于彩妆的销售额。

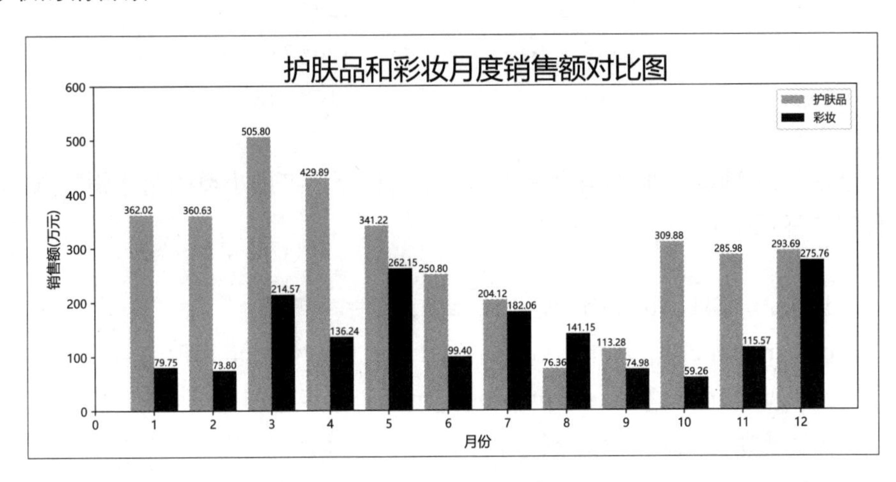

7.2.3　绘制柱形图对比全年各产品小类的销售额

先基于前面得到的明细数据总表，按照产品小类对销售额进行分组汇总。相应代码如下：

```
1  all_data3 = all_data.groupby(by='产品小类', as_index=
   False)['销售额'].sum()
2  print(all_data3)
```

代码运行结果如下：

```
1      产品小类     销售额
2  0   乳液         4566160
3  1   口红         2161440
4  2   眉粉         2067970
5  3   眼影         3068530
6  4   眼线         3143120
7  5   眼霜         8430300
8  6   睫毛膏       1553300
```

```
9   7          粉底          5152710
10  8          精华          6945150
11  9          防晒霜        5184350
12  10         面膜          5045710
13  11         面霜          5164940
```

然后使用 Matplotlib 模块绘制柱形图，对比不同产品小类的全年销售额，相应代码如下：

```
1  import matplotlib.pyplot as plt
2  plt.rcParams['font.sans-serif'] = ['Microsoft YaHei']
3  plt.rcParams['axes.unicode_minus'] = False
4  plt.figure(figsize=(12, 5))
5  x = all_data3['产品小类']
6  y = all_data3['销售额'] / 10000
7  plt.bar(x, y, width=0.6, color='k')
8  plt.title('各产品小类年度销售额对比图', fontsize=24)
9  plt.xlabel('产品小类', fontsize=12)
10 plt.ylabel('销售额(万元)', fontsize=12)
11 plt.grid(b=True, color='g', linestyle='dotted', linewidth
   =1)
12 plt.ylim(0, 1000)
13 for a, b in zip(x, y):
14     plt.text(a, b, f'{b:.2f}', ha='center', va='bot-
       tom', size=10)
15 plt.show()
```

第 5 行代码从前面的分组汇总结果中提取“产品小类”列的数据，作为图表的 x 坐标值。

第 6 行代码从前面的分组汇总结果中提取“销售额”列的数据，作为图表的 y 坐标值。这里同样对数值做了处理，将单位从“元”转换为“万元”。

第 11 行代码使用 Matplotlib 模块中的 grid() 函数为图表添加网格线。其中参数 b 设置为 True，表示显示网格线（默认同时显示 x 轴和 y 轴的网格线）；参数 linestyle 和 linewidth 分别用于设置网格线的线型和粗细。

运行以上代码，可看到如下图所示的柱形图（具体的颜色效果请读者自行运行代码后查看）。从图中可以看出，全年销售额最高的是眼霜类产品，其次是精华类产品，销售额最低的是睫毛膏类产品。

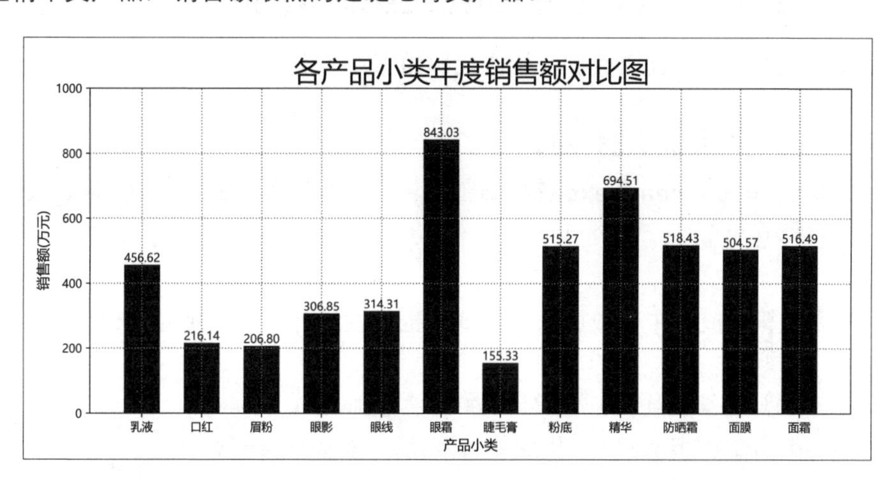

7.3　员工销售业绩分析

◎ 代码文件：员工销售业绩分析.py

假设某企业要对销售人员实行销售业绩目标管理，根据目标完成情况采取相应的奖惩措施。销售业绩目标的制定大有学问：目标定得太高，员工会觉得遥不可及，从而丧失实现目标的动力；目标定得过低，则无法激发员工的工作积极性。

为了更加科学、合理地制定目标，销售部经理从 6 个销售区域的几百名销售人员中分别随机抽取了 20 名销售人员（共 120 人），将他们上一年的销售业绩数据制作成一张表，保存在工作簿“员工销售业绩统计表.xlsx”中，表中的部分数据如右图所示。

	A	B	C
1	序号	员工编号	销售业绩（万元）
2	1	SH01001	32.02
3	2	SH01002	12.63
4	3	SH01003	35.15
5	4	SH01004	38.45
6	5	SH01005	13.64
7	6	SH01006	11.25
8	7	SH01007	8.54
9	8	SH01008	28.45
10	9	SH01009	11.54
11	10	SH01010	22.86
12	11	SH01011	26.45
13	12	SH01012	20.26
14	13	SH01013	9.45
15	14	SH01014	30.26
16	15	SH01015	9.45
17	16	SH01016	11.16
18	17	SH01017	22.39
19	18	SH01018	20.56
20	19	SH01019	12.36
21	20	SH01020	38.78

经过初步观察，销售部经理发现这 120 人中有很大一部分人的销售业绩都在一定的区间内徘徊。因此，可以基于这些历史数据计算均值、中位数、众数

等描述性统计指标，并绘制直方图展示数据的分布情况，从而估算出销售业绩目标。下面就通过编写 Python 代码来完成指标计算和图表绘制。

7.3.1 计算销售业绩的描述性统计指标

首先从工作簿中读取数据，相应代码如下：

```
1  import pandas as pd
2  data = pd.read_excel('员工销售业绩统计表.xlsx', index_col
   ='序号')
```

然后计算均值、中位数、众数这 3 个描述性统计指标，相应代码如下：

```
1  mean1 = data['销售业绩（万元）'].mean()
2  median1 = data['销售业绩（万元）'].median()
3  mode1 = data['销售业绩（万元）'].mode().tolist()
4  print('均值:', mean1)
5  print('中位数:', median1)
6  print('众数:', mode1)
```

第 1～3 行代码分别使用 pandas 模块中的 mean()、median()、mode() 函数计算“销售业绩（万元）”列数据的均值、中位数、众数。

均值就是算术平均数。中位数是指将一组数据升序排列后，位于最中间位置的值。如果数据个数为偶数，则取中间两个值的均值为中位数。

众数是在一组数据中出现次数最多的值，常用于描述一般水平。在一组数据中可能不存在众数，也可能存在多个众数。因此，第 3 行代码用 tolist() 函数将找到的众数转换为列表形式，以便进行输出。

以上代码的运行结果如下：

```
1  均值: 31.15975
2  中位数: 30.975
3  众数: [12.36, 45.36]
```

均值、中位数和众数主要用于描述数据的集中趋势，它们各有优点和缺点：

均值可以充分利用所有数据，但是容易受到极端值的影响；中位数不受极端值的影响，但是缺乏敏感性；众数也不受极端值的影响，且当数据具有明显的集中趋势时，代表性好，但是缺乏唯一性。因此，在分析了数据的集中趋势，也就是数据的中心位置后，一般会想要知道数据以中心位置为标准有多发散，即数据的离散程度。如果以中心位置来预测新数据，那么离散程度决定了预测的准确性。

数据的离散程度可用极差、方差和标准差来衡量。极差是指一组数据中最大值与最小值的差。方差是每个样本值与总体均值之差的平方值的均值，体现每个样本值偏离总体均值的程度。标准差是方差的算术平方根。计算这 3 个指标的代码如下：

```
1  from numpy import ptp, var, std
2  ptp1 = ptp(data['销售业绩（万元）'])
3  var1 = var(data['销售业绩（万元）'])
4  std1 = std(data['销售业绩（万元）'])
5  print('极差:', ptp1)
6  print('方差:', var1)
7  print('标准差:', std1)
```

第 1 行代码从 NumPy 模块中导入 ptp()、var()、std() 函数，分别用于计算数据的极差、方差、标准差。

第 2～4 行代码分别使用前面导入的函数计算“销售业绩（万元）”列数据的极差、方差、标准差。

以上代码的运行结果如下：

```
1  极差: 77.0
2  方差: 258.1745474375
3  标准差: 16.067810909937297
```

7.3.2　绘制直方图分析销售业绩的分布情况

完成了描述性统计指标的计算，下面通过绘制直方图来分析数据的分布情况。先统计一组数据的各个分段中值的频数或频率，然后根据统计结果绘制类似柱形图的图表，可以更直观地展示数据的频数或频率分布情况。

频数是指数据中的类别变量的每种取值出现的次数。频率是指每个类别变量的频数与总次数的比值。计算频数和频率的代码如下：

```
1  frequency = data['销售业绩（万元）'].value_counts()
2  percentage = data['销售业绩（万元）'].value_counts(nor-
   malize=True)
3  print(frequency.head())
4  print(percentage.head())
```

pandas 模块中的 value_counts() 函数可计算数据的频数或频率。第 1 行代码没有为 value_counts() 函数设置参数，默认计算数据的频数。第 2 行代码将 value_counts() 函数的参数 normalize 设置为 True，则会计算数据的频率。

以上代码的运行结果如下：

```
1   45.36    3
2   12.36    3
3   45.69    2
4   12.63    2
5   50.45    2
6   Name: 销售业绩（万元）, dtype: int64
7   45.36    0.025000
8   12.36    0.025000
9   45.69    0.016667
10  12.63    0.016667
11  50.45    0.016667
12  Name: 销售业绩（万元）, dtype: float64
```

为了更直观地查看频数和频率的分布情况，可以使用 Matplotlib 模块中的 hist() 函数绘制频数和频率的分布直方图。绘制频数分布直方图的代码如下：

```
1  import matplotlib.pyplot as plt
2  plt.rcParams['font.sans-serif'] = ['Microsoft YaHei']
```

```
3    plt.rcParams['axes.unicode_minus'] = False
4    plt.hist(data['销售业绩（万元）'], bins=9, density=False,
     color='g', edgecolor='k', alpha=0.75)
5    plt.xlabel('销售业绩（万元）')
6    plt.ylabel('频数')
7    plt.title('员工销售业绩频数分布直方图')
8    plt.show()
```

在第 4 行代码中，hist() 函数各个参数的含义为：第 1 个参数是用于绘制直方图的数据；参数 bins 用于指定直方图中柱子的个数，即数据分段的数量；参数 density 为 False 时表示绘制频数分布直方图，为 True 时表示绘制频率分布直方图；参数 color 用于设置直方图柱子的填充颜色，这里的 'g' 代表绿色；参数 edgecolor 用于设置直方图柱子的轮廓颜色，这里的 'k' 代表黑色；参数 alpha 用于设置柱子颜色的不透明度。

以上代码的运行结果如下图所示。

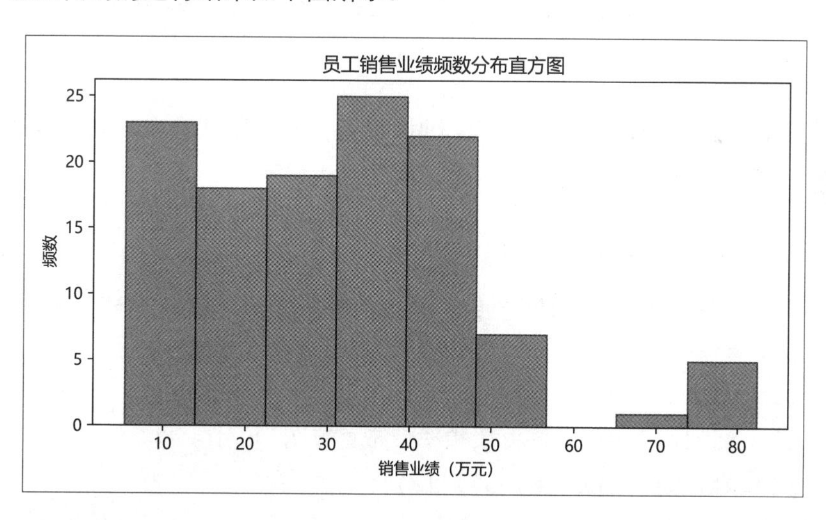

如果要绘制频率分布直方图，可以在 hist() 函数中设置参数 density 为 True，并更改 y 轴标题和图表标题。相应代码如下：

```
1    plt.hist(data['销售业绩（万元）'], bins=9, density=True,
     color='g', edgecolor='k', alpha=0.75)
2    plt.xlabel('销售业绩（万元）')
```

```
3   plt.ylabel('频率/组距')
4   plt.title('员工销售业绩频率分布直方图')
5   plt.show()
```

代码运行结果如下图所示。需要注意的是，y 轴的含义是“频率 / 组距”，因此，图中各矩形的面积等于相应各组的频率值，所有矩形面积之和为 1。

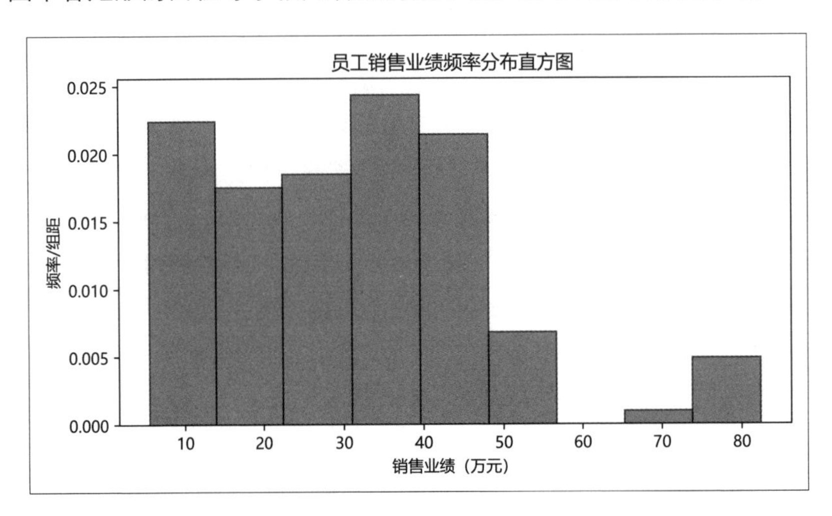

前面的代码将 hist() 函数的参数 bins 设置为一个整型数字，表示自动均匀分组。我们也可以自行设定分组组距，相应代码如下：

```
1   plt.hist(data['销售业绩（万元）'], bins=range(0, 91, 10),
    density=True, color='g', edgecolor='k', alpha=0.75)
2   plt.xlabel('销售业绩（万元）')
3   plt.ylabel('频率/组距')
4   plt.title('员工销售业绩频率分布直方图')
5   plt.xticks(range(0, 91, 10))
6   plt.show()
```

第 1 行代码将参数 bins 设置为用 range() 函数生成的整数序列，即 0、10、20、30、40、50、60、70、80、90，则各分组区间为 [0, 10)、[10, 20)、[20, 30)、[30, 40)、[40, 50)、[50, 60)、[60, 70)、[70, 80)、[80, 90]。此外，还可以用列表来指定分组组距，如 [0, 10, 20, 30, 40, 50, 60, 70, 80, 90]。当然，也可以根据实际需求指定不均匀的组距。

代码运行结果如下图所示。从图中可以看出，在抽取的 120 名销售人员中，销售业绩在 30 万元～40 万元区间内的人数最多。结合考虑 7.3.1 节中得到的描述性统计指标，将销售业绩目标定在 30 万元～40 万元之间是比较合理的。

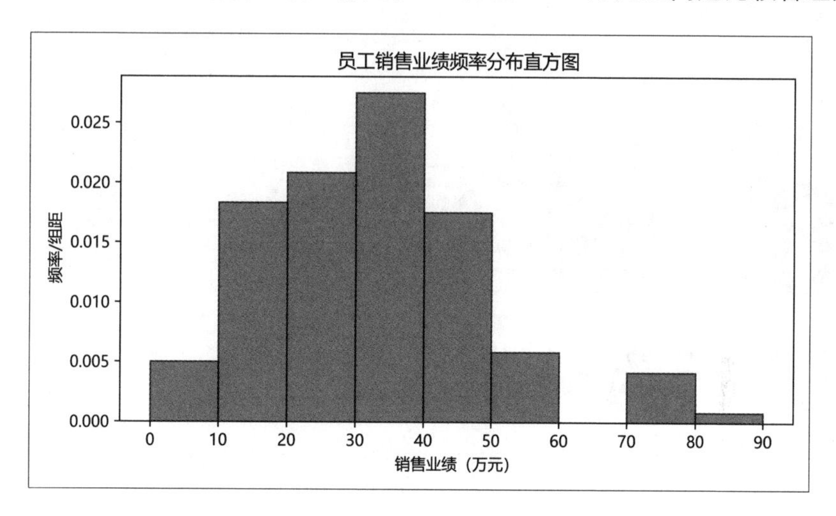

第8章 用户行为分析

用户行为分析是对用户在产品上产生的行为以及行为背后的数据进行统计和分析，从而发现用户使用产品的规律以及用户流失的原因。将这些规律和原因与企业的营销策略相结合，能够发现产品可能存在的问题，从而优化用户体验或实现精准营销，使企业业务获得增长。

本章将以用户消费行为分析、用户评论情感分析、用户流失分析为例，讲解如何利用 Python 进行用户行为分析。

8.1　用户消费行为分析

◎ 代码文件：用户消费行为分析.py

用户消费行为分析主要是从用户购买行为的发生时间、涉及的商品数量和金额等方面入手，分析用户的需求和偏好，为开展市场营销活动指引方向。

右图所示为工作簿“用户购买明细表.xlsx”中的数据表格，其中记录了多个用户在 2020 年购买商品的日期、数量和金额。下面通过编写 Python 代码，分析用户消费行为的特点。

	A	B	C	D
1	用户ID	购买日期	数量（袋）	金额（元）
2	265752457288	2020/1/1	2	24.5
3	265752457289	2020/1/1	5	61.25
4	265752457290	2020/1/2	6	73.5
5	265752457291	2020/1/3	8	98
6	265752457292	2020/1/4	10	122.5
7	265752457293	2020/1/5	2	24.5
8	265752457294	2020/1/6	6	73.5
9	265752457295	2020/1/6	3	36.75
10	265752457296	2020/1/6	5	61
11	265752457297	2020/1/6	4	49
12	265752457298	2020/1/6	7	85.75
13	265752457299	2020/1/7	8	98

Sheet1

8.1.1　查看消费数量和消费金额的数据概况

首先从工作簿中读取数据，相应代码如下：

```
1  import pandas as pd
2  data = pd.read_excel('用户购买明细表.xlsx', dtype={'用户ID': 'string'})
3  print(data.head(8))
```

第 2 行代码使用 read_excel() 函数从工作簿中读取数据。其中“用户 ID”列的数据看起来是数字，但实际上不能用于数学运算，应作为字符串来处理，所以这里通过设置参数 dtype，将该列数据指定为字符串类型。

第 3 行代码用于查看所读取数据的前 8 行。

代码运行结果如右图所示。

	用户ID	购买日期	数量（袋）	金额（元）
0	265752457288	2020-01-01	2	24.50
1	265752457289	2020-01-01	5	61.25
2	265752457290	2020-01-02	6	73.50
3	265752457291	2020-01-03	8	98.00
4	265752457292	2020-01-04	10	122.50
5	265752457293	2020-01-05	2	24.50
6	265752457294	2020-01-06	6	73.50
7	265752457295	2020-01-06	3	36.75

然后查看数据中是否存在缺失值，相应代码如下：

```
1  null_count = data.isnull().sum()
2  print(null_count)
```

第 1 行代码先使用 isnull() 函数判断各个数据是否为缺失值，再使用 sum() 函数统计每列的缺失值数量。

代码运行结果如下，可以看到所读取的数据中没有缺失值。

```
1  用户ID        0
2  购买日期      0
3  数量（袋）    0
4  金额（元）    0
5  dtype: int64
```

随后使用 describe() 函数查看数据的描述性统计指标，包括数据的个数、均值、最值、方差和分位数等。相应代码如下：

```
1  a = data.describe()
2  print(a)
```

代码运行结果如右图所示。其中各行的行标签含义分别为个数、均值、标准差、最小值、25% 分位数、50% 分位数、75% 分位数、最大值。

	数量（袋）	金额（元）
count	1000.000000	1000.000000
mean	6.604000	101.836785
std	5.086753	96.237095
min	1.000000	12.250000
25%	4.000000	49.000000
50%	6.000000	73.500000
75%	8.000000	110.250000
max	54.000000	771.750000

从图中可以看出，平均每次消费行为购买商品的数量约 6.6 袋，金额约 101.84 元；购买数量和金额的 75% 分位数分别为 8 袋和 110.25 元，都不大，说明大多数消费行为都是小额消费。

8.1.2 分析每月消费数量和消费金额的变化趋势

下面来分析每月的消费数量和消费金额的变化趋势。首先从“购买日期”列中提取月份，相应代码如下：

```
1	data['月'] = data['购买日期'].dt.month
2	print(data.head(8))
```

第 1 行代码使用 dt.month 属性从“购买日期”列中提取月份，再作为新的一列添加到数据表中，列名为“月”。

代码运行结果如右图所示。

	用户ID	购买日期	数量（袋）	金额（元）	月
0	265752457288	2020-01-01	2	24.50	1
1	265752457289	2020-01-01	5	61.25	1
2	265752457290	2020-01-02	6	73.50	1
3	265752457291	2020-01-03	8	98.00	1
4	265752457292	2020-01-04	10	122.50	1
5	265752457293	2020-01-05	2	24.50	1
6	265752457294	2020-01-06	6	73.50	1
7	265752457295	2020-01-06	3	36.75	1

然后根据“月”列对数据进行分组汇总，相应代码如下：

```
1	data1 = data.groupby(by='月')[['数量(袋)', '金额(元)']].
	sum()
2	print(data1)
```

第 1 行代码先使用 groupby() 函数根据“月”列对数据进行分组，再从分组结果中选取“数量（袋）”列和“金额（元）”列，使用 sum() 函数进行求和。

代码运行结果如右图所示，这样就完成了每月消费数量和消费金额的统计，可以通过绘制折线图来分析数据的变化趋势了。

接下来绘制每月消费数量的折线图，相应代码如下。其中大部分代码的含义与 7.2.1 节的代码相同。唯一需要说明的是第 5 行代码使用 index 属性获取变量 data1 的行标签，即月份数据，作为图表的 x 坐标值。

	数量（袋）	金额（元）
月		
1	580	7093.270
2	355	4337.610
3	986	12101.710
4	982	12077.965
5	744	12307.620
6	161	2486.750
7	373	5218.500
8	570	10167.500
9	592	9883.950
10	579	11922.250
11	425	8377.160
12	257	5862.500

```
1	import matplotlib.pyplot as plt
2	plt.rcParams['font.sans-serif'] = ['Microsoft YaHei']
3	plt.rcParams['axes.unicode_minus'] = False
```

```
4  plt.figure(figsize=(12, 5))
5  x = data1.index
6  y = data1['数量（袋）']
7  plt.plot(x, y, color='r', linewidth=2, linestyle='sol-
   id', marker='o', markersize=8)
8  plt.title(label='每月消费数量折线图', fontsize=20, loc=
   'center')
9  plt.xlabel('月份', fontsize=12)
10 plt.ylabel('数量（袋）', fontsize=12)
11 plt.xticks(range(13))
12 plt.show()
```

代码运行结果如下图所示。从图中可以看出，消费数量的波动较大，3 月和 4 月的消费数量非常高，6 月的消费数量最低，1 月、8～10 月的消费数量比较接近。

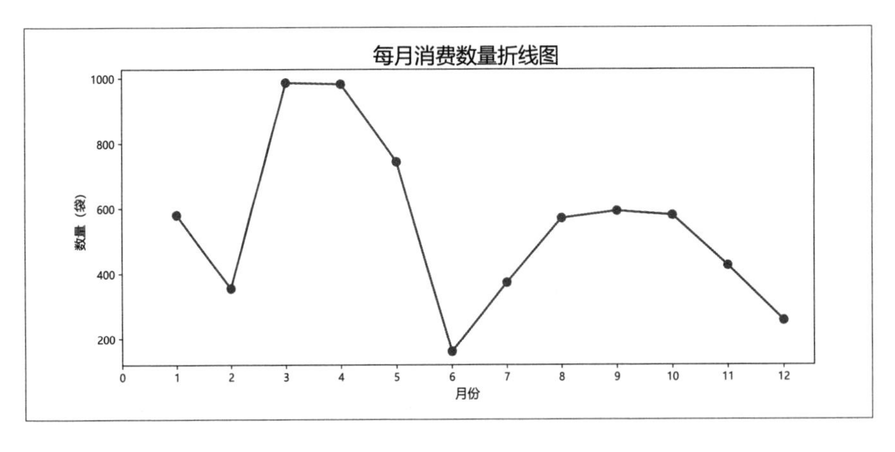

继续绘制每月消费金额的折线图，相应代码如下：

```
1  plt.figure(figsize=(12, 5))
2  x = data1.index
3  y = data1['金额（元）']
4  plt.plot(x, y, color='r', linewidth=2, linestyle='sol-
   id', marker='o', markersize=8)
```

```
5   plt.title(label='每月消费金额折线图', fontsize=20, loc=
    'center')
6   plt.xlabel('月份', fontsize=12)
7   plt.ylabel('金额（元）', fontsize=12)
8   plt.xticks(range(13))
9   plt.show()
```

代码运行结果如下图所示。从图中可以看出，消费金额的波动也较大。其中 1～7 月的消费金额整体变化趋势除了 5 月外和上页图表中展示的消费数量整体变化趋势相似。5 月的消费数量排在第 3 位，但消费金额排在第 1 位，说明该月可能消费了比较多的高价格商品。10 月的情况也和 5 月类似。

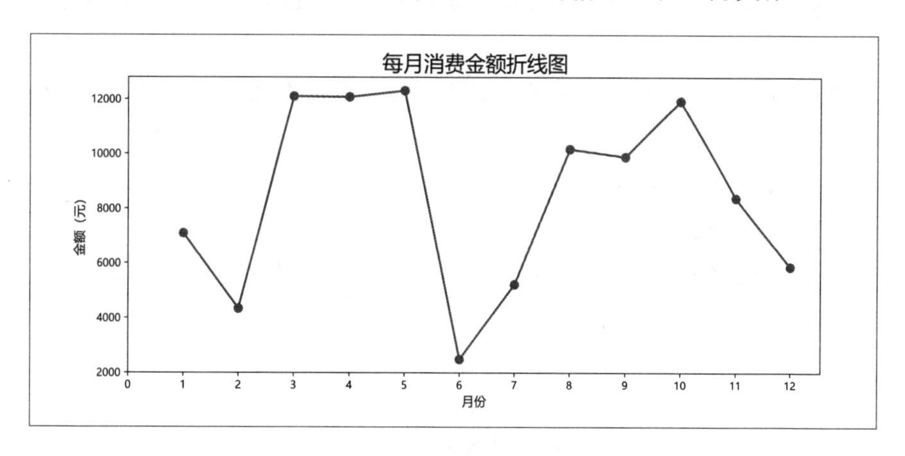

消费数量和消费金额波动较大的原因可能有两方面：一是数据中存在异常值；二是消费数量和消费金额较大的月份有促销活动。

8.1.3　绘制散点图和直方图分析用户的消费能力

为了分析用户的消费能力，可以统计各个用户 ID 的消费数量和消费金额。相应代码如下：

```
1   data2 = data.groupby(by='用户ID')[['数量（袋）', '金额
    （元）']].sum()
2   print(data2)
```

代码运行结果如右图所示。

用户ID	数量（袋）	金额（元）
265752457288	21	257.25
265752457289	5	61.25
265752457290	6	73.50
265752457291	8	98.00
265752457292	63	906.50
...	...	...

随后绘制消费数量和消费金额的散点图，相应代码如下：

```
plt.figure(figsize=(12, 5))
x = data2['金额（元）']
y = data2['数量（袋）']
plt.scatter(x, y, s=100, marker='o', color='r', edgecolor='k')
plt.title(label='消费数量和消费金额散点图', fontsize=20, loc='center')
plt.xlabel('金额（元）')
plt.ylabel('数量（袋）')
plt.grid(b=True, linestyle='dotted', linewidth=1)
plt.show()
```

代码运行结果如下图所示。从图中可以看出，大部分用户的消费能力不高，只有少数几个用户的消费数量和消费金额均较高。

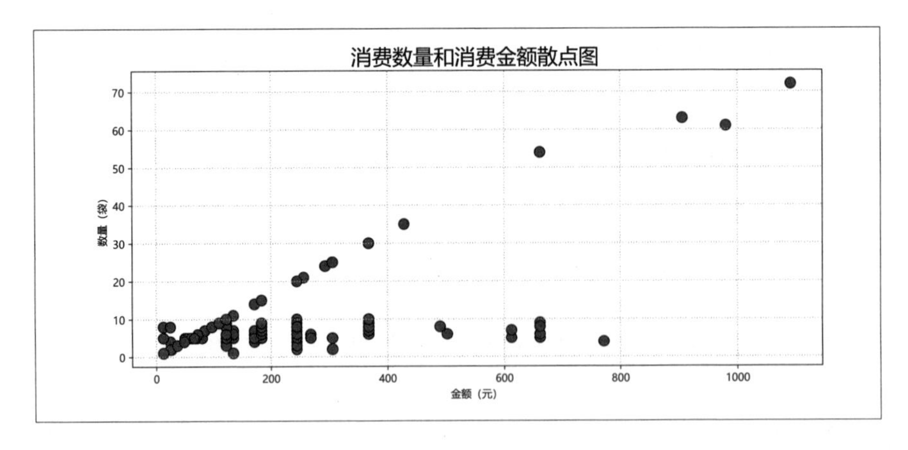

接下来绘制直方图，以便进一步研究不同消费水平用户的分布情况。相应

代码如下：

```
plt.subplots(figsize=(15, 5))
plt.subplot(1, 2, 1)
x1 = data2['数量（袋）']
plt.hist(x1, bins=range(0, 101, 10))
plt.title(label='各层次消费数量用户人数分布直方图', fontsize=15, loc='center')
plt.xlabel('数量（袋）')
plt.ylabel('人数')
plt.xticks(range(0, 101, 10))
plt.grid(b=True, linestyle='dotted', linewidth=1)
plt.subplot(1, 2, 2)
x2 = data2['金额（元）']
plt.hist(x2, bins=range(0, 1101, 100))
plt.title(label='各层次消费金额用户人数分布直方图', fontsize=15, loc='center')
plt.xlabel('金额（元）')
plt.ylabel('人数')
plt.xticks(range(0, 1101, 100))
plt.grid(b=True, linestyle='dotted', linewidth=1)
plt.show()
```

第 1 行代码使用 subplots() 函数创建了一张画布，参数 figsize 用于设置画布的宽度和高度，这里设置的宽度和高度分别为 15 英寸和 5 英寸。

第 2 行和第 10 行代码中的 subplot() 函数可以将画布划分为几个区域，以便在各个区域中分别绘制图表。该函数的参数为 3 个整型数字：第 1 个数字代表将画布划分为几行；第 2 个数字代表将画布划分为几列；第 3 个数字代表要在第几个区域中绘制图表，区域的编号规则按照从左到右、从上到下的顺序，从 1 开始编号。

第 2 行代码将整张画布划分为 1 行 2 列，并指定在第 1 个区域中绘制图表。接着用第 3～9 行代码在这个区域绘制直方图。

第 10 行代码将整张画布划分为 1 行 2 列，并指定在第 2 个区域中绘制图表。

接着用第 11～17 行代码在这个区域绘制直方图。

代码运行结果如下图所示。在图中几乎看不到高消费用户，说明大部分用户的消费能力确实不高。

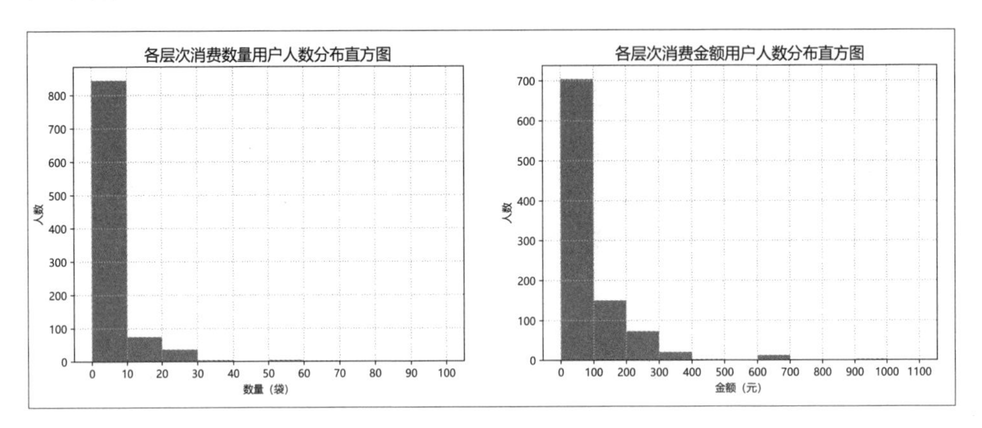

8.2　用户评论情感分析

◎ 代码文件：用户评论情感分析.py

如今各大电商网站都允许用户对所购买的商品发表评论，这些评论包含了用户的偏好信息，对市场营销工作而言具有很高的利用价值。

下图所示为从某电商网站爬取的一款商品的评论数据，保存在工作簿“用户评论统计表.xlsx”中。如果要分析用户对该商品的偏好，需要先对评论文本进行分词，然后对分词结果进行词频统计，再根据词频绘制词云图来直观展示评论中出现频率较高的关键词。

	A	B	C	D
1	序号	评论	评价	
2	1	[illegible]电饭煲同其他[illegible]产品一样，一如既往地清新脱俗，白白的，简约而带有时尚气息，果断下手了。简单易操作，轻松联网并与家中其他[illegible]产品一起在APP内管理。内胆是我遇到的最有手感的一款，料超厚实；上盖的脱卸设计，喜欢的不谈了，摆脱了原先电饭煲不能很好清洗的问题，轻松拆卸，轻松安装，让它始终保持清洁；配件里面的米饭勺也是超贴合内胆的设计，拿起来很顺手，平放又不贴下方的设计，很棒。看看APP内超多的菜单，最想试的就是做蛋糕功能，面粉已备，准备开动，美好厨房生活正式开启。另外夸夸京东，晚上下单明天就到，这就是喜欢你的理由。	好评	
3	2	客服态度很好，耐心解释电饭煲各种功能。物流配送也很快，竟然第二天就到了，十分意外。电饭煲颜值非常高，触控屏幕，操作方便，功能强大。这款电饭煲采取IH加热，受热均匀，可变压力，最高温度达到105度，煮出来的米饭确实晶莹剔透，当然好锅也需要好大米，用上五常大米煮饭更香。整体来说非常满意，后续看看使用情况再进行追评。	好评	
4	3	纠结了很久最终买了[illegible]的电饭煲，对于智能这方面[illegible]真的做得很不错，电饭煲完全可以用手机操作，手机上的菜单也有非常多的种类，白色也没有想象中很容易脏，非常大气，对于岁数偏大的人群也是很友好，做出来的蛋糕超级好吃嘻嘻	好评	
5	4	锅本体做得很有工艺水平，甚至听声音就像钟一样，整体做工水平都很棒，app操作很方便，就是前提得有网才行，做的饭熬粥都很好	中评	
6	5	[illegible]电饭煲很好，做工精细，设计合理，做饭好吃，老人能用，操作方便，推荐购买，妈妈非常喜欢	好评	
7	6	外观简洁时尚，连电源线也跟传统的不一样，外壳平整，很容易清洁，内胆非常厚实。连上WiFi后，盖子上有实时时间显示，操作方便，目前只是用来煮饭。觉得之前的电饭煲煮的饭已经挺好吃的了，用了这个后发现更好吃，现在觉得吃饭也是一种享受了。	好评	
8	7	一直想买个新电饭锅 正好赶上活动 [illegible]的关注了好久了 终于剁手买了 收到后打开包装 通体洁白 一如既往地高端大气上档次 机身没得说 打开盖 锅体也是做工很好 通电试了一下 功能没问题 煮了一次米饭 闻到不错	好评	
9	8	外形外观洋气时尚，简洁大方，白色的看着特别干净整洁；内胆容量一家人吃刚好合适，很完美；功能配置比较全面，按键清晰，显示清楚；操作面板清晰简洁，容易操作，上手快；蒸饭口感好，比普通电饭锅更香；其他特色就是能够连接手机，控制预约做饭，特别方便！！家里全是[illegible]产品啦，忠实[illegible]粉……	好评	
10	9	前几天收到[illegible]的雨伞，非常满意。电饭煲也收到有两天了，一直没时间做饭，今天终于开箱，做饭。方方正正的外形，白色，明亮简洁干净。3升的容量，一家三口足够用的。功能配置齐全，操作非常简单。煮好的泰米粒粒饱满，透亮，香气扑鼻，口感很好。又是一次满意的购物。期待[illegible]的产品都越做越好。京东物流更是给力，凌晨下单，下午就收到。	好评	

8.2.1　对评论文本进行分词和词频统计

先从工作簿中读取数据，相应代码如下：

```
1  import pandas as pd
2  data = pd.read_excel('用户评论统计表.xlsx', index_col='序号')
3  print(data.head())
```

代码运行结果如下图所示。

序号	评论	评价
1	■■电饭煲同其他■■产品一样，一如既往地清新脱俗，白白的，简约而带有时尚气息，果断下手了。简...	好评
2	客服态度很好，耐心解释电饭煲各种功能。物流配送也很快，竟然第二天就到了，十分意外。电饭煲颜值...	好评
3	纠结了很久最终买了■■的电饭煲，对于智能这方面■■真的做得很不错，电饭煲完全可以用手机操作，...	好评
4	锅本体做得很有工艺水平，甚至听声音就像钟一样，整体做工水平都很棒，app操作很方便，就是前提...	中评
5	■■电饭煲很好，做工精细，设计合理，做饭好吃，老人能用，操作方便，推荐购买，妈妈非常喜欢	好评

随后需要进行文本分词，即将一段文本切分成一个个单独的词。在英文的行文中，单词之间以空格作为分界符，而中文的行文则没有形式上的分界符，因此，中文分词比英文分词要复杂得多。这里利用专门进行中文分词的 jieba 模块来完成分词任务，该模块可使用命令“pip install jieba”来安装。

安装好 jieba 模块后，先尝试对一条评论进行中文分词。相应代码如下：

```
1  import jieba
2  words = jieba.cut(data.iloc[0]['评论'])
3  result = '/'.join(words)
4  print(result)
```

第 1 行代码导入 jieba 模块。

第 2 行代码使用 jieba 模块中的 cut() 函数对指定的文本进行分词，并将结果赋给变量 words。其中的 data.iloc[0]['评论'] 表示提取第 1 行的“评论”列数据，即第 1 条评论。

cut() 函数返回的分词结果不是一个列表，而是一个生成器。生成器其实和列表很相似，但是生成器里的元素要通过 for 语句来访问，所以不能直接用 print()

函数输出变量 words 的内容。这里通过第 3 行代码将分词结果用“/”号连接起来，以便进行输出。

代码运行结果如下图所示，可以看到成功地将第 1 条评论分词完毕。

```
[illegible]/电饭煲/同/其他/[illegible]/产品/一样/，/一如既往/地/清新/脱俗/，/白白的/，/简约/而/带有/时尚/气息/，/果断/下手
/了/。/简单/易/操作/，/轻松/联网/并/与/家中/其他/[illegible]/产品/一起/在/APP/内/管理/。/内胆/是/我/遇到/的/最/有/手
感/的/一款/，/料超/厚实/；/上盖/的/脱卸/设计/，/喜欢/的/不谈/了/，/摆脱/了/原先/电饭煲/不能/很/好/清洗/的/问题
/，/轻松/拆卸/，/轻松/安装/，/让/它/始终/保持清洁/；/配件/里面/的/米饭/勺/也/是/超/贴合/内胆/的/设计/，/拿/起
来/很/顺手/，/平放/又/不/贴/下方/的/设计/，/很棒/。/看看/APP/内超/多/的/菜单/，/最想试/的/就是/做/蛋糕/功能/，
/面粉/已备/，/准备/开动/，/美好/厨房/生活/正式/开启/。/另外/夸夸/京东/，/晚上/下单/明天/就/到/，/这/就是/喜欢
/你/的/理由/。
```

下面着手对评论进行批量分词。考虑到用户的评价分为“好评”“中评”“差评”三大类，分别进行分析会更有针对性，所以先对属于“好评”的评论进行分词。相应代码如下：

```
1  good = data[data['评价'] == '好评']
2  good = good['评论'].tolist()
3  good = ''.join(good)
4  good_seg_list = jieba.cut(good)
```

第 1 行代码从读取的数据中筛选出评价为“好评”的数据。

第 2 行代码将筛选结果的“评论”列数据转换成列表。

第 3 行代码将第 2 行代码得到的列表的各个元素（即各个用户的评论文本）连接成一个大字符串，以便统一进行分词。

第 4 行代码使用 jieba 模块中的 cut() 函数对第 3 行代码得到的大字符串进行中文分词。

在前面单条评论的分词结果中可以看到，其中有一些词，如“的”“我”“它”，在每段文本中都可能大量出现，但是对于分析用户的偏好没有太大作用。为了提高分析效率，在分词完毕后最好将这类词从结果中剔除，这一操作称为停用词过滤。

为了过滤停用词，需要准备一个停用词词典。理论上来说，停用词词典的内容是根据文本分析的目的变化的。我们可以自己制作停用词词典，但更有效率的做法是下载现成的停用词词典，然后根据自己的需求修改。可以用搜索引擎搜索中文停用词词典，选择合适的词典下载，保存到自己的计算机中。

本章的实例文件提供了一个停用词词典“stopwords.txt”，下面就使用这个词典来过滤停用词。相应代码如下：

```
1  with open('stopwords.txt', mode='r', encoding='utf-8') as f:
2      stopwords = f.read().splitlines()
3  extra_stopwords = [' ', '某米', '产品', '电饭煲', '电饭锅', '非常', '特别']
4  stopwords.extend(extra_stopwords)
```

第 1 行和第 2 行代码从停用词词典“stopwords.txt”中读取内容，并按行拆分，得到一个停用词列表。

第 3 行代码创建了一个列表，列表的内容是一些自定义的停用词。

第 4 行代码使用列表对象的 extend() 函数将自定义停用词添加到停用词列表中。

准备好停用词列表，就可以从分词结果中剔除停用词了。相应代码如下：

```
1  good_filtered = []
2  for w in good_seg_list:
3      if w not in stopwords:
4          good_filtered.append(w.lower())
```

第 1 行代码创建了一个空列表，用于存放过滤后的词。

第 2～4 行代码用 for 语句遍历前面的分词结果，然后判断当前词是否不在停用词列表中，如果满足条件，就将当前词添加到第 1 行代码创建的列表中。添加之前用 lower() 函数将可能存在的英文字母统一转换成小写形式，原因是一些英文单词可能存在不同的大小写形式，如“APP”和“app”，但统计词频时应作为同一个词处理。

最后对过滤了停用词的分词结果进行词频统计，相应代码如下：

```
1  from collections import Counter
2  good_frq = Counter(good_filtered).most_common(50)
3  print(good_frq)
```

第 1 行代码从 Python 的内置模块 collections 中导入 Counter() 函数。

第 2 行代码使用 Counter() 函数对过滤了停用词的分词结果进行元素唯一值的个数统计，得到各个词的词频，再用 most_common() 函数提取排名前几位的词和词频，这里的 50 表示前 50 位。

代码运行结果如下图所示。从图中可以看出，统计结果是一个列表，列表的元素则是一个个包含词和词频的元组。

```
[('操作', 233), ('功能', 185), ('内胆', 184), ('外观', 161), ('口感', 146), ('容量', 133), ('煮', 103), ('外
形', 98), ('简单', 97), ('不错', 97), ('米饭', 92), ('煮饭', 88), ('app', 87), ('配置', 87), ('蒸饭', 87), ('
买', 81), ('饭', 77), ('手机', 75), ('难易', 69), ('白色', 65), ('好吃', 63), ('做', 61), ('[illegible]', 59), ('特
色', 58), ('喜欢', 57), ('简洁', 56), ('预约', 52), ('时间', 49), ('简约', 48), ('设计', 48), ('感觉', 47),
('米', 44), ('控制', 43), ('真的', 40), ('颜值', 39), ('吃', 39), ('锅', 39), ('大方', 38), ('智能', 37), ('
厚实', 36), ('大气', 36), ('做工', 35), ('干净', 34), ('家里', 34), ('京东', 32), ('满意', 32), ('选择', 32),
('蒸', 30), ('质量', 30), ('清洗', 29)]
```

8.2.2 绘制词云图分析用户偏好

前面得到的词频统计结果其实已经可以反映用户的一些偏好，下面通过绘制词云图来更加直观地展示这一结果。词云图能对文本中出现频率较高的关键词予以视觉上的突出，使文本的主旨变得一目了然。

能绘制词云图的 Python 第三方模块有不少，这里使用的是 pyecharts 模块。pyecharts 模块基于 ECharts 图表库开发，能创建类型丰富、精美生动、可交互性强的数据可视化效果。在开始编写代码前，用命令“pip install pyecharts”安装该模块。

使用 pyecharts 模块中的 WordCloud() 函数可以绘制词云图，相应代码如下：

```
1  import pyecharts.options as opts
2  from pyecharts.charts import WordCloud
3  chart = WordCloud()
4  chart.add('数量', data_pair=good_frq, word_size_range=
   [10, 80])
5  chart.set_global_opts(title_opts=opts.TitleOpts(title=
   '用户评论情感分析', title_textstyle_opts=opts.TextStyle-
   Opts(font_size=30)), tooltip_opts=opts.TooltipOpts(is_
   show=True))
6  chart.render('词云图.html')
```

第 1 行代码用于导入 pyecharts 模块的子模块 options，并简写为 opts。

第 2 行代码用于导入 pyecharts 模块的子模块 charts 中的 WordCloud() 函数，用于绘制词云图。

在第 4 行代码中，add() 函数的参数 data_pair 用于设置数据源，参数 word_size_range 用于设置词云图中每个词的字号变化范围。

在 pyecharts 模块中，用于配置图表元素的选项称为配置项。配置项分为全局配置项和系列配置项，全局配置项可通过 set_global_opts() 函数进行设置。

第 5 行代码中的 TitleOpts() 函数用于设置图表标题；TextStyleOpts() 函数用于设置字体样式；TooltipOpts() 函数用于设置是否显示提示框。

第 6 行代码中的 render() 函数用于将绘制的图表保存为一个网页文件，这里将文件保存在代码文件所在的文件夹下，文件名为"词云图.html"。

运行以上代码后，双击生成的网页文件"词云图.html"，可在默认浏览器中看到如下图所示的词云图。将鼠标指针放在某个词上，可以看到该词的词频。从图中可以看出，对商品给予好评的用户比较频繁地提及了"操作""功能""内胆""外观""口感"等关键词，说明商品在这些方面的表现较为优秀。市场营销人员可以据此对广告语、商品详情页等进行优化，以进一步突出商品的优点，吸引更多用户下单。

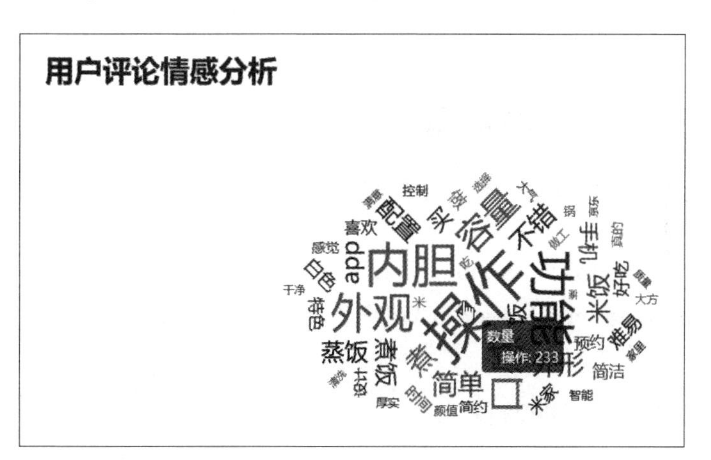

8.3　用户流失分析

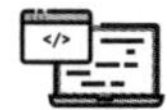

◎ 代码文件：用户流失分析.py

产品的高度同质化让一些企业不惜付出高昂的成本去争夺新用户，却忽视了对老用户的维护，导致老用户悄然无声地流失。实际上，维护老用户的成本要比开发新用户的成本低得多，而且一个稳定的老用户还能带来更多潜在用户。

本节将利用 Python 从多个方面分析用户流失的原因，以制定恰当的营销策略来挽留老用户并培养用户的忠诚度。

下图所示为工作簿“用户流失统计表.xlsx”中的数据表格，其中记录了某企业在某一段时间内多个用户的属性，如账号、性别、是否老年人、婚姻状态、经济能力、是否流失等。下面通过编写 Python 代码，从不同方面对数据进行统计，并绘制图表，帮助企业找出用户流失的原因。

序号	账号	性别	是否老年人	婚姻状态	经济能力	是否流失
1	DAYN0017845	男	是	已婚	独立	是
2	DAYN0017846	女	否	未婚	未独立	是
3	DAYN0017847	女	是	已婚	独立	否
4	DAYN0017848	男	否	未婚	未独立	否
5	DAYN0017849	男	否	未婚	独立	否
6	DAYN0017850	男	否	未婚	独立	否
7	DAYN0017851	女	否	未婚	未独立	是
8	DAYN0017852	女	是	已婚	独立	是
9	DAYN0017853	男	否	未婚	独立	是
10	DAYN0017854	男	是	已婚	独立	否
11	DAYN0017855	男	否	已婚	未独立	否
12	DAYN0017856	女	否	未婚	独立	否
13	DAYN0017857	女	否	已婚	未独立	否
14	DAYN0017858	男	否	未婚	未独立	是
15	DAYN0017859	男	是	已婚	独立	是

Sheet1

8.3.1 读取和清洗数据

首先从工作簿中读取数据，相应代码如下：

```
1  import pandas as pd
2  data = pd.read_excel('用户流失统计表.xlsx', index_col='序号')
3  print(data.head())
```

代码运行结果如下图所示。

序号	账号	性别	是否老年人	婚姻状态	经济能力	是否流失
1	DAYN0017845	男	是	已婚	独立	是
2	DAYN0017846	女	否	未婚	未独立	是
3	DAYN0017847	女	是	已婚	独立	否
4	DAYN0017848	男	否	未婚	未独立	否
5	DAYN0017849	男	否	未婚	独立	否

然后使用 info() 函数查看数据的概况，相应代码如下：

```
data.info()
```

代码运行结果如下。其中的“Non-Null Count”列代表每列数据的非空值个数，可以看到“是否流失”列的非空值个数为 981，而其余列的非空值个数为 1000，说明“是否流失”列含有缺失值。

```
<class 'pandas.core.frame.DataFrame'>
Int64Index: 1000 entries, 1 to 1000
Data columns (total 6 columns):
 #   Column     Non-Null Count  Dtype
---  ------     --------------  -----
 0   账号        1000 non-null   object
 1   性别        1000 non-null   object
 2   是否老年人   1000 non-null   object
 3   婚姻状态     1000 non-null   object
 4   经济能力     1000 non-null   object
 5   是否流失     981 non-null    object
dtypes: object(6)
memory usage: 54.7+ KB
```

使用 dropna() 函数删除含有缺失值的行，并再次使用 info() 函数查看数据的概况，相应代码如下：

```
data = data.dropna()
data.info()
```

代码运行结果如下，可以看到各列中没有缺失值了。

```
<class 'pandas.core.frame.DataFrame'>
Int64Index: 981 entries, 1 to 1000
Data columns (total 6 columns):
```

```
 #   Column   Non-Null Count  Dtype
---  ------   --------------  -----
 0   账号       981 non-null    object
 1   性别       981 non-null    object
 2   是否老年人   981 non-null    object
 3   婚姻状态    981 non-null    object
 4   经济能力    981 non-null    object
 5   是否流失    981 non-null    object
dtypes: object(6)
memory usage: 53.6+ KB
```

处理完缺失值，还需要处理重复值。先结合使用 duplicated() 函数和 sum() 函数查看重复值的数量，相应代码如下：

```
print(data.duplicated().sum())
```

代码运行结果如下，说明数据中没有重复值，无须进行处理。

```
0
```

8.3.2 绘制饼图分析用户属性的占比

读取并清洗好数据后，接着来分析用户的各种属性的占比情况。首先使用 nunique() 函数统计各列数据唯一值的数量，相应代码如下：

```
print(data.nunique())
```

代码运行结果如下：

```
账号        981
性别        2
是否老年人    2
婚姻状态     2
```

```
经济能力        2
是否流失        2
dtype: int64
```

可以看出“账号”列没有重复值，可将其设置成行标签列，作为每一行数据的标志。相应代码如下：

```
data = data.set_index('账号')
print(data.head())
```

代码运行结果如下图所示。

	性别	是否老年人	婚姻状态	经济能力	是否流失
账号					
DAYN0017845	男	是	已婚	独立	是
DAYN0017846	女	否	未婚	未独立	是
DAYN0017847	女	是	已婚	独立	否
DAYN0017848	男	否	未婚	未独立	否
DAYN0017849	男	否	未婚	独立	否

然后使用 value_counts() 函数分别统计前 4 个属性的数量，相应代码如下：

```
a = data['性别'].value_counts()
b = data['是否老年人'].value_counts()
c = data['婚姻状态'].value_counts()
d = data['经济能力'].value_counts()
print(a)
print(b)
print(c)
print(d)
```

代码运行结果如下：

```
男        591
```

```
2   女       390
3   Name: 性别, dtype: int64
4
5   否       699
6   是       282
7   Name: 是否老年人, dtype: int64
8
9   未婚     656
10  已婚     325
11  Name: 婚姻状态, dtype: int64
12
13  未独立   550
14  独立     431
15  Name: 经济能力, dtype: int64
```

从上述运行结果可知，男性用户有 591 人，女性用户有 390 人。其他属性统计结果的解读方法类似，这里不再赘述。

为了更加直观地查看 4 个属性数据的占比情况，可以使用 Matplotlib 模块中的 pie() 函数绘制饼图。相应代码如下：

```
1   import matplotlib.pyplot as plt
2   plt.rcParams['font.sans-serif'] = ['Microsoft YaHei']
3   plt.rcParams['axes.unicode_minus'] = False
4   plt.subplots(figsize=(12, 4))
5   plt.subplot(1, 4, 1)
6   plt.pie(a, labels=['男', '女'], colors=['r', 'y'], autopct
    ='%.2f%%', explode=[0.1, 0])
7   plt.title('用户性别占比分析', fontsize=15)
8   plt.subplot(1, 4, 2)
9   plt.pie(b, labels=['否', '是'], colors=['r', 'y'], autopct
    ='%.2f%%', explode=[0.1, 0])
10  plt.title('老年用户占比分析', fontsize=15)
```

```
11  plt.subplot(1, 4, 3)
12  plt.pie(c, labels=['已婚', '未婚'], colors=['r', 'y'],
    autopct='%.2f%%', explode=[0.1, 0])
13  plt.title('用户婚姻状态占比分析', fontsize=15)
14  plt.subplot(1, 4, 4)
15  plt.pie(d, labels=['独立', '未独立'], colors=['r', 'y'],
    autopct='%.2f%%', explode=[0.1, 0])
16  plt.title('用户经济能力占比分析', fontsize=15)
17  plt.show()
```

第 4 行代码使用 subplots() 函数创建了一张画布，然后在第 5、8、11、14 行代码将画布划分为 1 行 4 列，并在各个区域绘制饼图。

代码运行结果如下图所示。

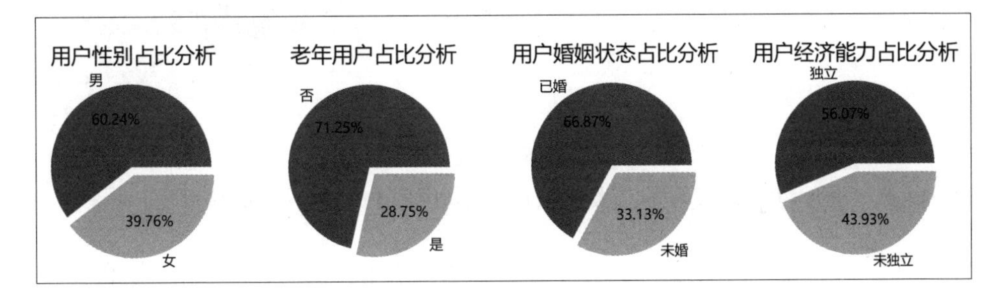

8.3.3　绘制饼图分析用户流失率

如果要分析用户的流失率，同样先使用 value_counts() 函数统计用户流失数据。相应代码如下：

```
1  e = data['用户是否流失'].value_counts()
2  print(e)
```

代码运行结果如下，可知未流失的用户有 750 人，已流失的用户有 231 人。

```
1  否    750
2  是    231
```

```
3   Name: 是否流失, dtype: int64
```

随后同样通过绘制饼图来直观地查看用户流失率，相应代码如下：

```
1   plt.pie(e, labels=['未流失', '流失'], colors=['r', 'y'],
    autopct='%.2f%%', explode=[0.1, 0])
2   plt.title('用户流失率分析', fontsize=20)
3   plt.show()
```

代码运行结果如右图所示。从图中可以看出，流失率达 23.55%，接近四分之一，须给予充分的重视。

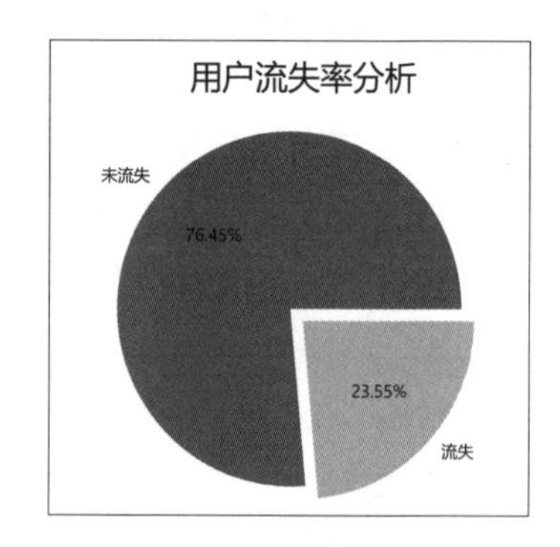

8.3.4 绘制柱形图分析不同属性用户的流失情况

下面通过绘制柱形图对比分析不同属性用户的流失情况，这里结合使用 Matplotlib 模块和 seaborn 模块来完成。相应代码如下：

```
1   import seaborn as sns
2   plt.subplots(figsize=(12, 8))
3   plt.subplot(2, 2, 1)
4   sns.countplot(x='性别', hue='是否流失', data=data)
5   plt.ylabel('人数')
6   plt.subplot(2, 2, 2)
7   sns.countplot(x='是否老年人', hue='是否流失', data=data)
8   plt.ylabel('人数')
9   plt.subplot(2, 2, 3)
10  sns.countplot(x='婚姻状态', hue='是否流失', data=data)
```

```
11    plt.ylabel('人数')
12    plt.subplot(2, 2, 4)
13    sns.countplot(x='经济能力', hue='是否流失', data=data)
14    plt.ylabel('人数')
15    plt.show()
```

第 1 行代码用于导入 seaborn 模块并简写为 sns。该模块基于 Matplotlib 模块开发，能以更简单快捷的方式制作出更美观的数据可视化效果。

第 4、7、10、13 行代码使用 seaborn 模块中的 countplot() 函数绘制计数柱形图。该函数的功能是使用条形图或柱形图显示每个分类数据的数量。参数 x 表示绘制 x 轴上的柱形图，按 x 标签分类统计个数，如果要绘制 y 轴上的条形图，可将参数 x 改为参数 y；参数 hue 用于设置按 x 或 y 标签分类的同时，进一步细分类别的标签；参数 data 用于设置绘图的数据集。

其余代码调用 Matplotlib 模块的功能实现子图绘制，其含义与前面的代码类似，这里不再赘述。

代码运行结果如下图所示。左上角的柱形图为不同性别用户的流失情况，可以看出男性用户的流失率高于女性用户的流失率。右上角的柱形图为老年人用户和非老年人用户的流失情况，可以看出老年人用户数量相对较少，但流失率较低。左下角的柱形图为不同婚姻状态的用户的流失情况，可以看出未婚用户的流失率高于已婚用户的流失率。右下角的柱形图为不同经济能力的用户的流失情况，可以看出经济未独立用户的流失率高于经济独立用户的流失率。

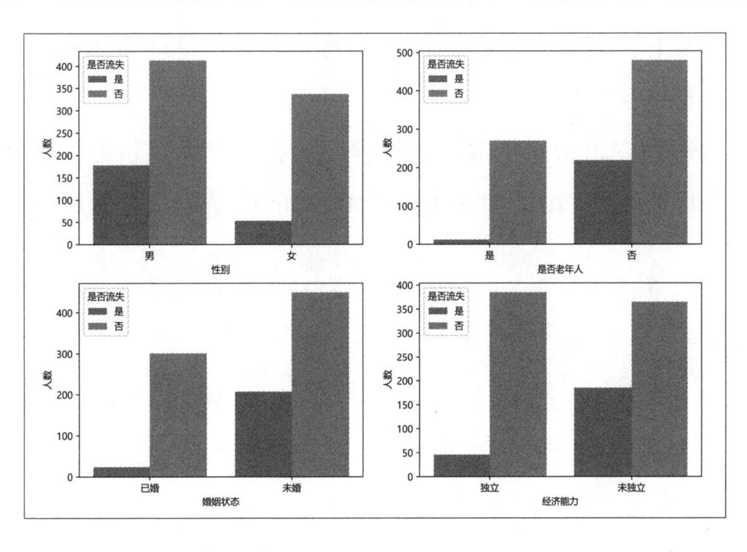

第9章 营销策略分析

营销策略是指企业根据外部竞争状况和自身内部条件所确定的关于选择和占领目标市场的策略，是产品、价格、渠道、促销等多种营销方法的综合运用。营销策略分析是为了充分运用企业的资源和优势，更好地适应市场环境的变化，以较少的营销投入更有效地满足目标市场的需求，进而达成企业的营销目标。

本章将通过广告费与销量的线性回归分析、产品定价回归分析、产品促销策略分析这3个案例，讲解如何利用Python进行营销策略分析。

9.1　广告费与销量的线性回归分析

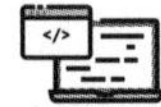

◎ 代码文件：广告费与销量的线性回归分析.py

在不考虑市场环境突变及其他因素时，产品销量通常会随着广告费的增长而增长。但是并不是广告费越高，销量的增长情况就越理想。

如下图所示，工作簿“广告费与销量统计表.xlsx”中记录了某企业多个批次的广告费投入及相应的产品销量。下面通过编写 Python 代码进行线性回归分析和预测，为合理安排广告费支出提供科学依据。

	A	B	C	D	E	F
1	序号	广告费（万元）	电视广告费（万元）	电梯广告费（万元）	手机App广告费（万元）	销量（件）
2	1	20	10	5	5	26000
3	2	40	20	10	10	50000
4	3	30	10	5	15	40000
5	4	60	30	20	10	59000
6	5	50	20	10	20	48000
7	6	60	15	20	25	60000
8	7	70	25	25	20	62000
9	8	10	10	0	0	20000
10	9	20	10	6	4	25000
11	10	30	10	10	10	29000

9.1.1　判断广告费与销量的相关性

首先从工作簿中读取数据，相应代码如下：

```
1  import pandas as pd
2  data = pd.read_excel('广告费与销量统计表.xlsx', index_col=
   '序号')
3  print(data.head())
```

代码运行结果如下图所示。

	广告费（万元）	电视广告费（万元）	电梯广告费（万元）	手机App广告费（万元）	销量（件）
序号					
1	20	10	5	5	26000
2	40	20	10	10	50000
3	30	10	5	15	40000
4	60	30	20	10	59000
5	50	20	10	20	48000

本案例要根据广告费预测销量，因此，广告费是自变量，销量是因变量。在读取的数据中分别选取自变量和因变量的数据，相应代码如下：

```
1  X = data[['广告费（万元）']]
2  Y = data['销量（件）']
```

需要注意的是，自变量数据的选取必须写成二维结构形式（大列表里包含小列表），这是为了符合之后要进行的多元线性回归分析的逻辑，因为在多元线性回归分析中，一个因变量可能对应多个自变量。

然后使用 Matplotlib 模块绘制散点图，以便直观地观察自变量和因变量的关系。相应代码如下：

```
1  import matplotlib.pyplot as plt
2  plt.rcParams['font.sans-serif'] = ['Microsoft YaHei']
3  plt.rcParams['axes.unicode_minus'] = False
4  plt.figure(figsize=(12, 5))
5  plt.scatter(X, Y)
6  plt.xlabel('广告费（万元）')
7  plt.ylabel('销量（件）')
8  plt.show()
```

上述代码的含义和 7.1 节类似，这里不再详细解释。代码的运行结果如下图所示。从图中可以看出，广告费和销量有较明显的线性相关性，即广告费越多，销量也就越大。

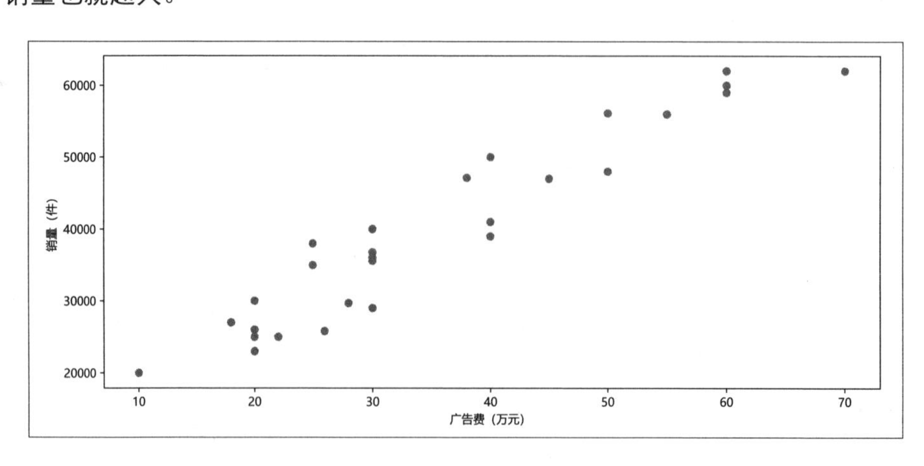

接着使用 corr() 函数计算自变量和因变量之间的线性相关系数，相应代码如下：

```
1  corr = data.corr()
2  print(corr)
```

代码的运行结果如下图所示。从图中可以看出，广告费与销量之间的相关系数为 0.955028，很接近 1，说明广告费与销量之间具有较强的线性正相关性，因此，可通过建立一元线性回归分析模型来进行预测。

	广告费（万元）	电视广告费（万元）	电梯广告费（万元）	手机App广告费（万元）	销量（件）
广告费（万元）	1.000000	0.737496	0.842167	0.824230	0.955028
电视广告费（万元）	0.737496	1.000000	0.517783	0.325589	0.712845
电梯广告费（万元）	0.842167	0.517783	1.000000	0.560548	0.789447
手机App广告费（万元）	0.824230	0.325589	0.560548	1.000000	0.791437
销量（件）	0.955028	0.712845	0.789447	0.791437	1.000000

9.1.2　使用一元线性回归根据广告费预测销量

确定了回归分析的类型后，使用 Scikit-Learn 模块建立线性回归分析模型，并计算模型的 R^2 值。相应代码如下：

```
1  from sklearn import linear_model
2  model = linear_model.LinearRegression()
3  model.fit(X.to_numpy(), Y.to_numpy())
4  r = model.score(X.to_numpy(), Y.to_numpy())
5  print('R-squared:', r)
```

上述代码的含义和 7.1 节类似，这里不再详细解释。

代码的运行结果如下：

```
1  R-squared: 0.9120787961387051
```

从运行结果可以看出，模型的 R^2 值约为 0.912，很接近 1，说明模型的拟合程度还是比较高的。

然后利用 Matplotlib 模块绘制散点图和拟合曲线，以便直观地展示模型的拟合程度，相应代码如下：

```
plt.figure(figsize=(12, 5))
plt.scatter(X, Y)
plt.plot(X, model.predict(X.to_numpy()))
plt.xlabel('广告费（万元）')
plt.ylabel('销量（件）')
plt.show()
```

代码的运行结果如下图所示。从图中可以看出，散点（实际值）比较接近折线（预测值），并且比较均匀地分布在折线两侧，说明模型很好地捕捉到了数据的特征，可以算是恰当拟合。

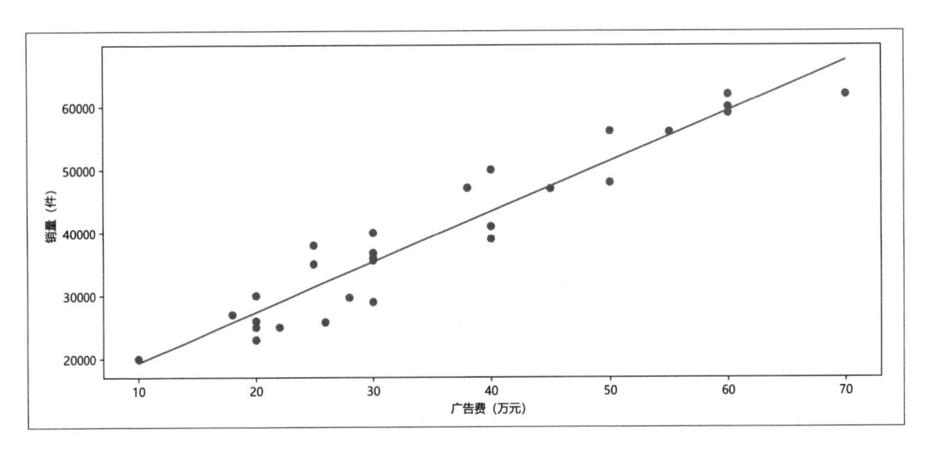

因为模型的拟合程度较高，所以可以使用该模型进行预测。如果想要同时预测广告费分别为 50 万元、60 万元、80 万元时的销量，可以使用如下代码：

```
y = model.predict([[50], [60], [80]])
print(y)
```

代码运行结果如下：

```
[51395.53656963 59402.87493402 75417.55166279]
```

我们还可以获取拟合模型的参数，即一元线性回归方程的回归系数 a 和截距 b，并输出方程。相应代码如下：

```
1  a = model.coef_[0]
2  b = model.intercept_
3  equation = f'y={a:.2f}x{b:+.2f}'
4  print(equation)
```

代码运行结果如下：

```
1  y=800.73x+11358.84
```

根据上述方程，当 x 为 50 时，y 为 51395.34，与前面的预测结果基本一致。

9.1.3　不同渠道广告费与销量的多元线性回归分析

大多数企业通常不会只在一个渠道投放广告，下面使用多元线性回归分析来研究不同渠道的广告费对销量的影响。

此时电视广告费、电梯广告费和手机 App 广告费为自变量，销量为因变量。从读取的数据中分别选取自变量数据和因变量数据的代码如下：

```
1  X = data[['电视广告费（万元）', '电梯广告费（万元）', '手机App
   广告费（万元）']]
2  Y = data['销量（件）']
```

然后计算自变量和因变量之间的相关系数。相应代码如下：

```
1  corr = X.corrwith(Y)
2  print(corr)
```

第 1 行代码使用 corrwith() 函数计算因变量列与自变量列之间的相关系数。代码运行结果如下：

```
1  电视广告费（万元）          0.712845
2  电梯广告费（万元）          0.789447
3  手机App广告费（万元）       0.791437
4  dtype: float64
```

从运行结果可以看出，电视广告费、电梯广告费、手机 App 广告费与销量之间的相关系数分别为 0.712845、0.789447、0.791437，说明电视广告费与销量的相关性稍弱，电梯广告费、手机 App 广告费与销量的相关性稍强。

随后利用 seaborn 模块和 Matplotlib 模块绘制各渠道广告费与销量的散点图，相应代码如下：

```
1  import seaborn as sns
2  sns.pairplot(data, x_vars=['电视广告费（万元）', '电梯广告费（万元）', '手机App广告费（万元）'], y_vars='销量（件）', kind='reg')
3  plt.show()
```

第 2 行代码中的 pairplot() 是一个探索数据特征间关系的可视化函数，主要展现的是变量两两之间的关系。其中第 1 个参数为要分析的数据；参数 x_vars 为自变量；参数 y_vars 为因变量；参数 kind 设置为 'reg'，可为散点图添加一条最佳拟合直线和 95% 的置信带，从而直观地展示变量之间的关系。

代码运行结果如下图所示。从图中置信带的宽度可知，电视广告费与销量的相关性稍弱，电梯广告费、手机 App 广告费与销量的相关性稍强，与前面的分析结果一致。

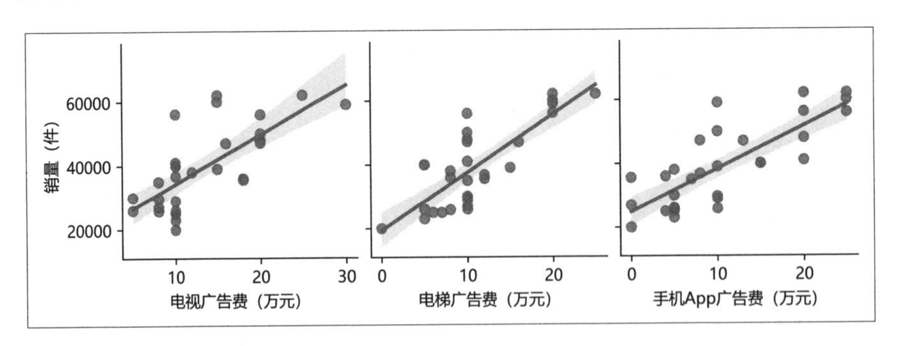

接着使用 Scikit-Learn 模块建立多元线性回归分析模型，并计算模型的 R^2 值来检验模型的拟合程度。相应代码如下：

```
1  model = linear_model.LinearRegression()
2  model.fit(X.to_numpy(), Y.to_numpy())
3  r = model.score(X.to_numpy(), Y.to_numpy())
```

```
4    print('R-squared:', r)
```

代码运行结果如下：

```
1    R-squared: 0.9128619038950009
```

从运行结果可以看出，模型的 R^2 值约为 0.913，很接近 1，说明模型的拟合程度较高，可以使用该模型进行预测。

如果想要预测电视广告费、电梯广告费和手机 App 广告费均为 20 万元时的销量，可以使用如下代码：

```
1    y = model.predict([[20, 20, 20]])
2    print(y)
```

代码运行结果如下：

```
1    [59246.66975894]
```

我们可以获取拟合模型的参数，即多元线性回归方程的回归系数和截距。相应代码如下：

```
1    a = model.coef_
2    b = model.intercept_
3    print(a)
4    print(b)
```

代码运行结果如下：

```
1    [846.7651629  718.97064067 830.07478518]
2    11330.4579840734
```

这里通过 coef_ 属性获得的是一个列表，其中的 3 个元素分别对应不同自变量前面的系数，即 k1、k2、k3；通过 intercept_ 属性获得的是常数项 k0。

还可以使用如下代码将自变量与系数配对输出：

```
1  feature = ['电视广告费（万元）', '电梯广告费（万元）', '手机App广告费（万元）']
2  for i in zip(feature, model.coef_):
3      print(i)
```

代码运行结果如下：

```
1  ('电视广告费（万元）', 846.7651629002842)
2  ('电梯广告费（万元）', 718.9706406650582)
3  ('手机App广告费（万元）', 830.0747851780918)
```

使用如下代码输出方程：

```
1  equation = f'y={b:.2f}{a[0]:+.2f}x1{a[1]:+.2f}x2{a[2]:+.2f}x3'
2  print(equation)
```

代码运行结果如下：

```
1  y=11330.46+846.77x1+718.97x2+830.07x3
```

根据上述方程，当 x1、x2、x3 均为 20 时，y 为 59246.66，与前面的预测结果基本一致。

9.2 产品定价回归分析

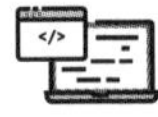

◎ 代码文件：产品定价回归分析.py

零售企业在对所销售的饮品进行定价时会考虑饮品的各种特征，如饮品种类、包装种类、净含量、是否进口等。通过手动演算来分析这些因素会较为烦琐，并且容易遗漏。如果能建立一个模型综合考虑各方面因素对饮品进行定价，那么就能更加科学合理地节约成本、提升效率，并在满足消费者需求的同时促进销售，挖掘更多潜在利润。

下图所示为工作簿“产品信息表.xlsx”中的数据，其内容为市场上 1000 种饮品的属性信息，包括饮品种类、包装种类、净含量、是否进口和饮品价格。前 4 种属性是特征变量，饮品价格是目标变量。下面通过编写 Python 代码，根据工作簿中的数据建立一个模型，用于进行产品的定价。

	A	B	C	D	E	F
1	序号	饮品种类	包装种类	净含量（mL）	是否进口	饮品价格
2	1	可乐	罐装	250	国产	5
3	2	可乐	罐装	250	国产	5
4	3	可乐	罐装	250	国产	5
5	4	可乐	罐装	250	国产	5
6	5	可乐	罐装	250	国产	5
7	6	可乐	罐装	250	国产	5
8	7	可乐	罐装	500	国产	5
9	8	可乐	罐装	500	国产	5
10	9	可乐	罐装	250	国产	5
11	10	可乐	罐装	250	国产	5.5
12	11	可乐	罐装	250	国产	5
13	12	可乐	罐装	500	国产	5
14	13	可乐	罐装	250	国产	5
15	14	可乐	罐装	500	国产	5
16	15	可乐	罐装	250	进口	5
17	16	可乐	罐装	250	国产	5

9.2.1 读取和查看数据

首先从工作簿中读取数据，相应代码如下：

```
1  import pandas as pd
2  data = pd.read_excel('产品信息表.xlsx', index_col='序号')
3  print(data.head())
```

代码运行结果如下图所示。

序号	饮品种类	包装种类	净含量（mL）	是否进口	饮品价格
1	可乐	罐装	250	国产	5.0
2	可乐	罐装	250	国产	5.0
3	可乐	罐装	250	国产	5.0
4	可乐	罐装	250	国产	5.0
5	可乐	罐装	250	国产	5.0

随后可以使用 value_counts() 函数查看特征变量唯一值的情况，相应代码如下：

```
1  print(data['饮品种类'].value_counts())
2  print(data['包装种类'].value_counts())
3  print(data['净含量（mL）'].value_counts())
4  print(data['是否进口'].value_counts())
```

代码运行结果如下：

```
1   纯净水    272
2   果汁      264
3   可乐      233
4   红茶      231
5   Name: 饮品种类, dtype: int64
6
7   瓶装      492
8   罐装      335
9   盒装      173
10  Name: 包装种类, dtype: int64
11
12  250      837
13  500      119
14  750       44
15  Name: 净含量（mL）, dtype: int64
16
17  国产      794
18  进口      206
19  Name: 是否进口, dtype: int64
```

由上述运行结果可知，1000 种饮品中有 272 种是纯净水，264 种是果汁，233 种是可乐，231 种是红茶。运行结果中其余内容的解读方法类似，这里不再赘述。

9.2.2　文本数据编码

从前面的分析结果可知，“饮品种类”“包装种类”“是否进口”这 3 列是分类型文本变量，需要进行数值编码处理，以便后续进行模型拟合。这项工作可以用 Scikit-Learn 模块中的 LabelEncoder() 函数来完成，相应代码如下：

```
1  from sklearn.preprocessing import LabelEncoder
2  le = LabelEncoder()
3  data['饮品种类'] = le.fit_transform(data['饮品种类'])
4  print(data['饮品种类'].value_counts())
```

第 1 行代码导入 Scikit-Learn 模块中的 LabelEncoder() 函数。该函数可将文本类型的数据转换成数字。

第 2 行代码将 LabelEncoder() 函数赋给变量 le，相当于对该函数做了简写。

第 3 行代码用 fit_transform() 函数对“饮品种类”列进行数值化处理。

第 4 行代码还是使用 value_counts() 函数查看处理后的“饮品种类”列中唯一值的情况。

代码运行结果如下。可以看到“饮品种类”列中的“纯净水”被转换为数字 3，“果汁”被转换为数字 1，“可乐”被转换为数字 0，“红茶”被转换为数字 2。

```
1  3    272
2  1    264
3  0    233
4  2    231
5  Name: 饮品种类, dtype: int64
```

使用相同的方法处理“包装种类”列和“是否进口”列，并输出处理结果。相应代码如下：

```
1  data['包装种类'] = le.fit_transform(data['包装种类'])
2  print(data['包装种类'].value_counts())
3  data['是否进口'] = le.fit_transform(data['是否进口'])
4  print(data['是否进口'].value_counts())
```

代码运行结果如下：

```
1  0    492
2  2    335
3  1    173
4  Name: 包装种类, dtype: int64
5  
6  0    794
7  1    206
8  Name: 是否进口, dtype: int64
```

还可以使用 head() 函数查看处理后的数据表格，相应代码如下：

```
1  print(data.head())
```

代码运行结果如下图所示。

	饮品种类	包装种类	净含量（mL）	是否进口	饮品价格
序号					
1	0	2	250	0	5.0
2	0	2	250	0	5.0
3	0	2	250	0	5.0
4	0	2	250	0	5.0
5	0	2	250	0	5.0

9.2.3 产品定价的预测和评估

首先从处理后的数据中提取特征变量和目标变量的数据，相应代码如下：

```
1  x = data.drop(columns='饮品价格')
2  y = data['饮品价格']
```

第 1 行代码用 drop() 函数从 DataFrame 中删除“饮品价格”列，剩下的数据就是特征变量的数据。

第 2 行代码从 DataFrame 中提取“饮品价格”列，作为目标变量的数据。

然后将数据划分成训练集数据（简称训练集）和测试集数据（简称测试集）。顾名思义，训练集用于训练和搭建模型，测试集则用于评估所搭建模型的预测效果，以便对模型进行优化。通过如下代码可以将数据划分为训练集和测试集：

```
1  from sklearn.model_selection import train_test_split
2  x_train, x_test, y_train, y_test = train_test_split(x,
   y, test_size=0.2, random_state=150)
```

第 1 行代码导入 Scikit-Learn 模块中的 train_test_split() 函数。

第 2 行代码用 train_test_split() 函数划分训练集和测试集，x_train 和 y_train 分别为训练集的特征变量和目标变量数据，x_test 和 y_test 分别为测试集的特征变量和目标变量数据。train_test_split() 函数的参数 x 和 y 分别是之前提取的特征变量和目标变量，参数 test_size 是测试集数据所占的比例，这里设置的 0.2 即 20%。通常根据样本量的大小决定划分比例：当样本量较大时，可以多划分一点数据给训练集，例如，有 10 万组数据时，可以按 9:1 的比例划分训练集和测试集；本案例有 1000 组数据，并不算多，所以按 8:2 的比例来划分。参数 random_state 设置为 150，该数字没有特殊含义，可以换成其他数字，它相当于一个种子参数，使得每次运行代码划分数据的结果保持一致。

使用 head() 函数查看训练集中特征变量的前 5 行数据，相应代码如下：

```
1  print(x_train.head())
```

代码运行结果如下图所示。

	饮品种类	包装种类	净含量（mL）	是否进口
序号				
891	3	0	250	0
559	1	0	250	1
931	3	0	250	1
38	0	0	250	1
433	1	2	250	0

使用 head() 函数查看训练集中目标变量的前 5 行数据，相应代码如下：

```
1  print(y_train.head())
```

代码运行结果如下：

```
1  序号
2  891    5.0
3  559    5.0
4  931    5.0
5  38     5.0
6  433    5.0
7  Name: 饮品价格, dtype: float64
```

使用 head() 函数查看测试集中特征变量的前 5 行数据，相应代码如下：

```
1  print(x_test.head())
```

代码运行结果如下图所示。

	饮品种类	包装种类	净含量（mL）	是否进口
序号				
140	0	0	500	1
993	2	2	250	0
199	0	2	250	0
671	2	1	250	0
630	2	1	250	0

使用 head() 函数查看测试集中目标变量的前 5 行数据，相应代码如下：

```
1  print(y_test.head())
```

代码运行结果如下：

```
序号
140    5.5
993    5.0
199    5.0
671    5.0
630    5.0
Name: 饮品价格, dtype: float64
```

划分好训练集和测试集之后，就可以用训练集搭建和训练模型了。相应代码如下：

```
from sklearn.ensemble import GradientBoostingRegressor
model = GradientBoostingRegressor(random_state=150)
model.fit(x_train, y_train)
```

第 1 行代码从 Scikit-Learn 模块中导入 GBDT 回归模型 GradientBoosting-Regressor。GBDT 是 Gradient Boosting Decision Tree（梯度提升决策树）的缩写，它是一种非常实用的机器学习算法。

第 2 行代码将 GradientBoostingRegressor() 模型赋给变量 model，其中设置随机状态参数 random_state 为 150，使得代码每次运行的结果保持一致，其余参数都使用默认值。

第 3 行代码用 fit() 函数进行模型训练，其中传入的参数就是前面获得的训练集数据 x_train 和 y_train。

模型训练完毕后，就可以利用该模型来进行预测。相应代码如下：

```
y_pred = model.predict(x_test)
print(y_pred[0:50])
```

第 1 行代码使用 predict() 函数基于测试集数据进行预测，以便评估模型的预测效果。

第 2 行代码用于输出预测结果的前 50 项。

代码运行结果如下页图所示。

```
[5.3027167  5.00094316 5.16993823 4.95283785 4.95283785 5.19695893
 5.02070721 5.06592118 5.19695893 5.18213699 5.05085833 5.18213699
 5.04419174 5.00112408 5.1628779  5.16993823 5.18213699 5.19695893
 5.10527856 5.10489193 5.18213699 5.72567545 5.19695893 5.19695893
 5.18213699 5.00112408 5.05085833 5.0494853  5.19695893 5.71990836
 5.72567545 5.19695893 5.05085833 5.19695893 5.05085833 5.04419174
 5.10489193 5.54368892 5.19695893 5.00094316 5.02070721 5.13840169
 5.19695893 4.95283785 5.18213699 5.19695893 5.54368892 5.19695893
 5.19695893 5.18213699]
```

还可将模型的预测值 y_pred 和测试集的实际值 y_test 汇总成一个 DataFrame，相应代码如下：

```
1  result = pd.DataFrame()
2  result['预测值'] = list(y_pred)
3  result['实际值'] = list(y_test)
4  print(result.head())
```

代码运行结果如下：

```
1     预测值      实际值
2  0  5.302717  5.5
3  1  5.000943  5.0
4  2  5.169938  5.0
5  3  4.952838  5.0
6  4  4.952838  5.0
```

从上述运行结果可以看出，前 5 项的预测结果较为准确。为了更精确地判断模型的预测效果，使用模型自带的 score() 函数计算模型的准确度评分。相应代码如下：

```
1  score = model.score(x_test, y_test)
2  print(score)
```

运行代码后得到模型的准确度评分约为 -0.031。这个评分其实就是模型的

R^2 值，该值越接近 1，则模型的拟合程度越高，值越小，则模型的拟合程度越低。这里得到的评分说明模型的预测效果不好。

如果得到的准确度评分接近 1，可用如下代码查看各特征变量的特征重要性，以筛选出对价格影响最大的特征变量，从而更科学合理地为产品定价。

```
1  print(model.feature_importances_)
```

代码运行结果如下：

```
1  [0.45750513 0.24353672 0.08451161 0.21444654]
```

从运行结果可以看出：“饮品种类”的重要性最高，一般来说，消费者更看重口味；“净含量”的重要性较低，对饮品价格的影响较小。

9.3　产品促销策略分析

◎ 代码文件：产品促销策略分析.py

产品促销是指企业通过多种方式向用户传递产品信息，引起他们的注意和兴趣，激发他们的购买欲望和购买行为，以达到扩大销售的目的。产品促销策略中常用的手段有广告促销、人员促销、营业促销、公共关系促销等。

下图所示为工作簿“产品销售统计表.xlsx”中的数据，其内容为 2021 年 6 月 1 日某连锁超市 3 家分店的订单信息。下面通过编写 Python 代码，分析这一天畅销的产品类别和产品、不同门店的销售额占比、客流高峰的时间段，为制定产品促销策略提供科学依据。

	A	B	C	D	E	F	G
1	产品编号	类别编号	门店	产品单价（元）	产品销量	订单成交时间	订单编号
2	12275878	253000000	HSJ	8.4	2	2021/6/1 7:25	20210601CSYY0101028
3	12275878	253000000	HSJ	8.4	2	2021/6/1 7:25	20210601CSYY0101028
4	12275878	253000000	HSJ	8.4	2	2021/6/1 7:25	20210601CSYY0101028
5	12322878	260040206	HSJ	33.78	1	2021/6/1 7:28	20210601CSYY0101029
6	30004003	244030002	HSJ	7.98	1	2021/6/1 7:28	20210601CSYY0101030
7	30004112	244000000	HSJ	17.28	1	2021/6/1 7:28	20210601CSYY0101030
8	30031936	242060400	HSJ	20.13	1	2021/6/1 7:28	20210601CSYY0101030
9	30003833	244000300	HSJ	23.43	1	2021/6/1 7:28	20210601CSYY0101030
10	29989059	252000003	HSJ	2.97	1	2021/6/1 7:29	20210601CSYY0101031
11	32658878	260020502	HSJ	12.78	1	2021/6/1 7:30	20210601CSYY0101032
12	29989059	252000003	HSJ	2.97	1	2021/6/1 7:30	20210601CSYY0101032
13	30023041	253000006	HSJ	4.8	2	2021/6/1 7:31	20210601CSYY0101033
14	29989076	252000006	HSJ	5.37	1	2021/6/1 7:31	20210601CSYY0101033

Sheet1

就绪

9.3.1 分析畅销的产品类别和产品

首先从工作簿中读取数据，相应代码如下：

```
1  import pandas as pd
2  data = pd.read_excel('产品销售统计表.xlsx')
3  pd.set_option('display.max_columns', None)
4  pd.set_option('display.width', 150)
5  print(data)
```

第 3 行代码用于设置在运行结果中显示所有列。第 4 行代码用于设置显示宽度。这两行代码中使用的 set_option() 函数的功能是配置 pandas 模块的选项，如输出结果的最大行数和列数、列宽、数字格式等。

代码运行结果如下图所示。图中显示读取的数据共有 3444 行和 7 列。

	产品编号	类别编号	门店	产品单价（元）	产品销量	订单成交时间	订单编号
0	12275878	253000000	HSJ	8.400	2.000	2021-06-01 07:25:00	20210601CSYY0101028
1	12275878	253000000	HSJ	8.400	2.000	2021-06-01 07:25:00	20210601CSYY0101028
2	12275878	253000000	HSJ	8.400	2.000	2021-06-01 07:25:00	20210601CSYY0101028
3	12322878	260040206	HSJ	33.780	1.000	2021-06-01 07:28:00	20210601CSYY0101029
4	30004003	244030002	HSJ	7.980	1.000	2021-06-01 07:28:00	20210601CSYY0101030
...	...	...	...	...	...	...	...
3439	30031870	245030401	WDFF	9.870	0.862	2021-06-01 10:59:00	20210601CSYY0303147
3440	30008276	241010501	WDFF	23.130	0.481	2021-06-01 11:00:00	20210601CSYY0303148
3441	30033854	240000000	WDFF	14.430	1.000	2021-06-01 11:17:00	20210601CSYY0303149
3442	30206214	240000000	WDFF	23.430	1.000	2021-06-01 11:40:00	20210601CSYY0303150
3443	30129510	255090000	WDFF	34.815	0.312	2021-06-01 11:50:00	20210601CSYY0303151

3444 rows × 7 columns

然后按照“类别编号”列对数据进行分组汇总，以分析哪些类别的产品比较畅销。相应代码如下：

```
1  group1 = data.groupby('类别编号')['产品销量'].sum().re-
   set_index()
2  print(group1)
```

第 1 行代码先用 groupby() 函数按照“类别编号”列进行分组，然后从分组结果中选取“产品销量”列，用 sum() 函数进行求和，最后用 reset_index() 函数重置行标签。

代码运行结果如右图所示，可以看出这一天售出的产品共 368 类。

	类别编号	产品销量
0	240000000	17.0
1	240010000	22.0
2	240010002	1.0
3	240010101	7.0
4	240010301	4.0
...	...	...
363	266030100	1.0
364	266050100	1.0
365	266080103	4.0
366	268030000	7.0
367	270000000	185.0

为了取出销量最好的 10 类产品，可以对这些数据按照“产品销量”列做降序排序，再取出前 10 行数据。相应代码如下：

```
1  group2 = group1.sort_values(by='产品销量', ascending=
   False).head(10)
2  print(group2)
```

第 1 行代码先用 sort_values() 函数将数据按“产品销量”列排序，其中参数 ascending 设置为 False，表示降序排序，再用 head() 函数提取前 10 行数据。

代码运行结果如右图所示。

	类别编号	产品销量
240	252000003	645.209
239	252000002	368.013
251	253000006	349.019
237	252000000	285.108
238	252000001	212.569
367	270000000	185.000
263	255090000	171.967
216	245030104	162.585
249	253000002	156.637
106	242060303	139.028

使用相同的方法还可以统计哪些产品比较畅销，相应代码如下：

```
1  group3 = data.groupby('产品编号')['产品销量'].sum().re-
   set_index()
2  group4 = group3.sort_values(by='产品销量', ascending=
   False).head(10)
3  print(group4)
```

第 1 行代码先用 groupby() 函数将数据按“产品编号”列进行分组，然后从分组结果中选取“产品销量”列，用 sum() 函数进行求和，最后用 reset_index() 函数重置行标签。

第 2 行代码先用 sort_values() 函数将数据按“产品销量”列做降序排序，再用 head() 函数提取前 10 行数据，得到销量排名前 10 的产品。

代码运行结果如右图所示。

	产品编号	产品销量
14	29989059	576.687
4	28795687	157.000
24	29989072	152.129
0	12275878	112.524
472	30023041	102.285
513	30031270	99.998
23	29989071	79.736
13	29989058	74.252
3	23698211	71.076
25	29989073	65.966

9.3.2 绘制圆环图分析不同门店的销售额占比

要分析不同门店的销售额占比，首先需要计算销售额。相应代码如下：

```
1  data['销售额'] = data['产品销量'] * data['产品单价（元）']
2  print(data)
```

代码运行结果如下图所示，可以看到新增了一个“销售额”列。

	产品编号	类别编号	门店	产品单价（元）	产品销量	订单成交时间	订单编号	销售额
0	12275878	253000000	HSJ	8.400	2.000	2021-06-01 07:25:00	20210601CSYY0101028	16.80000
1	12275878	253000000	HSJ	8.400	2.000	2021-06-01 07:25:00	20210601CSYY0101028	16.80000
2	12275878	253000000	HSJ	8.400	2.000	2021-06-01 07:25:00	20210601CSYY0101028	16.80000
3	12322878	260040206	HSJ	33.780	1.000	2021-06-01 07:28:00	20210601CSYY0101029	33.78000
4	30004003	244030002	HSJ	7.980	1.000	2021-06-01 07:28:00	20210601CSYY0101030	7.98000
...	...	...	...	...	...	...	...	...
3439	30031870	245030401	WDFF	9.870	0.862	2021-06-01 10:59:00	20210601CSYY0303147	8.50794
3440	30008276	241010501	WDFF	23.130	0.481	2021-06-01 11:00:00	20210601CSYY0303148	11.12553
3441	30033854	240000000	WDFF	14.430	1.000	2021-06-01 11:17:00	20210601CSYY0303149	14.43000
3442	30206214	240000000	WDFF	23.430	1.000	2021-06-01 11:40:00	20210601CSYY0303150	23.43000
3443	30129510	255090000	WDFF	34.815	0.312	2021-06-01 11:50:00	20210601CSYY0303151	10.86228

3444 rows × 8 columns

然后按照“门店”列进行分组求和，相应代码如下：

```
1  group5 = data.groupby('门店')['销售额'].sum().reset_index()
```

```
print(group5)
```

代码运行结果如右图所示。

	门店	销售额
0	CRSJ	42741.085545
1	HSJ	35891.205000
2	WDFF	16227.487365

最后绘制圆环图分析各门店的销售额占比情况，相应代码如下：

```
import matplotlib.pyplot as plt
plt.rcParams['font.sans-serif'] = ['Microsoft YaHei']
plt.rcParams['axes.unicode_minus'] = False
x = group5['门店']
y = group5['销售额']
plt.pie(y, labels=x, labeldistance=1.1, autopct='%.2f%%', pctdistance=0.7, wedgeprops={'width': 0.5, 'linewidth': 2, 'edgecolor': 'white'})
plt.title(label='门店销售额占比', fontsize=16)
plt.show()
```

第 4 行和第 5 行代码分别给出图表的 x 坐标值和 y 坐标值。

第 6 行代码使用 pie() 函数绘制圆环图。参数 labels 和 labeldistance 分别用于设置每个饼图块的标签内容和标签到圆心的距离。参数 autopct 和 pctdistance 分别用于设置百分比数值的格式和百分比数值到圆心的距离。参数 wedgeprops 用于设置饼图块的属性，其值为一个字典，字典中的键值对是饼图块各个属性的名称和值，代码中的 wedgeprops={'width': 0.5, 'linewidth': 2, 'edgecolor': 'white'} 表示设置饼图块的环宽（圆环的外圆半径减去内圆半径）占外圆半径的比例为 0.5，边框粗细为 2，边框颜色为白色。将饼图块的环宽占比设置为小于 1 的数（这里为 0.5），就能绘制出圆环图。

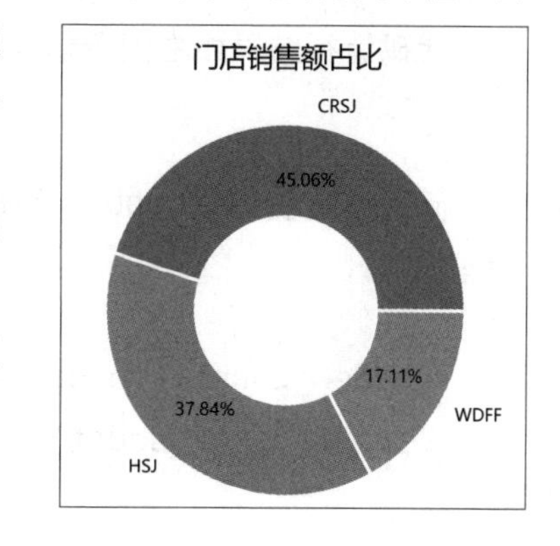

第 7 行代码使用 title() 函数为圆环图添加标题。

代码运行结果如右图所示。由图可知，在当天的运营中，门店 CRSJ 的销售额占比最高，门店 WDFF 的销售额占比最低。

9.3.3 绘制直方图分析客流高峰的时间段

分析一天中各时间段的客流量变化，有助于确定开展促销活动的最佳时间段。先从“订单成交时间”列中提取小时信息，相应代码如下：

```
1  data['小时'] = data['订单成交时间'].dt.hour
2  print(data)
```

第 1 行代码通过 dt.hour 属性从“订单成交时间”列的日期和时间值中提取小时信息。代码运行结果如下图所示。

	产品编号	类别编号	门店	产品单价（元）	产品销量	订单成交时间	订单编号	销售额	小时
0	12275878	253000000	HSJ	8.400	2.000	2021-06-01 07:25:00	20210601CSYY0101028	16.80000	7
1	12275878	253000000	HSJ	8.400	2.000	2021-06-01 07:25:00	20210601CSYY0101028	16.80000	7
2	12275878	253000000	HSJ	8.400	2.000	2021-06-01 07:25:00	20210601CSYY0101028	16.80000	7
3	12322878	260040206	HSJ	33.780	1.000	2021-06-01 07:28:00	20210601CSYY0101029	33.78000	7
4	30004003	244030002	HSJ	7.980	1.000	2021-06-01 07:28:00	20210601CSYY0101030	7.98000	7
...	...	...	...	...	...	...	...	...	...

因为同一个顾客可能会一次性购买多种产品，所以需要对订单编号进行去重处理。相应代码如下：

```
1  order = data[['小时', '订单编号']].drop_duplicates()
2  print(order)
```

第 1 行代码先从数据中提取“小时”列和“订单编号”列，再用 drop_duplicates() 函数删除数据中的重复值。

代码运行结果如右图所示。

	小时	订单编号
0	7	20210601CSYY0101028
3	7	20210601CSYY0101029
4	7	20210601CSYY0101030
8	7	20210601CSYY0101031
9	7	20210601CSYY0101032
...	...	...

随后结合使用 groupby() 函数和 count() 函数计算每小时的订单数量，相应代码如下：

```
1  order_count = order.groupby('小时')['订单编号'].count()
2  print(order_count)
```

代码运行结果如下：

```
小时
6      10
7      37
8     100
9     156
10    143
11     63
13     30
14     36
15     17
16     50
17     73
18     71
19     71
20     39
21     16
Name: 订单编号, dtype: int64
```

可以认为一个订单编号对应一名顾客，各个时段的订单数量即反映了该时段的客流量。

最后绘制直方图查看每小时的订单数量变化，相应代码如下：

```
plt.figure(figsize=(12, 5))
plt.hist(order['小时'], bins=range(5, 23))
plt.title(label='不同时段订单数量直方图', fontsize=20)
plt.xlabel('时段', fontsize=12)
plt.ylabel('订单数量', fontsize=12)
plt.xticks(range(5, 23))
plt.ylim(0, 180)
plt.grid(b=True, axis='x', color='k', linestyle='dot-
ted', linewidth=1)
```

```
9   x = order_count.index
10  y = order_count.values
11  for a, b in zip(x, y):
12      plt.text(a + 0.5, b, b, ha='center', va='bottom',
        size=12)
13  plt.show()
```

第 2 行代码使用 hist() 函数绘制直方图。

第 3～5 行代码分别用于设置图表标题、x 轴标题和 y 轴标题。

第 6 行代码用于将 x 轴的刻度设置为 5～22 的等差整数序列。

第 7 行代码用于将 y 轴的刻度范围设置为 0～180。

第 8 行代码使用 grid() 函数为图表添加网格线。

第 9 行和第 10 行代码分别给出直方图中数据标签的 x 坐标值和 y 坐标值。其中 x 坐标值是通过 index 属性获取的行标签，即小时数；y 坐标值是通过 values 属性获取的订单数量。

第 11 行代码用 zip() 函数将数据标签的 x 坐标值和 y 坐标值逐个配对打包成一个个元组。第 12 行代码使用 text() 函数在相应坐标位置添加数据标签。

代码运行结果如下图所示。从图中可以看出，8 点至 11 点是超市一天中的客流高峰期，16 点至 20 点又是一个小高峰期，在这两个时间段搞促销效果会比较好。

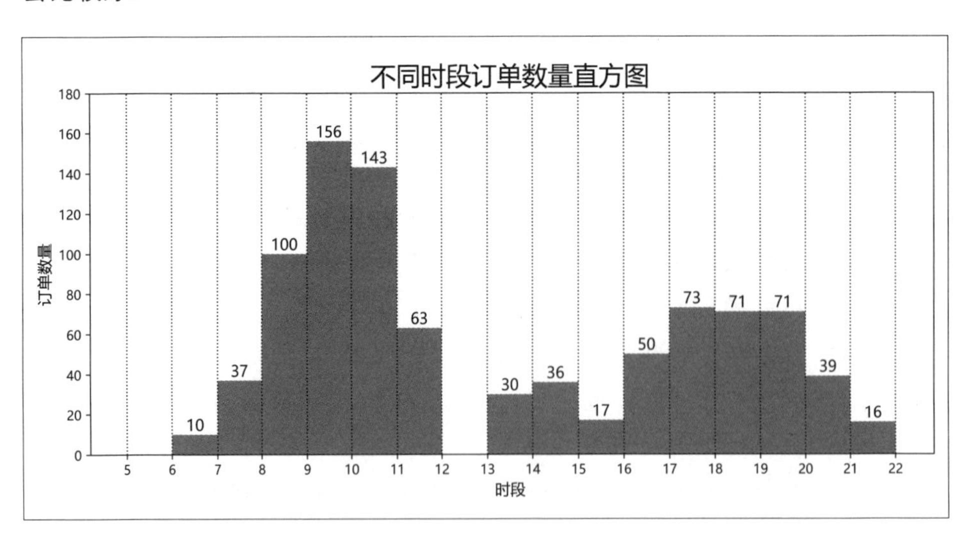

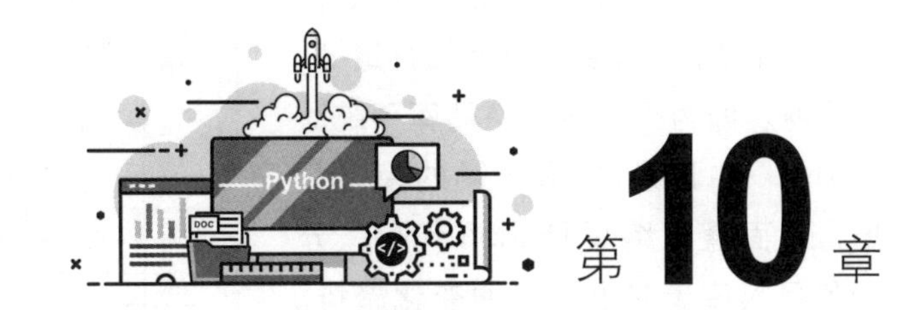

第10章 产品库存和回款分析

产品的库存分析和回款分析是产品日常管理的重要环节，也是营销工作的基础和前提。库存分析的主要目的是避免产品积压或短缺，保证生产和销售活动的顺利进行；回款分析的主要目的则是防止大量货款滞留在销售渠道，并及时收回货款，避免企业因资金被占用而出现经营困难。

本章将以产品库存量统计分析、产品库存预警分析、产品回款分析为例，讲解如何利用 Python 分析库存和回款。

10.1 产品库存量统计分析

◎ 代码文件：产品库存量统计分析.py

产品的库存数据包括库存结存量、入库量、出库量、月底结存量等。右图所示即为工作簿“产品库存统计表.xlsx”中记录的 12 个月的库存数据。下面通过编写 Python 代码，分析各月入库量和出库量的变化趋势，对比各月月底结存量，并对比各月入库量和出库量。

	A	B	C	D	E	F
1	月份	库存结存量	入库量	出库量	月底结存	
2	1月	690	160	460	390	
3	2月	390	200	580	10	
4	3月	10	400	100	310	
5	4月	310	600	800	110	
6	5月	110	1000	520	590	
7	6月	590	400	800	190	
8	7月	190	300	140	350	
9	8月	350	600	200	750	
10	9月	750	500	760	490	
11	10月	490	800	840	450	
12	11月	450	1600	1500	550	
13	12月	550	1800	1600	750	
14						

Sheet1

10.1.1 绘制折线图分析各月入库量和出库量的趋势

先从工作簿中读取数据，相应代码如下：

```
1   import pandas as pd
2   data = pd.read_excel('产品库存统计表.xlsx')
3   print(data)
```

代码运行结果如下图所示（部分内容从略）。

	月份	库存结存量	入库量	出库量	月底结存
0	1月	690	160	460	390
1	2月	390	200	580	10
2	3月	10	400	100	310
3	4月	310	600	800	110
4	5月	110	1000	520	590
5	6月	590	400	800	190
6	7月	190	300	140	350

然后通过绘制折线图展示各月入库量的变化情况，相应代码如下：

```
1   import matplotlib.pyplot as plt
2   plt.rcParams['font.sans-serif'] = ['Microsoft YaHei']
3   plt.rcParams['axes.unicode_minus'] = False
4   plt.figure(figsize=(12, 5))
5   x = data['月份']
6   y = data['入库量']
7   plt.plot(x, y, color='r', linestyle='solid', linewidth=
    2, marker='o', markersize=6)
8   plt.title(label='各月入库量变化趋势', size=25)
9   plt.xlabel('月份')
10  plt.ylabel('入库量')
11  plt.ylim(0, 2000)
12  props = dict(boxstyle='round', facecolor='y', alpha=0.8)
13  for i, j in zip(x, y):
14      plt.text(i, j + 50, j, ha='center', va='bottom',
        size=10, bbox=props)
15  plt.show()
```

上述代码与 7.2.1 节的代码类似，这里不再详细解说。代码运行结果如下图所示。由图可知，上半年中 5 月的入库量最大，下半年的入库量则呈持续上升趋势。

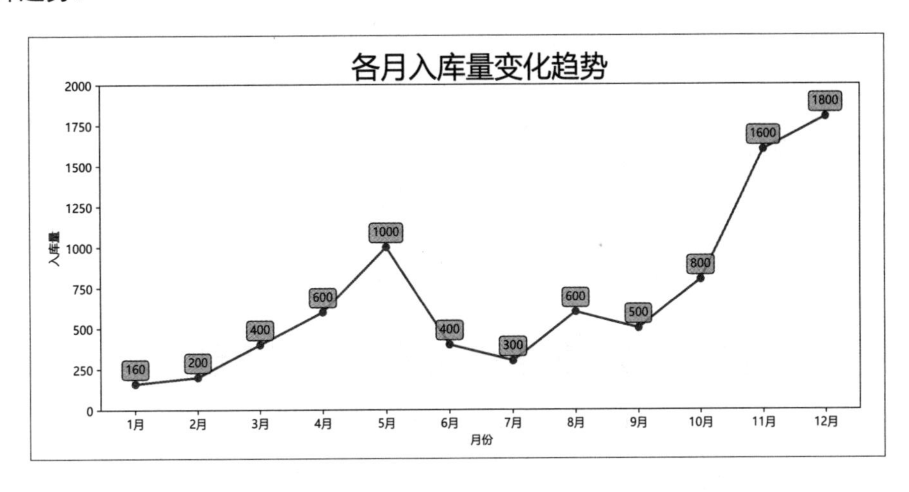

使用相同的方法绘制折线图展示各月出库量的变化情况，相应代码如下：

```
1  plt.figure(figsize=(12, 5))
2  x = data['月份']
3  y = data['出库量']
4  plt.plot(x, y, color='r', linestyle='solid', linewidth=
   2, marker='o', markersize=6)
5  plt.title(label='各月出库量变化趋势', size=25)
6  plt.xlabel('月份')
7  plt.ylabel('出库量')
8  plt.ylim(0, 2000)
9  props = dict(boxstyle='round', facecolor='y', alpha=0.8)
10 for i, j in zip(x, y):
11     plt.text(i, j + 50, j, ha='center', va='bottom',
       size=10, bbox=props)
12 plt.show()
```

代码运行结果如下图所示。由图可知，上半年的出库量呈波动趋势，下半年的出库量呈持续上升趋势。

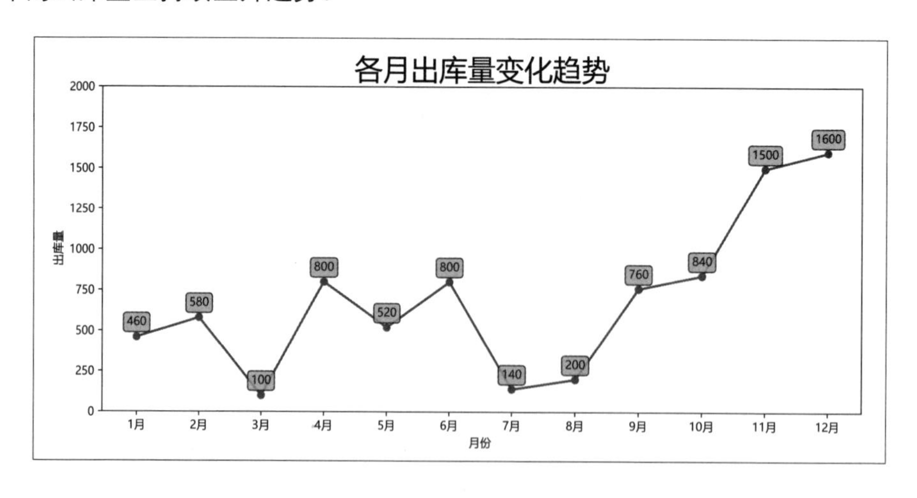

10.1.2 绘制柱形图分析各月库存的月底结存量

下面通过绘制柱形图来对比分析各月库存的月底结存量，相应代码如下：

```
plt.figure(figsize=(12, 5))
x = data['月份']
y = data['月底结存']
plt.bar(x, y, width=0.6, color='r')
plt.title(label='各月库存的月底结存量对比分析', size=25)
plt.xlabel('月份')
plt.ylabel('月底结存')
plt.ylim(0, 1000)
for i, j in zip(x, y):
    plt.text(i, j, j, ha='center', va='bottom', size=10)
plt.show()
```

代码运行结果如下图所示。由图可知，2 月的月底结存量最小，8 月和 12 月的月底结存量最大。

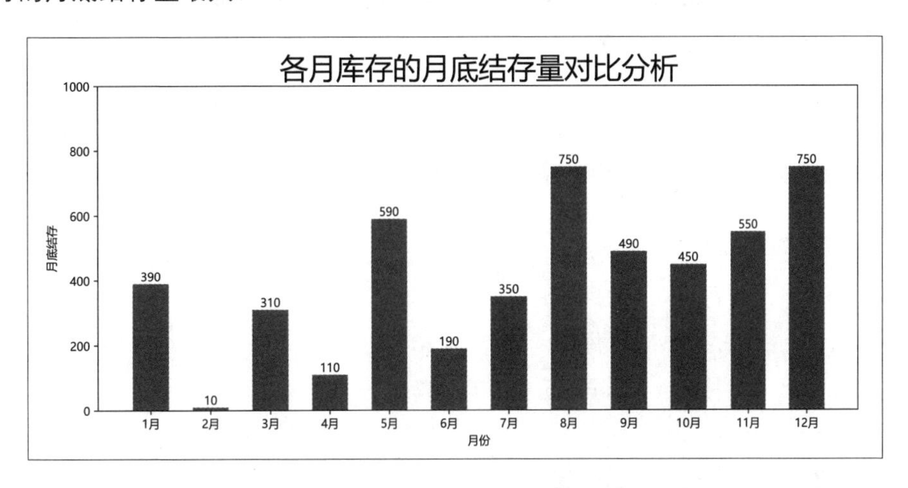

10.1.3　绘制双柱形图对比各月的入库量和出库量

7.2.2 节在绘制双柱形图时只使用了 Matplotlib 模块，这里则要结合使用 Matplotlib 模块和 seaborn 模块，以更快捷的方式绘制双柱形图。

首先选取所需数据，相应代码如下：

```
data2 = data[['月份', '入库量', '出库量']]
```

这行代码表示选取“月份”“入库量”“出库量”这 3 列数据。此时 data2 的内容如下（部分内容从略）：

```
1       月份        入库量        出库量
2   0    1月          160          460
3   1    2月          200          580
4   2    3月          400          100
5   3    4月          600          800
6   4    5月         1000          520
7   5    6月          400          800
8   …………
```

然后对上述数据进行结构重塑，相应代码如下：

```
1   data2 = data2.melt(id_vars='月份', var_name='出 / 入库',
    value_name='数量')
```

这行代码使用 pandas 模块中的 melt() 函数将列标签转换为列数据。此时 data2 的内容如下（部分内容从略）：

```
1           月份     出 / 入库      数量
2   0       1月      入库量         160
3   1       2月      入库量         200
4   2       3月      入库量         400
5   …………
6   12      1月      出库量         460
7   13      2月      出库量         580
8   14      3月      出库量         100
9   …………
```

随后就可以使用 data2 中的数据绘制双柱形图了，相应代码如下：

```
1   plt.figure(figsize=(12, 5))
```

```
2    sns.barplot(data=data2, x='月份', y='数量', hue='出/入库', ci=None)
3    plt.title(label='各月入库量和出库量对比分析', fontsize=25)
4    plt.ylim(0, 2000)
5    plt.legend(loc='upper left', fontsize=10)
6    plt.show()
```

上述代码的核心是第 2 行，它使用 seaborn 模块中的 barplot() 函数绘制柱形图。参数 data 用于设置绘图的数据，这里设置为前面处理好的 data2；参数 x 和 y 分别用于设置作为 x 坐标值和 y 坐标值的列名；参数 hue 用于设置作为分类标志的列名；参数 ci 用于设置误差线的置信区间大小，这里不需要绘制误差线，所以设置为 None。

运行以上代码，得到如下图所示的双柱形图。由图可以直观地对比各月的入库量和出库量。

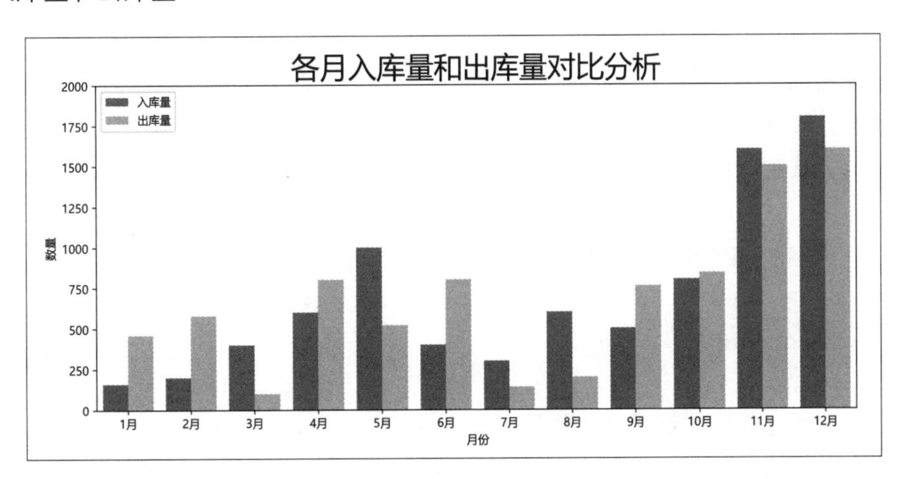

10.2　产品库存预警分析

◎ 代码文件：产品库存预警分析.py

为了避免产品库存不足给产品销售带来的不良影响，可以为产品库存设置一个安全预警值。当实际库存达到安全预警值，就需要及时补货。本节将利用 Python 根据指定的条件对产品库存进行预警。

下两图所示为工作簿“产品月销售量和库存统计表.xlsx”中的数据，其内容为多种产品的当前库存数量以及 2020 年 1 月至 2021 年 9 月的月销售量。

	A	B	C	D	E	F	G	H	I	J	K	L
1	产品编码	产品名称	当前库存数量	2020年1月	2020年2月	2020年3月	2020年4月	2020年5月	2020年6月	2020年7月	2020年8月	2020年9月
2	HSJ001	耳机	56	25	25	15	10	50	15	69	60	15
3	HSJ002	智能手机	150	63	63	16	15	26	16	60	25	18
4	HSJ003	手表	36	78	45	52	16	58	18	45	58	50
5	HSJ004	台式电脑	45	41	78	48	18	45	45	50	56	45
6	HSJ005	笔记本电脑	92	25	50	42	78	59	72	26	45	40
7	HSJ006	游戏机	60	69	20	12	45	63	52	36	40	26
8	HSJ007	电视机	80	20	15	56	12	20	50	45	12	20
9	HSJ008	空调	40	23	16	63	16	15	20	70	23	50
10	HSJ009	电冰箱	200	45	96	20	59	78	26	15	56	41
11	HSJ010	洗衣机	50	89	45	58	48	20	36	45	42	35
12												

Sheet1

	M	N	O	P	Q	R	S	T	U	V	W	X
1	2020年10月	2020年11月	2020年12月	2021年1月	2021年2月	2021年3月	2021年4月	2021年5月	2021年6月	2021年7月	2021年8月	2021年9月
2	20	26	20	20	21	10	15	10	20	15	45	56
3	58	52	54	26	20	15	20	20	60	50	50	80
4	45	78	87	5	15	14	10	5	8	36	45	10
5	12	45	14	6	18	18	50	40	50	50	50	45
6	47	75	56	48	10	16	40	15	10	12	12	25
7	56	63	25	10	60	19	80	20	20	18	60	63
8	96	89	36	5	50	12	20	60	16	20	45	41
9	32	20	69	20	36	30	50	20	18	50	78	85
10	78	45	50	6	47	25	60	10	13	45	26	75
11	20	26	25	5	20	28	30	8	20	36	75	20
12												

Sheet1

假设每种产品的生产周期为 2 个月，那么当产品的当前库存数量不足以销售 2 个月时，就需要开始补货了。下面通过编写 Python 代码，分析产品的库存情况，对需要补货的产品进行标记。

首先从工作簿中读取数据，相应代码如下：

```
1  import pandas as pd
2  data = pd.read_excel('产品月销售量和库存统计表.xlsx')
3  print(data)
```

运行以上代码，结果如下图所示。

	产品编码	产品名称	当前库存数量	2020-01-01 00:00:00	...	2021-06-01 00:00:00	2021-07-01 00:00:00	2021-08-01 00:00:00	2021-09-01 00:00:00
0	HSJ001	耳机	56	25	...	20	15	45	56
1	HSJ002	智能手机	150	63	...	60	50	50	80
2	HSJ003	手表	36	78	...	8	36	45	10
3	HSJ004	台式电脑	45	41	...	50	50	50	45
4	HSJ005	笔记本电脑	92	25	...	10	12	12	25
5	HSJ006	游戏机	60	69	...	20	18	60	63
6	HSJ007	电视机	80	20	...	16	20	45	41
7	HSJ008	空调	40	23	...	18	50	78	85
8	HSJ009	电冰箱	200	45	...	13	45	26	75
9	HSJ010	洗衣机	50	89	...	20	36	75	20

然后根据月销售量的历史数据计算各产品的月平均销售量，相应代码如下：

```
1  data1 = data.drop(columns=['产品编码', '产品名称', '当前库存数量'])
2  data['月平均销售量'] = data1.mean(axis=1)
3  print(data)
```

第 1 行代码使用 drop() 函数删除不参与计算的“产品编码”“产品名称”“当前库存数量”列，得到新的数据表格 data1。

第 2 行代码使用 mean() 函数对 data1 中的各行数据分别计算平均值，然后将计算结果添加到原来的数据表格 data 中作为新的一列，列名为“月平均销售量”。

上述代码的运行结果如下图所示。

	产品编码	产品名称	当前库存数量	2020-01-01 00:00:00	...	2021-07-01 00:00:00	2021-08-01 00:00:00	2021-09-01 00:00:00	月平均销售量
0	HSJ001	耳机	56	25	...	15	45	56	26.761905
1	HSJ002	智能手机	150	63	...	50	50	80	38.428571
2	HSJ003	手表	36	78	...	36	45	10	37.047619
3	HSJ004	台式电脑	45	41	...	50	50	45	39.238095
4	HSJ005	笔记本电脑	92	25	...	12	12	25	38.238095
5	HSJ006	游戏机	60	69	...	18	60	63	40.809524
6	HSJ007	电视机	80	20	...	20	45	41	35.238095
7	HSJ008	空调	40	23	...	50	78	85	38.285714
8	HSJ009	电冰箱	200	45	...	45	26	75	43.619048
9	HSJ010	洗衣机	50	89	...	36	75	20	34.809524

随后为数据表格 data 添加“库存预警”列，便于查看哪些产品需要补货。相应代码如下：

```
1  data['库存预警'] = '库存不足，需补货'
2  con = data['当前库存数量'] <= (data['月平均销售量'] * 4)
3  data['库存预警'] = data['库存预警'].where(con, '库存充足')
4  print(data[['产品编码', '产品名称', '库存预警']])
```

第 1 行代码用于在 data 中添加“库存预警”列，并且该列的值都为“库存不足，需补货”。

第 2 行代码用于创建一个筛选需补货产品的条件：“当前库存数量”列的值

小于等于“月平均销售量”列的值的 4 倍。需要注意的是，这里是 4 倍而不是 2 倍，因为要在 2 个月销售周期的基础上加上 2 个月的生产周期。

第 3 行代码用于根据第 1 行代码创建的筛选条件重新设置“库存预警”列的值。其中 where() 函数的功能是取出满足条件的值，第 1 个参数是要满足的条件，第 2 个参数是不满足条件时用于替换的值。因此，这行代码表示将“库存预警”列中所有不满足条件的值替换为“库存充足”。

第 4 行代码从 data 中取出我们关注的列并进行输出。

运行以上代码，结果如右图所示。由图可知，除电冰箱外的产品库存都不足，需要及时补货。

	产品编码	产品名称	库存预警
0	HSJ001	耳机	库存不足，需补货
1	HSJ002	智能手机	库存不足，需补货
2	HSJ003	手表	库存不足，需补货
3	HSJ004	台式电脑	库存不足，需补货
4	HSJ005	笔记本电脑	库存不足，需补货
5	HSJ006	游戏机	库存不足，需补货
6	HSJ007	电视机	库存不足，需补货
7	HSJ008	空调	库存不足，需补货
8	HSJ009	电冰箱	库存充足
9	HSJ010	洗衣机	库存不足，需补货

10.3 产品回款分析

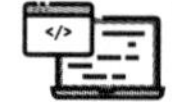

◎ 代码文件：产品回款分析.py

有些企业为了提高经销商的积极性，会采用先发货后收款的合作方式。但这种方式的风险较高，如果经销商回款不及时，容易导致企业资金链的断裂。因此，做好产品的回款分析，有助于提高企业流动资金的周转能力。

下图所示为工作簿“客户回款统计表.xlsx”中的数据，其内容为各个客户的合同签订日期、合同总额、已交金额、欠款金额、结款周期、邮箱等。下面通过编写 Python 代码，自动计算各个客户的回款日期，并在回款日期的前 10 天开始每天给客户发送电子邮件，提醒客户付款。

客户回款统计表

序号	合同编号	合同签订日期	客户名称	合同总额（元）	已交金额（元）	欠款金额（元）	结款周期（天）	客户邮箱
1	HSJ0127458	2021/9/5	CXYY有限公司	895610	562330	333280	60	1253***972@qq.com
2	HSJ5487907	2021/9/20	CFDL有限公司	230000	12000	218000	30	2123***590@qq.com
3	HSJ5687457	2021/8/30	DSXC有限公司	26980	21450	5530	50	2365***56@qq.com
4	HSJ4512458	2021/10/5	HHGS有限公司	36000	36000	0	60	2365***36@qq.com
5	HSJ7458454	2021/8/19	JSKJ有限公司	258740	20000	238740	90	256***89@qq.com
6	HSJ6359601	2021/9/15	YZGF有限公司	362540	30000	332540	30	562***874@qq.com
7	HSJ2145254	2021/8/26	NWRJ有限公司	458965	458965	0	50	256***89@qq.com
8	HSJ2635410	2021/8/15	KYDT有限公司	589610	268970	320640	60	265***97@qq.com
9	HSJ2014524	2021/9/20	YAYY有限公司	26000	26000	0	80	4587***58@qq.com
10	HSJ1241451	2021/9/28	TJGF有限公司	364500	278540	85960	70	265***936@qq.com
11	HSJ2185784	2021/9/15	HSLX有限公司	2457800	369870	2087930	30	236***57@qq.com
12	HSJ8952014	2021/10/4	BJKR有限公司	250063	60000	190063	60	365***78@qq.com

10.3.1　计算客户的回款日期

首先从工作簿中读取数据，相应代码如下：

```
1   import pandas as pd
2   data = pd.read_excel('客户回款统计表.xlsx', sheet_name=0,
    header=1)
3   print(data)
```

第 2 行代码用于从工作簿“客户回款统计表.xlsx”中读取第 1 个工作表的数据。参数 header 用于指定作为列名的行，默认值为 0，即选取工作表的第 1 行数据作为列名，这里因为第 1 行为表名，不能作为列名，所以设置为 1，表示选取第 2 行数据作为列名。

运行以上代码，结果如下图所示。

	序号	合同编号	合同签订日期	客户名称	合同总额（元）	已交金额（元）	欠款金额（元）	结款周期（天）	客户邮箱
0	1	HSJ0127458	2021-09-05	CXYY有限公司	895610	562330	333280	60	1253***972@qq.com
1	2	HSJ5487907	2021-09-20	CFDL有限公司	230000	12000	218000	30	2123***590@qq.com
2	3	HSJ5687457	2021-08-30	DSXC有限公司	26980	21450	5530	50	2365***56@qq.com
3	4	HSJ4512458	2021-10-05	HHGS有限公司	36000	36000	0	60	2365***36@qq.com
4	5	HSJ7458454	2021-08-19	JSKJ有限公司	258740	20000	238740	90	256***89@qq.com
5	6	HSJ6359601	2021-09-15	YZGF有限公司	362540	30000	332540	30	562***874@qq.com
6	7	HSJ2145254	2021-08-26	NWRJ有限公司	458965	458965	0	50	256***89@qq.com
7	8	HSJ2635410	2021-08-15	KYDT有限公司	589610	268970	320640	60	265***97@qq.com
8	9	HSJ2014524	2021-09-20	YAYY有限公司	26000	26000	0	80	4587***58@qq.com
9	10	HSJ1241451	2021-09-28	TJGF有限公司	364500	278540	85960	70	265***936@qq.com
10	11	HSJ2185784	2021-09-15	HSLX有限公司	2457800	369870	2087930	30	236***57@qq.com
11	12	HSJ8952014	2021-10-04	BJKR有限公司	250063	60000	190063	60	365***78@qq.com

然后根据合同签订日期和结款周期计算回款日期，相应代码如下：

```
1   data['回款日期'] = data['合同签订日期'] + pd.to_timedelta
    (data['结款周期（天）'], unit='day')
2   print(data)
```

第 1 行代码用于在数据表格 data 中添加“回款日期”列，该列的数据为“合同签订日期”列与“结款周期（天）”列的数据之和。“结款周期（天）”列的数据为整型数字，需先用 to_timedelta() 函数转换为时间差型数据，才能与“合同签订日期”列的日期型数据相加。to_timedelta() 函数的参数 unit 用于指定数值的单位，这里的 'day' 代表“天”。

运行以上代码，得到下图所示的结果。

	序号	合同编号	合同签订日期	客户名称	合同总额（元）	已交金额（元）	欠款金额（元）	结款周期（天）	客户邮箱	回款日期
0	1	HSJ0127458	2021-09-05	CXYY有限公司	895610	562330	333280	60	1253***972@qq.com	2021-11-04
1	2	HSJ5487907	2021-09-20	CFDL有限公司	230000	12000	218000	30	2123***590@qq.com	2021-10-20
2	3	HSJ5687457	2021-08-30	DSXC有限公司	26980	21450	5530	50	2365***56@qq.com	2021-10-19
3	4	HSJ4512458	2021-10-05	HHGS有限公司	36000	36000	0	60	2365***36@qq.com	2021-12-04
4	5	HSJ7458454	2021-08-19	JSKJ有限公司	258740	20000	238740	90	256***89@qq.com	2021-11-17
5	6	HSJ6359601	2021-09-15	YZGF有限公司	362540	30000	332540	30	562***874@qq.com	2021-10-15
6	7	HSJ2145254	2021-08-26	NWRJ有限公司	458965	458965	0	50	256***89@qq.com	2021-10-15
7	8	HSJ2635410	2021-08-15	KYDT有限公司	589610	268970	320640	60	265***97@qq.com	2021-10-14
8	9	HSJ2014524	2021-09-20	YAYY有限公司	26000	26000	0	80	4587***58@qq.com	2021-12-09
9	10	HSJ1241451	2021-09-28	TJGF有限公司	364500	278540	85960	70	265***936@qq.com	2021-12-07
10	11	HSJ2185784	2021-09-15	HSLX有限公司	2457800	369870	2087930	30	236***57@qq.com	2021-10-15
11	12	HSJ8952014	2021-10-04	BJKR有限公司	250063	60000	190063	60	365***78@qq.com	2021-12-03

接着获取系统的当前日期并计算该日期加上 10 天的日期，相应代码如下：

```
1  today = pd.Timestamp.today().normalize()
2  mail_day = today + pd.Timedelta(10, unit='day')
3  print(today)
4  print(mail_day)
```

第 1 行代码先用 pandas 模块中 Timestamp 对象的 today() 函数获取系统的当前日期和时间，因为这里的计算无须考虑时间信息，所以再用 normalize() 函数将时、分、秒归零。

第 2 行代码用于计算当前日期加上 10 天的日期。

代码运行结果如下：

```
1  2021-10-12 00:00:00
2  2021-10-22 00:00:00
```

最后根据回款日期筛选出需要发送提醒邮件的客户数据，相应代码如下：

```
1  data1 = data[(data['回款日期'] >= today) & (data['回款日期'] <= mail_day)]
```

```
2    print(data1)
```

第 1 行代码用于筛选“回款日期”列的值在当前日期和 10 天后日期之间的数据。其中使用了 pandas 模块特有的“与”运算符“&”来构造逻辑表达式，读者还可根据实际需求使用“或”运算符“|”和“非”运算符“~”。需要注意的是，运算符两侧的条件表达式必须分别用括号括起来。如果要筛选已经逾期的客户，可将这行代码修改为“data1 = data[data['回款日期'] < today]”。

运行以上代码，结果如下图所示。

	序号	合同编号	合同签订日期	客户名称	合同总额（元）	已交金额（元）	欠款金额（元）	结款周期（天）	客户邮箱	回款日期
1	2	HSJ5487907	2021-09-20	CFDL有限公司	230000	12000	218000	30	2123***590@qq.com	2021-10-20
2	3	HSJ5687457	2021-08-30	DSXC有限公司	26980	21450	5530	50	2365***56@qq.com	2021-10-19
5	6	HSJ6359601	2021-09-15	YZGF有限公司	362540	30000	332540	30	562***874@qq.com	2021-10-15
6	7	HSJ2145254	2021-08-26	NWRJ有限公司	458965	458965	0	50	256***89@qq.com	2021-10-15
7	8	HSJ2635410	2021-08-15	KYDT有限公司	589610	268970	320640	60	265***97@qq.com	2021-10-14
10	11	HSJ2185784	2021-09-15	HSLX有限公司	2457800	369870	2087930	30	236***57@qq.com	2021-10-15

10.3.2　批量发送电子邮件提醒客户付款

前面筛选出了需要提醒付款的客户，下面批量给这些客户发送电子邮件，提醒他们及时付款。

在编写代码之前，需要先获取电子邮箱的 SMTP 授权码。SMTP 授权码并不是邮箱的登录密码，而是通过程序自动发送邮件所需的授权码。下面以 QQ 邮箱为例讲解获取授权码的方法。

步骤01 在浏览器中登录 QQ 邮箱，❶单击顶部账户下的“设置”链接，❷然后单击“邮箱设置”下的“账户”标签，切换到“账户”选项卡，如下图所示。

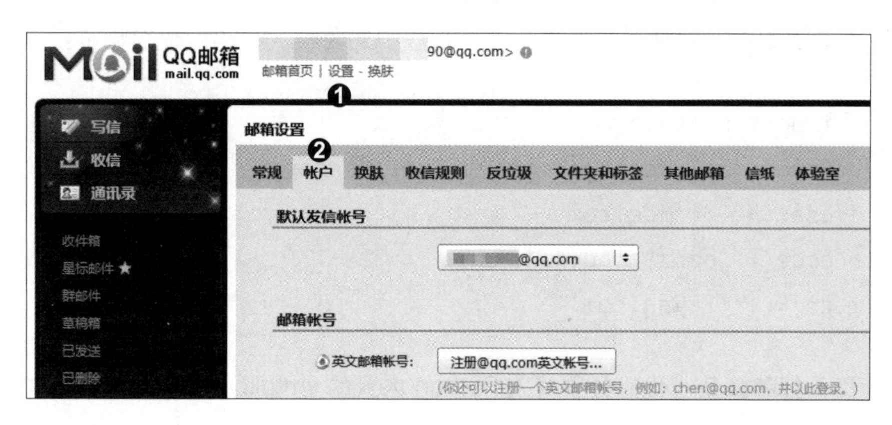

步骤02 向下滚动页面，找到下图所示的选项，单击“POP3/SMTP 服务”右侧的“开启”链接。

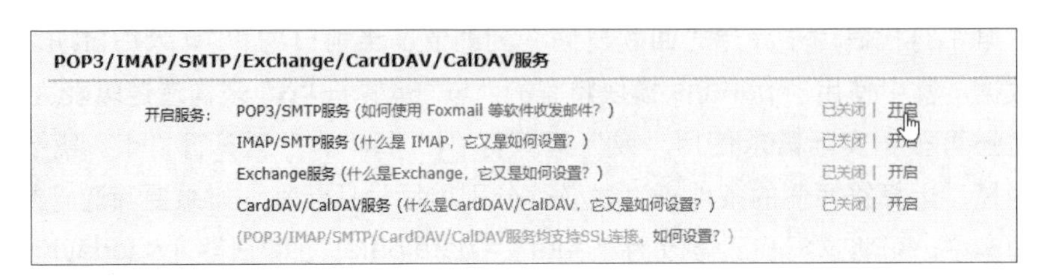

步骤03 ❶弹出“验证密保”对话框，根据对话框中的说明，使用密保手机向指定号码发送指定内容的短信，❷发送完毕后单击“我已发送”按钮，如下左图所示。❸随后会弹出“开启 POP3/SMTP”对话框，将其中显示的授权码复制、粘贴到代码编辑器中，后面编写代码时会用到。❹最后单击“确定”按钮，如下右图所示。

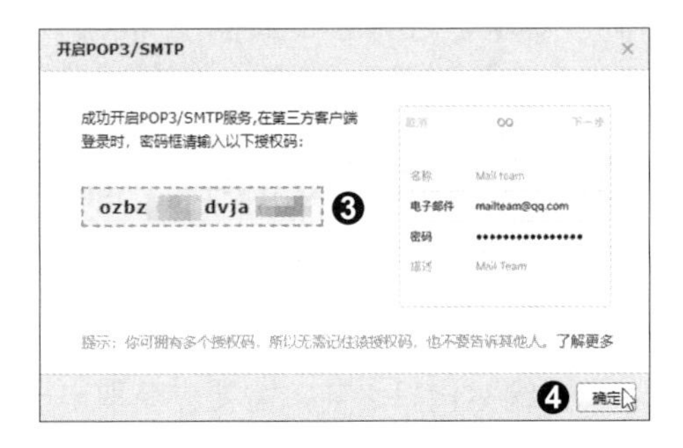

如果读者想要使用其他邮箱自动发送电子邮件，也需要先获取授权码，具体方法可以查看邮箱官网提供的帮助文档，或者用搜索引擎查找。

获得 QQ 邮箱的 SMTP 授权码后，便可以编写代码自动发送邮件了。下面简单介绍发送文本格式电子邮件的基本方法。

先导入需要的模块并设置发件人、授权码和收件人，相应代码如下：

```
1  import smtplib
2  from email.message import EmailMessage
3  user = '***@qq.com'
4  code = 'ozbz****dvja****'
5  to = '****@qq.com'
```

第 1 行和第 2 行代码分别导入 Python 内置的 smtplib 和 email 模块。前者主要用于发送邮件，后者主要用于编写邮件。

第 3 行代码用于设置发件人的邮箱，即前面获取授权码时登录的邮箱。

第 4 行代码用于设置邮箱的 SMTP 授权码。

第 5 行代码用于设置收件人的邮箱，可以是单个邮箱，也可以是多个邮箱。如果有多个邮箱，要用英文逗号隔开。

然后开始编写邮件，相应代码如下：

```
1  msg = EmailMessage()
2  msg.set_content('邮件正文内容')
3  msg['Subject'] = '邮件主题'
4  msg['From'] = user
5  msg['To'] = to
```

这 5 行代码分别用于创建邮件并设置邮件的正文、主题、发件人和收件人。

最后登录邮箱并发送邮件，相应代码如下：

```
1  server = smtplib.SMTP_SSL('smtp.qq.com', 465)
2  server.login(user, code)
3  server.send_message(msg)
4  server.quit()
```

第 1 行代码用于连接邮箱的 SMTP 服务器，“smtp.qq.com”和“465”分别为 QQ 邮箱 SMTP 服务器的地址和端口。

第 2 行代码用于登录 SMTP 服务器。

第 3 行代码用于发送邮件。

第 4 行代码用于退出登录。

具体到本案例，要解决的一个主要问题是如何批量给不同客户的邮箱地址发邮件。先从需发送提醒邮件的客户数据 data1 中提取邮箱地址，相应代码如下：

```
1  e_mail = data1['客户邮箱'].tolist()
2  print(e_mail)
```

第 1 行代码先提取“客户邮箱”列的数据，再用 tolist() 函数将数据转换成列表。

代码运行结果如下：

```
1   ['2123***590@qq.com', '2365***56@qq.com', '562***874@
    qq.com', '256***89@qq.com', '265***97@qq.com', '236***57@
    qq.com']
```

然后可以用 join() 函数将上述列表转换为用逗号分隔的字符串，相应代码如下：

```
1   to = ','.join(e_mail)
2   print(to)
```

代码运行结果如下，再将这个字符串设置为邮件的收件人。但是这样会导致每个收件人都能看到其他收件人的邮箱地址。

```
1   2123***590@qq.com,2365***56@qq.com,562***874@qq.com,
    256***89@qq.com,265***97@qq.com,236***57@qq.com
```

更符合商务邮件礼仪规范的做法则是针对每位客户分别编写和发送邮件，完整代码如下：

```
1   import smtplib
2   from email.message import EmailMessage
3   e_mail = data1['客户邮箱'].tolist()
4   user = '***@qq.com'
5   code = 'ozbz****dvja****'
6   server = smtplib.SMTP_SSL('smtp.qq.com', 465)
7   server.login(user, code)
8   for i in e_mail:
9       msg = EmailMessage()
10      msg.set_content('您好，这里是HSJ有限公司，您还有即将到
        期未付的货款，请在合同指定的结款周期内完成付款。')
11      msg['Subject'] = '回款提醒'
```

```
12        msg['From'] = user
13        msg['To'] = i
14        server.send_message(msg)
15    server.quit()
```

如果读者要使用其他邮箱发送邮件，需根据实际情况修改代码。以网易 163 邮箱为例，将第 5 行代码中的 SMTP 授权码修改为 163 邮箱的 SMTP 授权码，将第 6 行代码中的“smtp.qq.com”修改为“smtp.163.com”，端口 465 不变。

运行以上代码，成功发送邮件后，目标客户将会收到下图所示的邮件。

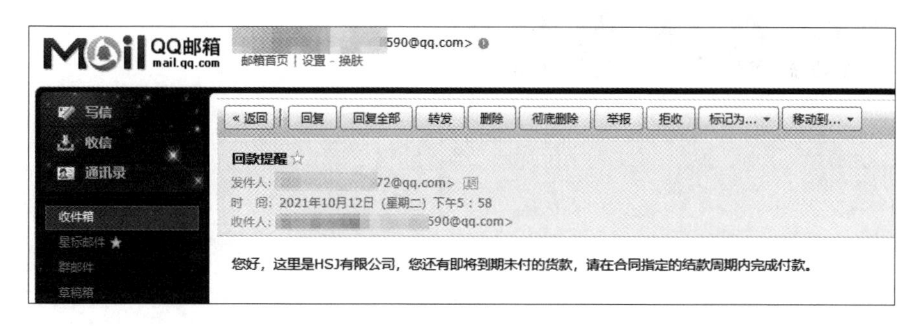

第 11 章

产品竞争力分析

产品竞争力是指产品符合市场要求的程度。通过分析产品的竞争力，市场营销人员可以评估本企业产品与竞争对手之间的差距，从而有的放矢地提升企业在市场中的竞争地位。

本章将主要从产品评价指标、产品价格和产品市场占有率这 3 个方面讲解如何利用 Python 分析产品的竞争力。

11.1 产品评价指标竞争力分析

◎ 代码文件：产品评价指标竞争力分析.py

产品评价指标竞争力分析主要是对产品的各项评价指标进行打分并比较分数的高低。工作簿“产品评价指标统计表.xlsx”中的 3 个工作表分别记录了一些评价指标数据：第 1 个工作表中为本企业的某款产品在价格、款式、舒适度、物流、质量和性价比这 6 个指标上的得分，如右图所示；第 2 个工作表中为本企业多款同类产品在 6 个指标上的得分，如下左图所示；第 3 个工作表中为本企业的某款产品与两家竞争对手的同类产品在 6 个指标上的得分，如下右图所示。

产品评价指标	指标分数
价格	9
款式	6
舒适度	8
物流	3
质量	5
性价比	6

同类产品型号	价格	款式	舒适度	物流	质量	性价比
型号1	9	6	8	3	5	6
型号2	6	6	7	6	6	7
型号3	8	10	5	7	8	4
型号4	3	10	2	8	4	5
型号5	5	6	1	2	1	6
型号6	4	7	2	5	8	5
型号7	8	2	1	4	5	4
型号8	9	1	3	6	2	7
型号9	10	3	6	7	6	5

产品评价指标	本企业	竞争对手1	竞争对手2
价格	9	3	10
款式	6	6	7
舒适度	8	6	5
物流	3	7	2
质量	5	6	1
性价比	6	7	2

下面将利用 Python 第三方模块 Plotly 绘制雷达图，直观地展示和比较上述数据，帮助市场营销人员更好地分析本企业产品在各项评价指标上的竞争力。Plotly 是一款强大的数据可视化工具，可以快速制作各种精美、可交互的图表。在开始编写代码前，使用命令“pip install plotly”安装该模块。

11.1.1 绘制雷达图分析单个产品的竞争力

先读取第 1 个工作表的数据，相应代码如下：

```
1  import pandas as pd
2  data1 = pd.read_excel('产品评价指标统计表.xlsx', sheet_name
   =0)
3  print(data1)
```

代码运行结果如右图所示。

	产品评价指标	指标分数
0	价格	9
1	款式	6
2	舒适度	8
3	物流	3
4	质量	5
5	性价比	6

然后使用 Plotly 模块绘制雷达图，相应代码如下：

```
1  import plotly.graph_objects as go
2  theta = data1['产品评价指标'].tolist()
3  theta.append(theta[0])
4  r = data1['指标分数'].tolist()
5  r.append(r[0])
6  fig = go.Figure()
7  trace = go.Scatterpolar(r=r, theta=theta, name='产品1',
   fill='toself', fillcolor='rgba(0,0,255,0.3)', line=
   {'color': 'rgba(255,0,0,1)', 'width': 2})
8  fig.add_trace(trace)
9  fig.update_polars(radialaxis={'visible': True, 'range':
   [0, 10], 'dtick': 1, 'tickangle': 0})
10 fig.update_layout(showlegend=False)
11 fig.show()
```

第 1 行代码从 Plotly 模块中导入主要的绘图子模块 graph_objects 并简写为 go。

第 2 行代码从读取的数据中选取“产品评价指标”列的数据并转换为列表，第 3 行代码将列表的第 1 个元素追加到列表末尾。这样处理是为了让雷达图中的曲线能够首尾相接，呈闭合状态。

第 4 行和第 5 行代码使用相同的方法选取“指标分数”列的数据并做处理。

第 6 行代码使用 Figure() 函数创建了一张空白的画布。

第 7 行代码使用 Scatterpolar() 函数创建了一个雷达图。其中参数 r 和 theta 分别为数值轴（极径轴）和分类轴（极角轴）的坐标值，这里分别设置为前面处理好的列表 r 和 theta；参数 name 用于设置数据系列的名称；参数 fill 用于设置各数据系列曲线的填充方式，这里的 'toself' 表示各自填充；参数 fillcolor 用于设置填充颜色，这里的 'rgba(0,0,255,0.3)' 表示 RGBA 颜色，前 3 个为 RGB 色值，第 4 个为不透明度值；参数 line 用于设置曲线的格式，其值是一个字典，字典中的键值对为属性名和属性值。

第 8 行代码使用 add_trace() 函数将雷达图添加到画布中。

第 9 行代码使用 update_polars() 函数设置雷达图选项。其中参数 radialaxis 用于设置数值轴的格式，其值也是一个字典，这里表示设置数值轴可见，刻度范围为 0～10，刻度间距为 1，刻度文本的角度为 0°。

第 10 行代码使用 update_layout() 函数设置画布的布局。参数 showlegend 设置为 False，表示不显示图例。

第 11 行代码使用 show() 函数显示图表。

运行代码后，会自动用默认浏览器打开一个网页，其中显示了如右图所示的雷达图。该图表具有一定的互动性，将鼠标指针放在曲线或数据点上，会显示相应的详细信息。由图可知该产品在价格和舒适度方面的得分比较高。

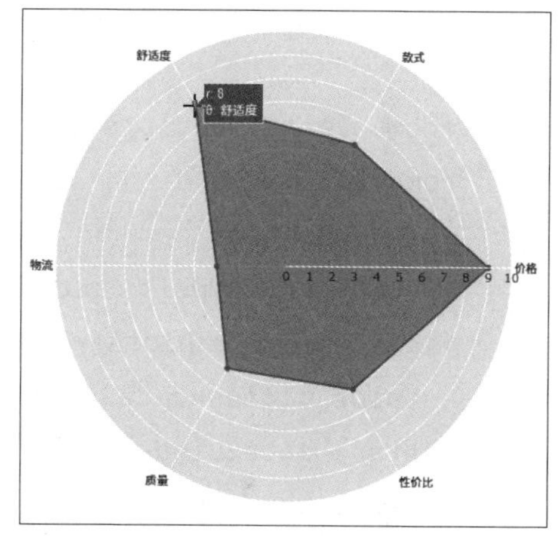

如果要将图表导出为 HTML 文档或图像文件，可以使用如下代码：

```
1  fig.write_html('单个产品竞争力分析.html')
2  fig.write_image('单个产品竞争力分析.png', width=600, height
   =600)  # 需调用Kaleido模块，可使用pip命令安装
```

11.1.2　绘制雷达图分析产品的内部竞争力

首先读取第 2 个工作表的数据并指定行标签列，相应代码如下：

```
1  data2 = pd.read_excel('产品评价指标统计表.xlsx', sheet_name
   =1, index_col='同类产品型号')
2  print(data2)
```

第 1 行代码在读取数据时指定使用“同类产品型号”列的值作为行标签。代码运行结果如右图所示。

然后使用 Plotly 模块绘制雷达图。这里要按 6 个评价指标分别绘制 6 个子图，每个子图中展示各款产品的该指标得分。相应代码如下：

同类产品型号	价格	款式	舒适度	物流	质量	性价比
型号1	9	6	8	3	5	6
型号2	6	6	7	6	6	7
型号3	8	10	5	7	8	4
型号4	3	10	2	8	4	5
型号5	5	6	1	2	1	6
型号6	4	7	2	5	8	5
型号7	8	2	1	4	5	4
型号8	9	1	3	6	2	7
型号9	10	3	6	7	6	5

```
1   from plotly.subplots import make_subplots
2   rows = 2
3   cols = 3
4   specs = [[{'type': 'polar'}] * cols] * rows
5   fig = make_subplots(rows=rows, cols=cols, specs=specs,
    subplot_titles=data2.columns)
6   theta = data2.index.tolist()
7   theta.append(theta[0])
8   traces = []
9   for i in data2.columns:
10      r = data2[i].tolist()
11      r.append(r[0])
12      trace = go.Scatterpolar(r=r, theta=theta, name=i,
        fill='toself')
13      traces.append(trace)
14  fig.add_traces(traces, rows=[1, 1, 1, 2, 2, 2], cols=
    [1, 2, 3, 1, 2, 3])
15  fig.update_layout(showlegend=False)
16  fig.update_polars(radialaxis={'visible': True, 'range':
    [0, 10], 'dtick': 1, 'tickangle': 0})
17  fig.update_annotations(yshift=20)
```

```
18    fig.show()
```

第 1 行代码导入用于绘制子图的 make_subplots() 函数。

第 2 行和第 3 行代码分别给出行数和列数，即准备将画布划分成 2 行 3 列共 6 个区域。

第 4 行代码根据区域划分的形式创建了一个嵌套列表，用于设置每个区域的属性。该列表的结构如下所示。可以看到其中有 2 个小列表，对应区域的 2 行，每个小列表中又有 3 个字典，对应一行中的 3 列。每个字典中的键值对是区域的属性名和属性值，这里的 {'type': 'polar'} 表示设置区域的坐标系为极坐标系。

```
1    [[{'type': 'polar'}, {'type': 'polar'}, {'type': 'polar'}],
2     [{'type': 'polar'}, {'type': 'polar'}, {'type': 'polar'}]]
```

第 5 行代码使用 make_subplots() 函数创建画布并划分区域。其中参数 rows 和 cols 分别用于设置区域的行数和列数；参数 specs 用于设置区域的属性；参数 subplot_titles 用于设置各子图的标题，这里的 data2.columns 表示使用数据表的列标签作为标题。

第 6 行和第 7 行代码从数据表中提取行标签列表并做处理，以作为雷达图中分类轴的坐标值。

第 8 行代码创建了一个空列表，用于存放后面绘制的 6 个雷达图。

第 9 行代码用于遍历数据表的列标签。

第 10 行和第 11 行代码根据列标签从数据表中取出一列数据并做处理，以作为雷达图中数值轴的坐标值。

第 12 行代码根据准备好的数据绘制一个雷达图。第 13 行代码将该雷达图添加到第 8 行代码创建的列表中。

第 14 行代码使用 add_traces() 函数将列表 traces 中的 6 个雷达图添加到画布上，其中参数 rows 和 cols 分别以列表的形式给出各雷达图所在区域的行号和列号。

第 15 行代码用于设置不显示图例。

第 16 行代码用于统一设置各雷达图数值轴的格式。

第 5 行代码中用参数 subplot_titles 设置的子图标题实际上是以注释的形式添加到画布中的，第 17 行代码用于将这些注释向上偏移一定距离，让图表显得更加美观。

代码运行结果如下图所示。从图中可以比较直观地看出各评价指标下处于领先地位的产品，这里不再详述。

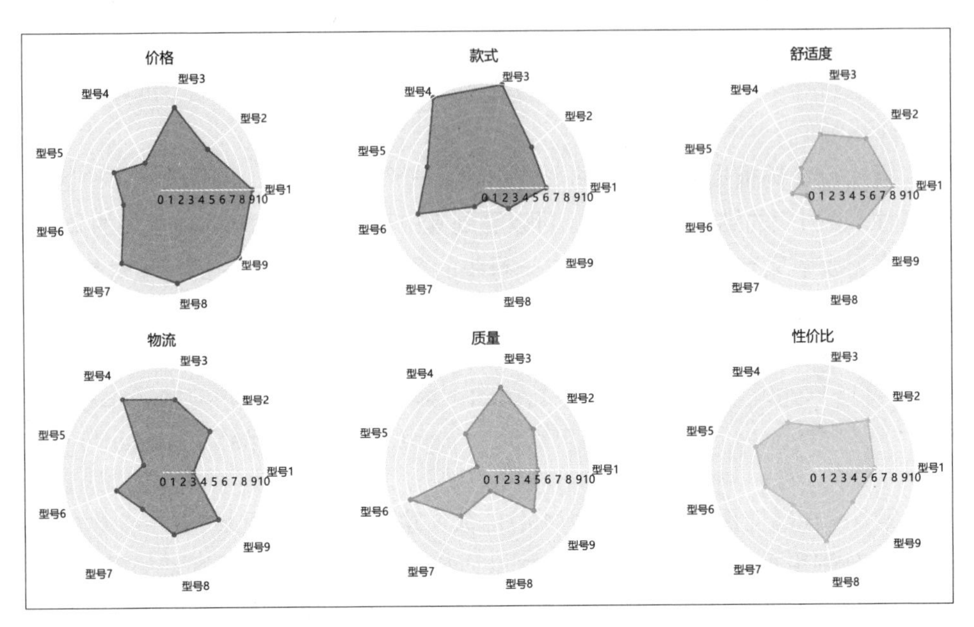

11.1.3 绘制雷达图分析产品的外部竞争力

首先读取第 3 个工作表的数据并指定行标签列，相应代码如下：

```
1  data3 = pd.read_excel('产品评价指标统计表.xlsx', sheet_name
   =2, index_col='产品评价指标')
2  print(data3)
```

第 1 行代码在读取数据时指定使用“产品评价指标”列的值作为行标签。代码运行结果如右图所示。

产品评价指标	本企业	竞争对手1	竞争对手2
价格	9	3	10
款式	6	6	7
舒适度	8	6	5
物流	3	7	2
质量	5	6	1
性价比	6	7	2

然后使用 Plotly 模块绘制雷达图，相应代码如下：

```
1   theta = data3.index.tolist()
2   theta.append(theta[0])
3   fig = go.Figure()
4   for i in data3.columns:
5       r = data3[i].tolist()
6       r.append(r[0])
7       trace = go.Scatterpolar(r=r, theta=theta, name=i,
        fill='toself')
8       fig.add_trace(trace)
9   fig.update_layout(showlegend=True)
10  fig.update_polars(radialaxis={'visible': True, 'range':
    [0, 10], 'dtick': 1, 'tickangle': 0})
11  fig.show()
```

上述代码的含义和前面的代码类似，这里不再详细解说。

代码运行结果如下图所示。从图中可以看出：在舒适度和价格方面，本企业产品处于领先或接近领先的地位；在款式、性价比、质量方面，整体水平不高，本企业产品处于中游水平；物流是本企业产品的短板，需设法改进。

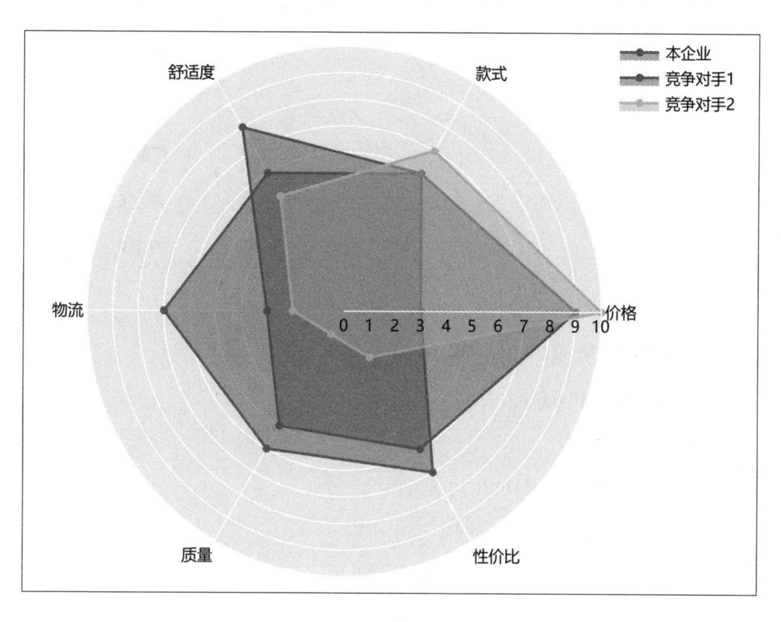

11.2 产品价格竞争力分析

◎ 代码文件：产品价格竞争力分析.py

在同类产品的竞争中，价廉物美是胜出的关键。工作簿“竞争产品价格统计表.xlsx”中的数据如右图所示，其内容为本企业与竞争对手的同类竞争产品的价格。下面利用 Python 绘制双柱形图来对比这些数据，以分析本企业与竞争对手在价格上谁更有优势。

	A	B	C	D
1	竞争产品	本企业	竞争对手	
2	产品A	258	320	
3	产品B	369	420	
4	产品C	589	780	
5	产品D	652	1022	
6	产品E	180	369	
7	产品F	245	478	

首先从工作簿中读取数据，相应代码如下：

```
1  import pandas as pd
2  data = pd.read_excel('竞争产品价格统计表.xlsx', index_col=
   '竞争产品')
3  print(data)
```

第 1 行代码在读取数据时指定用“竞争产品”列的值作为行标签。代码运行结果如右图所示。

竞争产品	本企业	竞争对手
产品A	258	320
产品B	369	420
产品C	589	780
产品D	652	1022
产品E	180	369
产品F	245	478

然后使用 Plotly 模块绘制双柱形图，相应代码如下：

```
1  import plotly.graph_objects as go
2  fig = go.Figure()
3  x = data.index
4  for i in data.columns:
5      y = data[i]
```

```
6        bar = go.Bar(x=x, y=y, name=i)
7        fig.add_trace(bar)
8    fig.update_layout(
9        barmode='group',
10       title={'text': '产品价格竞争对比分析', 'x': 0.5},
11       xaxis={'title': '竞争产品'},
12       yaxis={'title': '价格'},
13       legend={'xanchor': 'right', 'yanchor': 'top', 'x':
         0.99, 'y': 0.99}
14       )
15   fig.show()
```

第 2 行代码创建了一张空白的画布。

第 3 行代码从数据表中提取行标签作为 x 坐标值。

第 4 行代码用于遍历数据表的列标签。

第 5 行代码根据列标签提取一列数据作为 y 坐标值。

第 6 行代码使用 Plotly 模块中的 Bar() 函数绘制一个柱形图。第 7 行代码将该柱形图添加到画布中。

第 8～14 行代码用于设置图表布局选项。其中第 9 行用于设置将各数据系列的柱子分组显示，第 10 行用于设置图表标题，第 11 行和第 12 行分别用于设置 x 轴和 y 轴的标题，第 13 行用于设置图例的位置。

运行以上代码，得到的双柱形图如下图所示。从图中可以看出，与竞争对手相比，本企业同类产品的价格比较有优势。

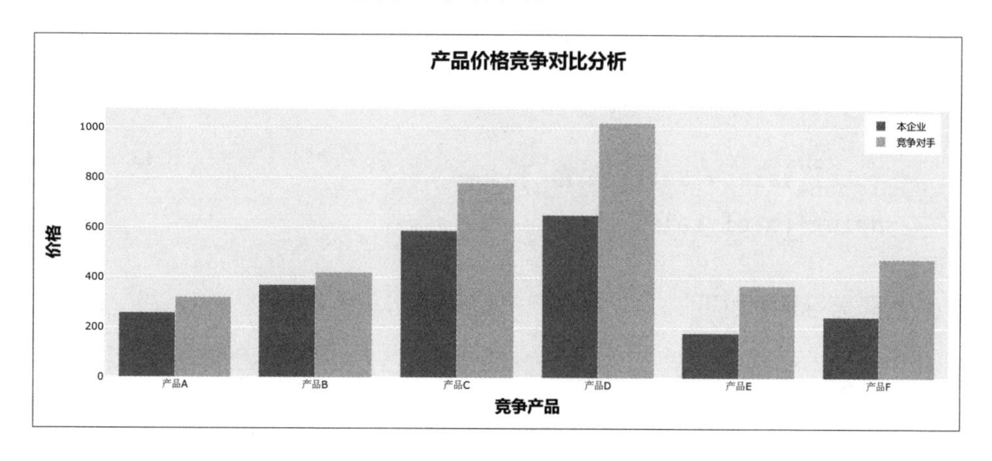

11.3 产品市场占有率分析

◎ 代码文件：产品市场占有率分析.py

市场占有率是指某一时段中某一产品在某一细分领域的销售量或销售额在市场同类产品中所占的比重。市场占有率可以反映企业的竞争力，通常市场占有率越高，产品的竞争力越强。

右图所示为工作簿“产品市场占有率统计表.xlsx”中记录的某企业及多家竞争对手在同一时段内的销量数据。下面利用 Python 来分析市场占有率。

	A	B
1	竞争对手	销量
2	本企业	56045
3	竞争对手1	26900
4	竞争对手2	12890
5	竞争对手3	48690
6	竞争对手4	6508
7	竞争对手5	5020

Sheet1

首先从工作簿中读取数据，相应代码如下：

```
1  import pandas as pd
2  data = pd.read_excel('产品市场占有率统计表.xlsx')
3  print(data)
```

代码运行结果如右图所示。

	竞争对手	销量
0	本企业	56045
1	竞争对手1	26900
2	竞争对手2	12890
3	竞争对手3	48690
4	竞争对手4	6508
5	竞争对手5	5020

然后使用 sum() 函数统计所有产品销量的总和，相应代码如下：

```
1  total_sale = data['销量'].sum()
2  print(total_sale)
```

代码运行结果如下：

```
1  156053
```

接着计算各家企业的市场占有率并添加到数据表中作为新的一列，列名为“市场占有率”。相应代码如下：

```
1  data['市场占有率'] = data['销量'] / total_sale
2  print(data)
```

代码运行结果如右图所示。

	竞争对手	销量	市场占有率
0	本企业	56045	0.359141
1	竞争对手1	26900	0.172377
2	竞争对手2	12890	0.082600
3	竞争对手3	48690	0.312009
4	竞争对手4	6508	0.041704
5	竞争对手5	5020	0.032169

最后使用 Plotly 模块绘制饼图，更加直观地展示市场占有率的大小。相应代码如下：

```
1  import plotly.graph_objects as go
2  labels = data['竞争对手']
3  values = data['销量']
4  fig = go.Figure()
5  trace = go.Pie(labels=labels, values=values, direction=
   'clockwise', sort=True, rotation=30, pull=[0.1, 0, 0, 0,
   0, 0], texttemplate='%{label}<br>%{percent:.2%}')
6  fig.add_trace(trace)
7  fig.update_layout(title={'text': '产品市场占有率分析',
   'font_size': 22, 'x': 0.5}, showlegend=False)
8  fig.show()
```

第 2 行和第 3 行代码分别从数据表中选取相应的列，作为饼图的分类轴和数值轴的值。

第 5 行代码使用 Plotly 模块中的 Pie() 函数绘制了一个饼图。其中参数 labels 和 values 分别用于设置分类轴和数值轴的值；参数 direction 用于设置饼图块的排列方向，这里的 'clockwise' 表示顺时针方向；参数 sort 用于设置是否按数值大小对饼图块进行排序，这里设置为 True，表示要排序；参数 rotation 用于设置绘制饼图块的起始角度，这里设置为 30°；参数 pull 用于设置饼图块的分离效果，这里设置为一个长度与饼图块数量相同的列表，其第 1 个元素为 0.1，其余元素为 0，表示将第 1 个饼图块分离显示；参数 texttemplate 用于设置数据标签的内容，其中“
”代表换行符，“<br>”前的部分代表类别值，“<br>”后的部分代表百分比值。

第 7 行代码用于设置图表标题的内容和格式，并隐藏图例。

运行以上代码，得到的饼图如下图所示。可以看到占比最高的饼图块被分离显示，其对应本企业的市场占有率，说明本企业的市场竞争力最强。但是排名第 2 的竞争对手的市场占有率与本企业市场占有率的差距并不算大，这提示本企业不能故步自封，要坚持开拓进取，扩大领先优势。

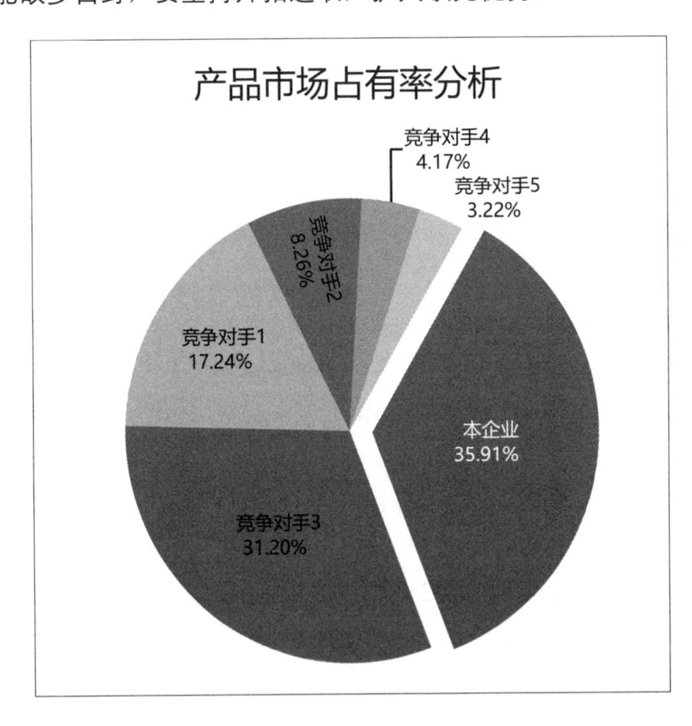

第12章 营销推广视频制作

在市场经济时代，“酒香也要勤吆喝”已是大多数企业的共识。营销推广的渠道和手段有很多，其中短视频在近年来异军突起。它具有吸引力和感染力强、传播速度快、目标精准等优点，是市场营销人员进行品牌和产品推广不可或缺的利器。

视频制作的专业软件有很多，本章则要讲解如何利用 Python 完成视频剪辑的一些基本操作，并充分发挥其自动化和批量化的特长，提高视频制作的效率。主要使用的是 Python 第三方模块 MoviePy，该模块能完成视频的截取和拼接、标题和字幕添加、特效添加等视频剪辑操作。在开始编写代码之前，使用命令“pip install moviepy”安装该模块。

12.1 批量为视频添加背景音乐

◎ 代码文件：批量为视频添加背景音乐.py

为了增强视频的感染力，加深观看者对视频中介绍的产品的印象，可以为视频添加合适的背景音乐。

如右图所示，文件夹“产品”中有多个视频文件，下面利用 MoviePy 模块为这些视频文件批量添加相同的背景音乐“背景音乐.mp3”。

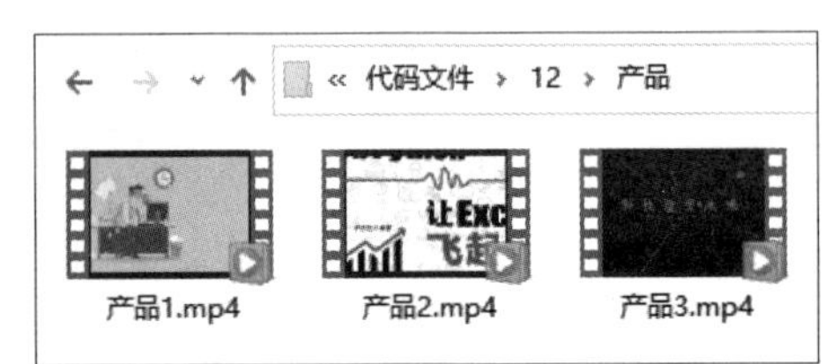

先来看看如何为一个视频添加背景音乐，相应代码如下：

```
1  from moviepy.editor import *
2  old_video = VideoFileClip('产品\\产品1.mp4')
3  music = AudioFileClip('背景音乐.mp3')
4  bgm = afx.audio_loop(music, duration=old_video.duration)
5  new_video = old_video.set_audio(bgm)
6  new_video.write_videofile('产品1.mp4')
```

第 1 行代码用于导入 MoviePy 模块的子模块 editor 中的所有函数。

第 2 行代码用于指定要添加背景音乐的视频。其中的 VideoFileClip() 函数用于从文件加载视频，括号里的参数是视频文件的路径。

第 3 行代码用于指定作为背景音乐的音频。其中的 AudioFileClip() 函数用于从文件加载音频，括号里的参数是音频文件的路径。

第 4 行代码用于设置音频的播放时长。其中使用了 afx 音频特效库中的 audio_loop() 函数来循环播放音频，该函数的第 1 个参数用于指定要循环播放的音频，参数 duration 用于设置循环播放的时长。这里利用 duration 属性获取视频的时长，再将参数 duration 的值设置为该时长，从而将音频的时长设置为视频的时长。举例来说，假设音频原本时长为 10 秒，视频时长为 30 秒，这行代码就能通过循环播放音频，让音频的时长也变为 30 秒。

第 5 行代码使用 set_audio() 函数为视频添加背景音乐，括号里的参数指定为前面设置好时长的音频。

第 6 行代码使用 write_videofile() 函数保存添加了背景音乐的视频。

如果想要为多个视频添加相同的背景音乐，可以利用 for 语句构造循环来实现。相应代码如下：

```
1   from pathlib import Path
2   from moviepy.editor import *
3   folder_path = Path('产品')
4   new_path = Path('test')
5   music = AudioFileClip('背景音乐.mp3')
6   if not new_path.exists():
7       new_path.mkdir(parents=True)
8   file_list = folder_path.glob('*.mp4')
9   for i in file_list:
10      old_video = VideoFileClip(str(i))
11      bgm = afx.audio_loop(music, duration=old_video.dura-
        tion)
12      new_video = old_video.set_audio(bgm)
13      new_video.write_videofile(str(new_path / i.name))
```

第 1 行代码从 pathlib 模块中导入 Path() 函数。

第 3 行代码使用 Path() 函数设置来源文件夹（存放待处理视频的文件夹，下同）的路径。

第 4 行代码使用 Path() 函数设置目标文件夹（存放处理后视频的文件夹，下同）的路径。

第 6 行代码使用路径对象的 exists() 函数判断第 4 行代码设置的文件夹是否存在。如果不存在，就执行第 7 行代码，使用路径对象的 mkdir() 函数创建该文件夹，该函数的参数 parents 设置为 True，表示自动创建多级文件夹。

第 8 行代码使用路径对象的 glob() 函数在来源文件夹下获取所有扩展名为“.mp4”的视频文件的路径列表。

第 9～13 行代码使用 for 语句构造循环，逐个打开来源文件夹下的视频文件并添加背景音乐。第 13 行代码使用路径对象的 name 属性获取来源视频文件的文件名，并将其拼接在目标文件夹的路径后，表示将处理好的视频以原名保存到目标文件夹下。

运行以上代码后，在当前代码文件所在文件夹下会生成一个文件夹“test”，其中存放着添加了背景音乐的视频，如右图所示。播放任意一个视频，即可听到添加的背景音乐。

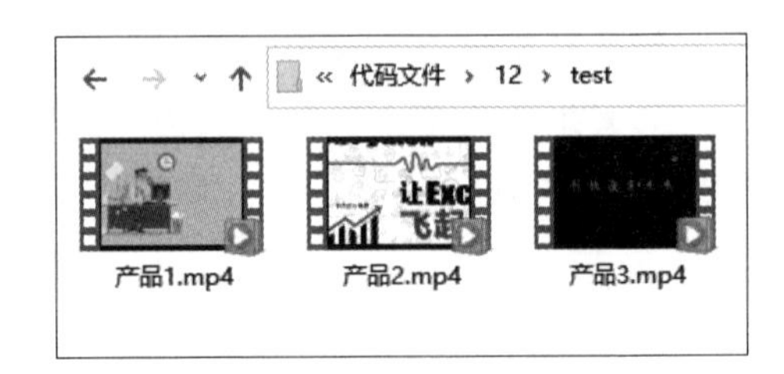

12.2 批量调整视频的画质

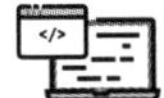

◎ 代码文件：批量调整视频的画质.py

视频画面的明度（brightness）、亮度（luminosity）和对比度（contrast）是影响视频观感的重要因素。右图所示为文件夹“产品 1”中的多个视频文件，下面利用 MoviePy 模块调整这些视频的明度、亮度和对比度，从而优化它们的画质。完整代码如下：

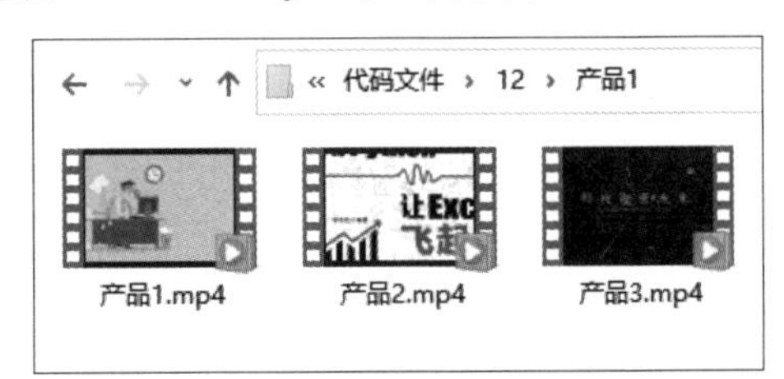


```
1   from pathlib import Path
2   from moviepy.editor import VideoFileClip
3   from moviepy.video.fx.all import lum_contrast, colorx
4   folder_path = Path('产品1')
5   new_path = Path('test1')
6   if not new_path.exists():
7       new_path.mkdir(parents=True)
8   file_list = folder_path.glob('*.mp4')
9   for i in file_list:
10      old_video = VideoFileClip(str(i))
11      new_video = lum_contrast(old_video, lum=40, con-
        trast=0.5)
12      new_video = colorx(new_video, factor=1.5)
13      new_video.write_videofile(str(new_path / i.name))
```

第 2 行和第 3 行代码从不同的子模块中导入 VideoFileClip() 函数、lum_contrast() 函数和 colorx() 函数。

第 4 行代码用于设置来源文件夹的路径。

第 5 行代码用于设置目标文件夹的路径。如果该文件夹不存在，则使用第 6 行和第 7 行代码创建该文件夹。

第 8 行代码用于获取来源文件夹下所有扩展名为“.mp4”的视频文件的路径列表。

第 9～13 行代码用于逐个打开来源文件夹下的视频文件并调整画质。第 11 行代码中的 lum_contrast() 函数用于调整视频的亮度和对比度，参数 lum 用于指定亮度要增长或减小的值，参数 contrast 用于调整对比度，这里的 0.5 表示将对比度设置为原来的 50%。第 12 行代码中的 colorx() 函数用于调整视频的明度，这里将参数 factor 设置为 1.5，表示将明度设置为原来的 1.5 倍。

运行以上代码后，在当前代码文件所在文件夹下会生成一个文件夹“test1”，其中存放着调整完画质的视频。播放任意一个视频，即可看到调整效果。

12.3　批量为视频添加淡入和淡出效果

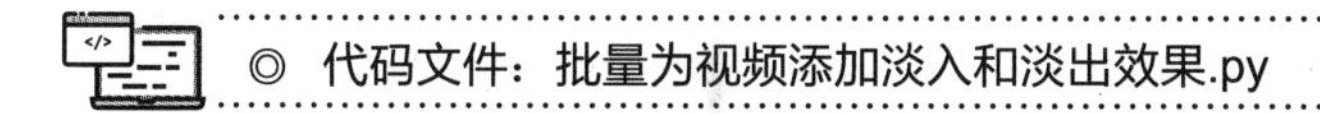

将多段视频拼接在一起时，在衔接处设置淡入和淡出效果，可以让画面的切换和过渡更加自然。本节将利用 MoviePy 模块为多个视频设置淡入和淡出效果，为视频拼接做好准备。完整代码如下：

```
1  from pathlib import Path
2  from moviepy.editor import VideoFileClip
3  from moviepy.video.fx.all import fadein, fadeout
4  folder_path = Path('产品1')
5  new_path = Path('test2')
6  if not new_path.exists():
7      new_path.mkdir(parents=True)
8  file_list = folder_path.glob('*.mp4')
9  for i in file_list:
```

```
10        old_video = VideoFileClip(str(i))
11        new_video = fadein(old_video, duration=5, initial_
          color=(255, 255, 255))
12        new_video = fadeout(new_video, duration=5, final_
          color=(255, 255, 255))
13        new_video.write_videofile(str(new_path / i.name))
```

第 3 行代码从 moviepy.video.fx.all 子模块中导入 fadein() 函数和 fadeout() 函数。

第 9～13 行代码用于逐个打开文件夹“产品 1”中的视频并设置淡入和淡出效果。第 11 行代码使用 fadein() 函数设置淡入效果，参数 duration 用于指定淡入效果的持续时间，参数 initial_color 用于指定画面淡入前显示的颜色。第 12 行代码使用 fadeout() 函数设置淡出效果，参数 duration 用于指定淡出效果的持续时间，参数 final_color 用于指定画面淡出后显示的颜色。

运行以上代码后，在当前代码文件所在文件夹下会生成一个文件夹“test2”，打开该文件夹中的任意一个视频，可看到淡入和淡出的效果，如下左图和下右图所示。

12.4 按照指定时间范围截取视频片段

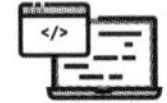

◎ 代码文件：按照指定时间范围截取视频片段.py

本节将利用 MoviePy 模块按照指定时间范围（如第 10～30 秒）截取视频片段。完整代码如下：

```
from pathlib import Path
from moviepy.editor import VideoFileClip
folder_path = Path('产品1')
new_path = Path('test3')
if not new_path.exists():
    new_path.mkdir(parents=True)
file_list = folder_path.glob('*.mp4')
for i in file_list:
    old_video = VideoFileClip(str(i))
    new_video = old_video.subclip(10, 30)
    new_video.write_videofile(str(new_path / i.name))
```

第 8～11 行代码用于逐个打开文件夹“产品 1”中的视频并截取片段。第 10 行代码使用 subclip() 函数按照指定的时间范围截取片段，第 1 个参数是开始截取的秒数，第 2 个参数是结束截取的秒数，这里的 10 和 30 表示从第 10 秒开始截取，截取到第 30 秒为止。

运行以上代码后，在当前代码文件所在文件夹下会生成一个文件夹“test3”，其中存放着多个截取出的视频片段。

12.5　批量为视频添加水印

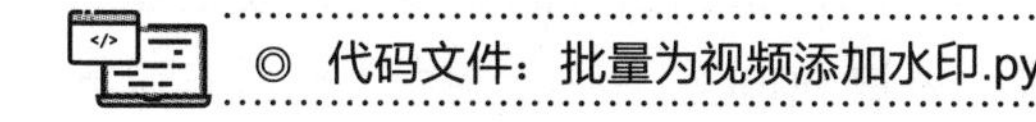

为了防止营销推广视频被他人随意盗用，可以为视频添加水印。水印分图片水印和文字水印两种，下面分别讲解具体的添加方法。

12.5.1　批量为视频添加图片水印

右图所示为要为文件夹“产品 1”下的多个视频添加的图片水印“公司标志.png”。

利用 MoviePy 模块为多个视频批量添加图片水印的完整代码如下：

```
1  from pathlib import Path
2  from moviepy.editor import VideoFileClip, ImageClip, Com-
   positeVideoClip
3  folder_path = Path('产品1')
4  new_path = Path('test4')
5  pic = ImageClip('公司标志.png').resize(height=200).mar-
   gin(right=20, top=20, opacity=0).set_position(('right',
   'top')).set_opacity(0.5)
6  if not new_path.exists():
7      new_path.mkdir(parents=True)
8  file_list = folder_path.glob('*.mp4')
9  for i in file_list:
10     old_video = VideoFileClip(str(i))
11     pic = pic.set_duration(old_video.duration)
12     new_video = CompositeVideoClip([old_video, pic])
13     new_video.write_videofile(str(new_path / i.name))
```

第 2 行代码导入需要使用的 VideoFileClip() 函数、ImageClip() 函数、CompositeVideoClip() 函数。

第 5 行代码用于加载图片并按照想要实现的水印效果进行设置。其中的 ImageClip() 函数用于加载图片。resize() 函数用于设置图片的尺寸，这里只指定了参数 height（代表图片的高度）的值，表示根据图片的宽高比自动设置宽度。margin() 函数用于设置图片的边框，参数 right 和 top 分别用于设置右边框和上边框的粗细，参数 opacity 用于设置边框的不透明度，其值介于 0～1 之间，为 0 表示完全透明，为 1 表示完全不透明。set_position() 函数用于设置图片的位置，这里的 ('right', 'top') 表示右上角。set_opacity() 函数用于设置图片的不透明度，这里的 0.5 表示半透明。

第 9～13 行代码用于逐个打开文件夹“产品 1”中的视频并添加图片水印。第 11 行代码使用 set_duration() 函数将图片水印的持续时间设置成与视频的时长相同。如果要让水印在指定的时间段出现，如第 1～10 秒，可将第 11 行代码更改为“pic = pic.set_start(1).set_end(10)。第 12 行代码使用 Composite-VideoClip() 函数将图片覆盖到视频画面上。

运行以上代码后，在当前代码文件所在文件夹下会生成一个文件夹“test4”。播放该文件夹中的任意一个视频，可看到画面右上角会显示指定的图片水印，如右图所示。

12.5.2 批量为视频添加文字水印

MoviePy 模块是通过调用 ImageMagick（一款免费开源的图片编辑软件）来生成文字水印的。因此，下面先来介绍ImageMagick的下载、安装和配置方法。

步骤01 ❶用浏览器打开 ImageMagick 的下载页面（https://www.imagemagick.org/script/download.php），❷然后根据自己的操作系统下载对应的安装包，这里下载适用于 64 位 Windows 系统的安装包，如下图所示。

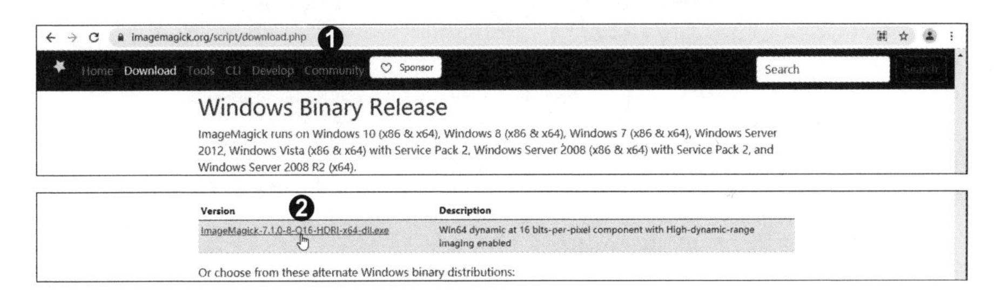

步骤02 安装包下载完毕后，双击安装包，❶在打开的安装界面中单击“I accept the agreement”单选按钮，❷然后单击“Next”按钮，如下左图所示。

步骤03 在新的安装界面中直接单击“Next”按钮，如下右图所示。

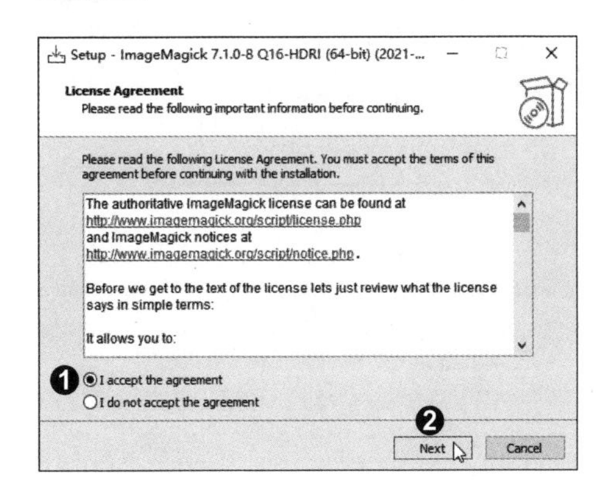

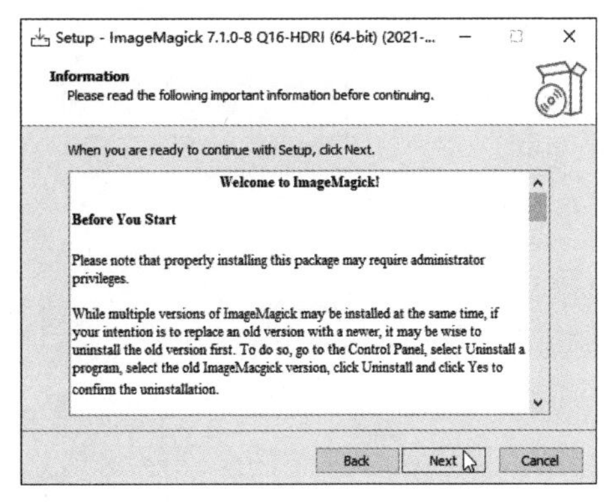

步骤04 进入设置安装路径的界面。可单击“Browse”按钮，在打开的对话框中选择安装路径。本书建议使用默认路径，直接单击“Next”按钮，如右图所示。这里设置的安装路径要记好，后续步骤会用到。

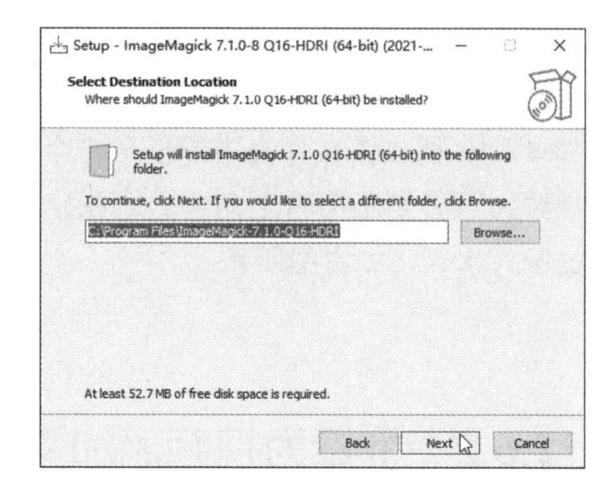

步骤05 进入设置快捷方式位置的界面，直接单击“Next”按钮，如下左图所示。

步骤06 进入选择其他安装操作的界面，直接单击“Next”按钮，如下右图所示。

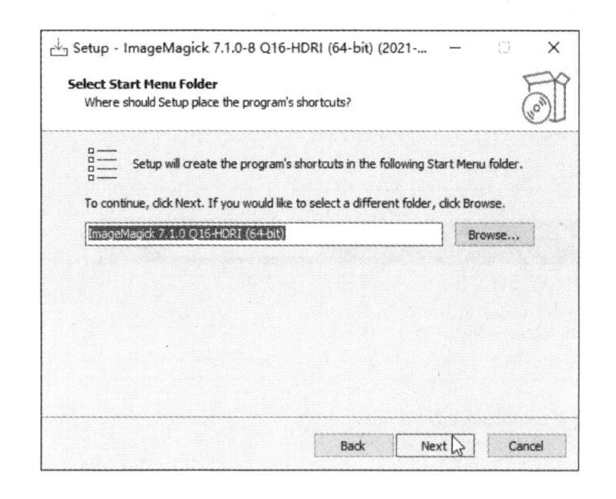

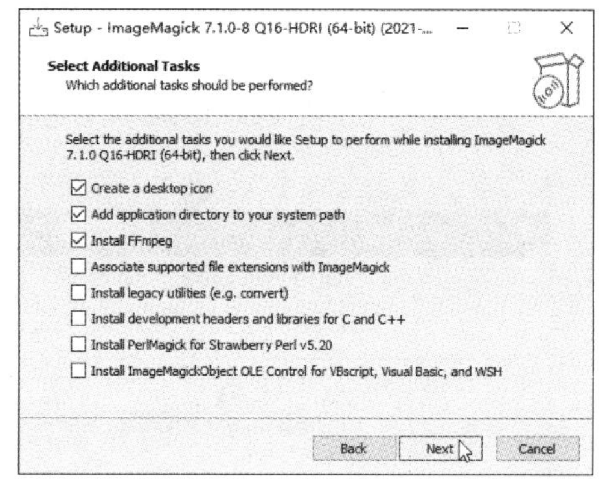

步骤07 然后单击“Install”按钮，如下左图所示。

步骤08 随后可看到 ImageMagick 的安装进度，等待一段时间，安装完成后，直接单击“Next”按钮，如下右图所示。

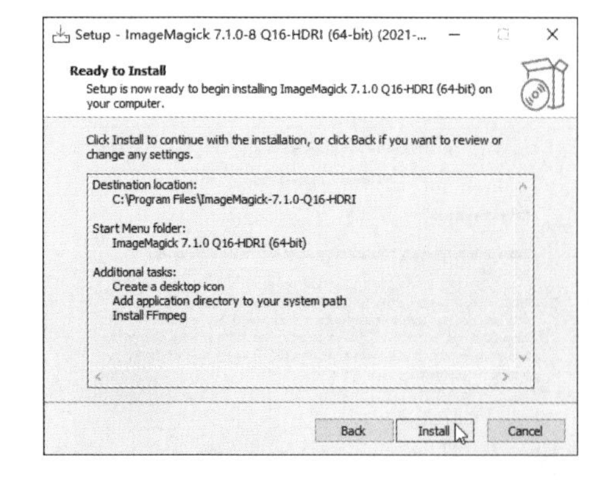

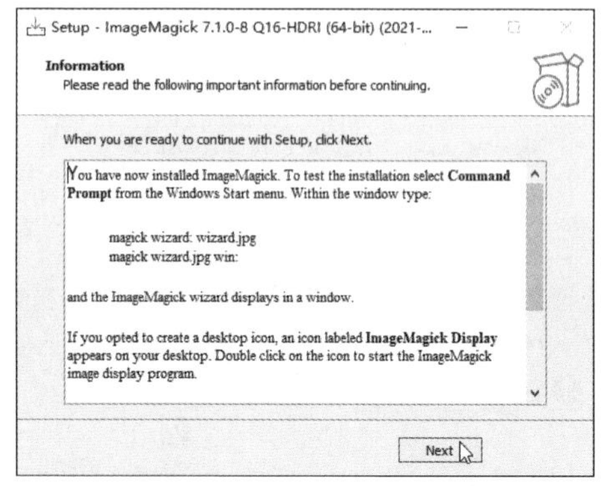

步骤09　❶在最终界面中取消勾选“View index.html”复选框，❷然后单击“Finish”按钮，完成 ImageMagick 的安装，如右图所示。

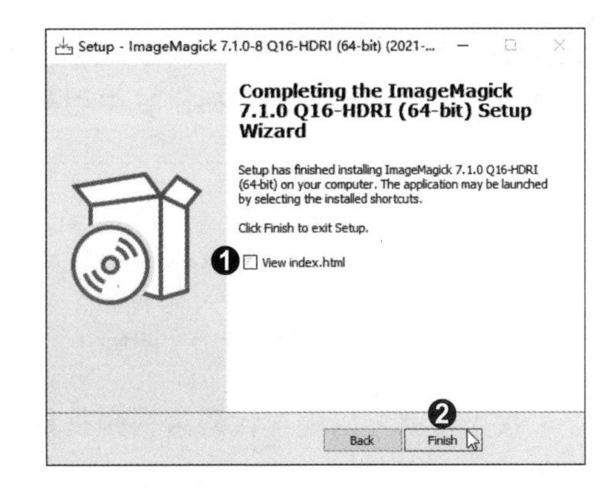

步骤10　接下来需要让 MoviePy 模块能调用 ImageMagick 软件的可执行程序。根据步骤 04 中设置的安装路径，找到文件“magick.exe”的路径，如下图所示。

« 本地磁盘 (C:) › Program Files › ImageMagick-7.1.0-Q16-HDRI

名称	类型	修改日期
ImageMagick.ico	ICO 文件	2021/9/18 15:51
ImageMagick.rdf	RDF 文件	2021/9/18 15:51
imdisplay.exe	应用程序	2021/9/18 16:30
index.html	Microsoft Edge HTML Document	2021/9/18 15:51
License.txt	文本文档	2021/9/18 15:51
locale.xml	XML 文档	2021/9/18 15:51
log.xml	XML 文档	2021/9/18 15:51
magick.exe	应用程序	2021/9/18 16:31
mfc140u.dll	应用程序扩展	2021/9/14 12:06
mime.xml	XML 文档	2021/9/18 15:51
msvcp140.dll	应用程序扩展	2021/9/14 11:59

步骤11　❶进入 MoviePy 模块的安装位置，❷找到其中用于配置环境变量的文件“config_defaults.py”，如下图所示。

« 用户 › Eason › anaconda3 › Lib › site-packages › moviepy › ❶

名称	类型	修改日期
__pycache__	文件夹	2021/8/27 14:01
audio	文件夹	2021/8/27 14:01
video	文件夹	2021/8/27 14:01
__init__.py	JetBrains PyCharm Community Edition	2021/8/27 14:01
Clip.py	JetBrains PyCharm Community Edition	2021/8/27 14:01
compat.py	JetBrains PyCharm Community Edition	2021/8/27 14:01
config.py	JetBrains PyCharm Community Edition	2021/8/27 14:01
config_defaults.py ❷	JetBrains PyCharm Community Edition	2021/8/27 14:01
decorators.py	JetBrains PyCharm Community Edition	2021/8/27 14:01
editor.py	JetBrains PyCharm Community Edition	2021/8/27 14:01
tools.py	JetBrains PyCharm Community Edition	2021/8/27 14:01

步骤12 用代码编辑器打开该文件，将第 54 行代码转换成注释，然后在第 55 行中输入如下图所示的代码，其中引号内为文件“magick.exe”的路径。

```
51  import os
52
53  FFMPEG_BINARY = os.getenv('FFMPEG_BINARY', 'ffmpeg-imageio')
54  # IMAGEMAGICK_BINARY = os.getenv('IMAGEMAGICK_BINARY', 'auto-detect')
55  IMAGEMAGICK_BINARY = 'C:\\Program Files\\ImageMagick-7.1.0-Q16-HDRI\\magick.exe'
```

接下来就可以编写代码为视频批量添加文字水印了。完整代码如下：

```
1   from pathlib import Path
2   from moviepy.editor import VideoFileClip, TextClip,
    CompositeVideoClip
3   folder_path = Path('产品1')
4   new_path = Path('test5')
5   text = TextClip('恒盛杰科技资讯有限公司', fontsize=100,
    font='Alibaba-PuHuiTi-Medium.ttf', color='grey').set_
    position(('right', 'top')).set_opacity(0.5)
6   if not new_path.exists():
7       new_path.mkdir(parents=True)
8   file_list = folder_path.glob('*.mp4')
9   for i in file_list:
10      old_video = VideoFileClip(str(i))
11      text = text.set_duration(old_video.duration)
12      new_video = CompositeVideoClip([old_video, text])
13      new_video.write_videofile(str(new_path / i.name))
```

第 2 行代码导入需要使用的 VideoFileClip() 函数、TextClip() 函数、CompositeVideoClip() 函数。

第 5 行代码用于设置水印文字的内容、大小、字体、颜色、位置和不透明度。其中的 TextClip() 函数用于显示文字。该函数的第 1 个参数为文字的内容；参数 fontsize 用于设置字体大小，这里设置为 100 磅；参数 font 用于设置字体，这里指定了字体文件“Alibaba-PuHuiTi-Medium.ttf”，该文件须放在当前代码文件所在文件夹下；参数 color 用于设置字体颜色，这里的 'grey' 表示灰色。set_position() 函数用于设置文字的位置，这里的 ('right', 'top') 表示右上角。set_opacity() 函数用于设置文字的不透明度，这里的 0.5 表示半透明。

第 9～13 行代码用于逐个打开文件夹“产品 1”中的视频并添加文字水印。第 11 行代码用于设置文字水印的持续时间。第 12 行代码用于将文字水印覆盖到视频画面上。

运行以上代码后，在当前代码文件所在文件夹下会生成一个文件夹“test5”。播放该文件夹中的任意一个视频，可看到画面右上角会显示指定的文字水印，如右图所示。

12.6　制作多画面视频

◎ 代码文件：制作多画面视频.py

多画面视频是指将一个视频画面划分成多个区域，每个区域中显示不同的内容。本节将讲解如何将多个视频按从左到右或从上到下的方式排列在一个画面中。

先来实现将多个视频从左到右排列在一个画面中，完整代码如下：

```
1  from moviepy.editor import VideoFileClip, CompositeVideoClip
2  video1 = VideoFileClip('产品1\\产品1.mp4').resize(0.3).set_position(('left', 'center'))
3  video2 = VideoFileClip('产品1\\产品2.mp4').resize(0.3).set_position('center')
4  video3 = VideoFileClip('产品1\\产品3.mp4').resize(0.3).set_position(('right', 'center'))
5  new_video = CompositeVideoClip([video1, video2, video3], size=(1728, 972))
6  new_video.write_videofile('左右排列多个视频.mp4')
```

第 2～4 行代码用于分别设置 3 个视频的尺寸和位置。其中 resize() 函数用于设置视频尺寸，这里的 0.3 表示将尺寸调整为原来的 30%。例如，视频原来的尺寸为 1920 像素 ×1080 像素，那么调整后的尺寸为 576 像素 ×324 像素。set_position() 函数用于设置视频的位置，这里将 3 个视频依次设置为水平靠左、垂直居中，水平和垂直均居中，水平靠右、垂直居中。

第 5 行代码使用 CompositeVideoClip() 函数将 3 个视频按前面设置好的尺寸和位置排列在一个画面中。其中参数 size 用于设置排列后的画面尺寸。

运行以上代码后，在当前代码文件所在文件夹下会生成一个视频文件“左右排列多个视频.mp4”，播放该视频，可看到如右图所示的画面效果。

只需修改第 2～4 行代码中 set_position() 函数的参数即可实现从上到下排列多个视频，修改结果如下：

```
1  from moviepy.editor import VideoFileClip, CompositeVideoClip
2  video1 = VideoFileClip('产品1\\产品1.mp4').resize(0.3).set_position('top')
3  video2 = VideoFileClip('产品1\\产品2.mp4').resize(0.3).set_position('center')
4  video3 = VideoFileClip('产品1\\产品3.mp4').resize(0.3).set_position('bottom')
5  new_video = CompositeVideoClip([video1, video2, video3], size=(1728, 972))
6  new_video.write_videofile('上下排列多个视频.mp4')
```

运行以上代码后，在当前代码文件所在文件夹下会生成一个视频文件“上下排列多个视频.mp4”，播放该视频，可看到如右图所示的画面效果。

12.7　拼接多个视频

◎ 代码文件：拼接多个视频.py

拼接多个视频是指将多个视频首尾相连地合并成一个视频。下面介绍利用 MoviePy 模块拼接多个视频的两种方法。

当要拼接的视频数量较少时，可以直接使用 concatenate_videoclips() 函数实现。完整代码如下：

```
1  from moviepy.editor import VideoFileClip, concatenate_
   videoclips
2  video1 = VideoFileClip('产品1\\产品1.mp4')
3  video2 = VideoFileClip('产品1\\产品2.mp4')
4  video3 = VideoFileClip('产品1\\产品3.mp4')
5  new_video = concatenate_videoclips([video1, video2,
   video3])
6  new_video.write_videofile('合并视频.mp4')
```

第 1 行代码导入要使用的 VideoFileClip() 函数和 concatenate_videoclips() 函数。

第 2～4 行代码用于加载要拼接的 3 个视频。

第 5 行代码使用 concatenate_videoclips() 函数将前面加载的 3 个视频拼接成一个视频，要拼接的视频必须放置在同一个列表中。

当要拼接的视频数量较多时，可以利用 for 语句构造循环来实现批量拼接。完整代码如下：

```
1  from pathlib import Path
2  from moviepy.editor import VideoFileClip, concatenate_
   videoclips
3  folder_path = Path('产品1')
4  video_list = []
5  file_list = folder_path.glob('*.mp4')
```

```
6   for i in file_list:
7       video = VideoFileClip(str(i))
8       video_list.append(video)
9   new_video = concatenate_videoclips(video_list)
10  new_video.write_videofile('合并视频.mp4')
```

第 4 行代码创建了一个空列表，用于存放要合并的多个视频元素。

第 5 行代码用于获取指定文件夹下扩展名为“.mp4”的视频文件的路径列表。第 6 行代码用 for 语句遍历该路径列表，第 7 行代码根据路径加载视频，第 8 行代码将加载的视频添加到第 4 行代码创建的列表中。

第 9 行代码使用 concatenate_videoclips() 函数将列表中的多个视频拼接为一个视频。

运行以上代码后，文件夹“产品 1”中的多个视频文件就会被拼接为一个视频文件“合并视频.mp4”。

12.8 截取多个视频片段并进行拼接

◎ 代码文件：截取多个视频片段并进行拼接.py

本节要结合使用 12.4 节和 12.7 节介绍的方法，从素材视频中截取多个片段，再拼接为一个新视频。

12.8.1 从一个视频中截取多段并进行拼接

先来学习如何从一个视频中截取多个片段并进行拼接。完整代码如下：

```
1   from moviepy.editor import VideoFileClip, concatenate_
    videoclips
2   old_video = VideoFileClip('产品1\\产品1.mp4')
3   seg1 = old_video.subclip(0, 10)
4   seg2 = old_video.subclip(20, 30)
5   seg3 = old_video.subclip(45, 55)
```

```
6  new_video = concatenate_videoclips([seg1, seg2, seg3])
7  new_video.write_videofile('截取并拼接视频1.mp4')
```

第 3～5 行代码分别用于从视频“产品1.mp4”中截取第 0～10 秒、第 20～30 秒、第 45～55 秒的片段。

第 6 行代码用于将前面截取的 3 个片段拼接为一个新视频。

运行以上代码后，视频“产品1.mp4”中指定时间范围的 3 个片段就会被拼接在一起，并保存为文件“截取并拼接视频 1.mp4”。

12.8.2　从多个视频中截取相同时间段并进行拼接

接着来学习如何从多个视频中截取相同时间范围的片段并进行拼接。完整代码如下：

```
1  from pathlib import Path
2  from moviepy.editor import VideoFileClip, concatenate_
   videoclips
3  folder_path = Path('产品1')
4  seg_list = []
5  file_list = folder_path.glob('*.mp4')
6  for i in file_list:
7      old_video = VideoFileClip(str(i))
8      seg = old_video.subclip(0, 10)
9      seg_list.append(seg)
10 new_video = concatenate_videoclips(seg_list)
11 new_video.write_videofile('截取并拼接视频2.mp4')
```

第 4 行代码创建了一个空列表，用于存放截取的片段。

第 5～9 行代码用于依次加载文件夹“产品 1”中的视频，截取前 10 秒后添加到第 4 行代码创建的列表中。

第 10 行代码用于将列表中的片段拼接为一个新视频。

运行以上代码后，文件夹“产品 1”中多个视频的前 10 秒会被拼接在一起，并保存为文件“截取并拼接视频 2.mp4”。

12.9 批量为视频添加片头和片尾

◎ 代码文件：批量为视频添加片头和片尾.py

为视频添加片头和片尾实际上是将制作好的片头视频和片尾视频分别拼接到主体视频的开头和末尾。完整代码如下：

```
1   from pathlib import Path
2   from moviepy.editor import VideoFileClip, concatenate_
    videoclips
3   new_path = Path('test6')
4   if not new_path.exists():
5       new_path.mkdir(parents=True)
6   op = VideoFileClip('片头.mp4')
7   ed = VideoFileClip('片尾.mp4')
8   for i in Path('产品1').glob('*.mp4'):
9       old_video = VideoFileClip(str(i))
10      new_video = concatenate_videoclips([op, old_video,
        ed])
11      new_video.write_videofile(str(new_path / i.name))
```

第 6 行和第 7 行代码分别用于加载作为片头和片尾的视频。

第 8～11 行代码用于依次打开文件夹“产品 1”中的视频，将第 6 行和第 7 行代码加载的视频分别拼接到开头和末尾，然后进行保存。

运行以上代码后，在当前代码文件所在文件夹下会生成一个文件夹“test6”，其中存放着添加了片头和片尾的多个视频。

12.10 用图片合成视频

◎ 代码文件：用图片合成视频.py

将多张图片合成为一个视频，可以让单调的静态图片变得更有感染力。

如右图所示，文件夹“产品图片”中有多张产品展示图片。下面利用 MoviePy 模块将这些图片合成为一个视频。完整代码如下：

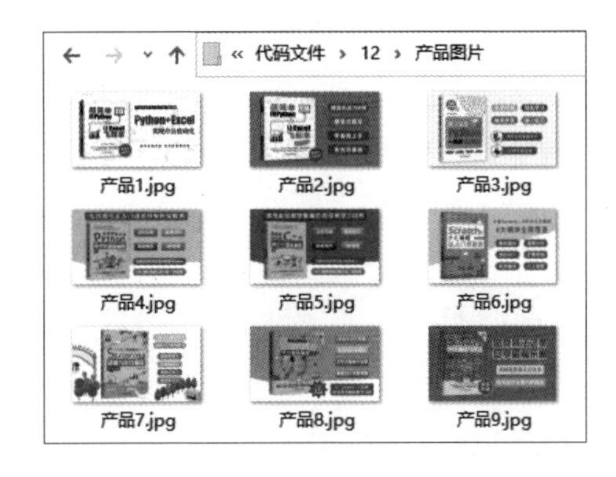


```
1  from pathlib import Path
2  from moviepy.editor import ImageSequenceClip
3  folder_path = Path('产品图片')
4  file_list = list(folder_path.glob('*.jpg'))
5  duration_list = [5] * len(file_list)
6  new_video = ImageSequenceClip('产品图片', durations=du-
   ration_list)
7  new_video.write_videofile('图片合成视频.mp4', fps=30)
```

第 2 行代码导入需要使用的 ImageSequenceClip() 函数。

第 4 行代码用于获取文件夹“产品图片”下所有扩展名为“.jpg”的文件的路径列表。

第 5 行代码用 len() 函数获取路径列表的元素个数，即图片文件的个数，然后用“*”运算符根据此个数对列表 [5] 进行复制，得到一个新列表。新列表的元素个数为图片文件的个数，每个元素值都为 5，表示让每张图片显示 5 秒。

第 6 行代码使用 ImageSequenceClip() 函数将多张图片合成为一个视频。参数 durations 用于设置各张图片的持续时间，这里设置为第 5 行代码创建的列表。

运行以上代码后，在当前代码文件所在文件夹下会生成一个视频文件“图片合成视频.mp4”，播放该视频，可看到多张产品展示图片合成为视频的效果。